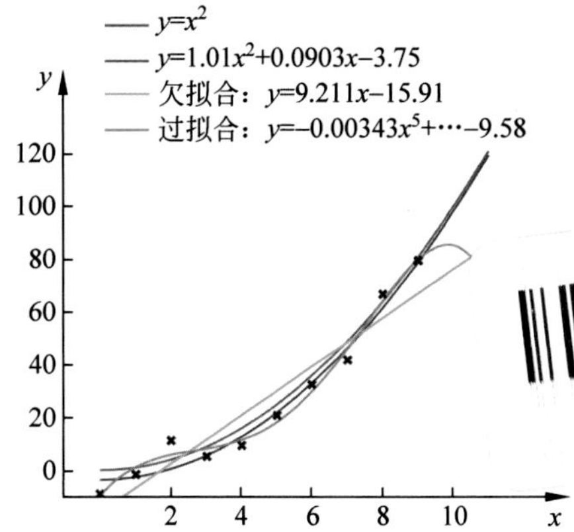

图 1-1　过拟合及欠拟合

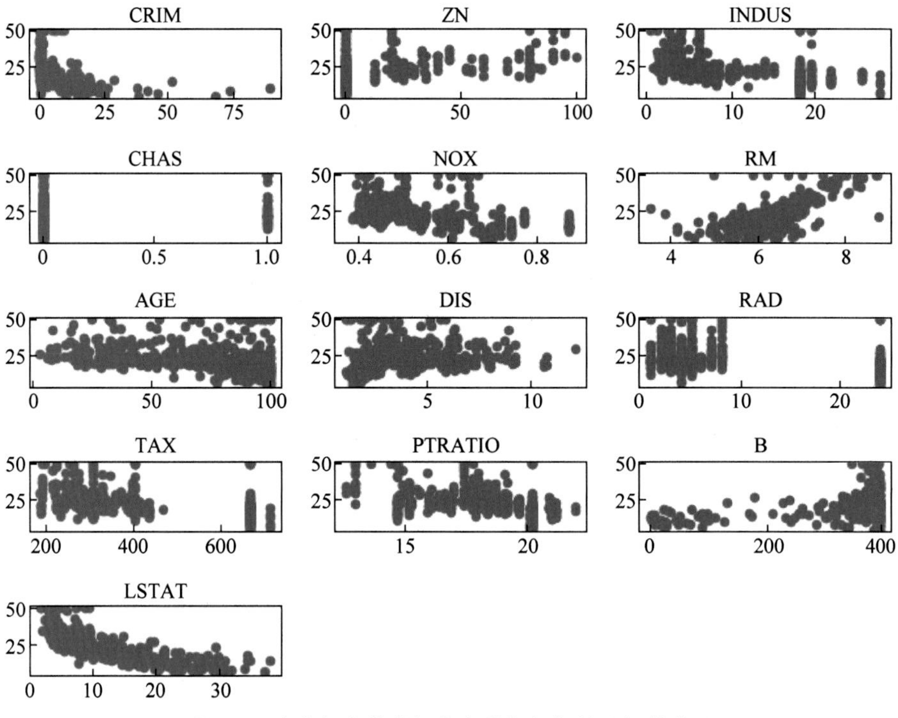

图 1-4　波士顿房价数据集各特征与标签之间的关系

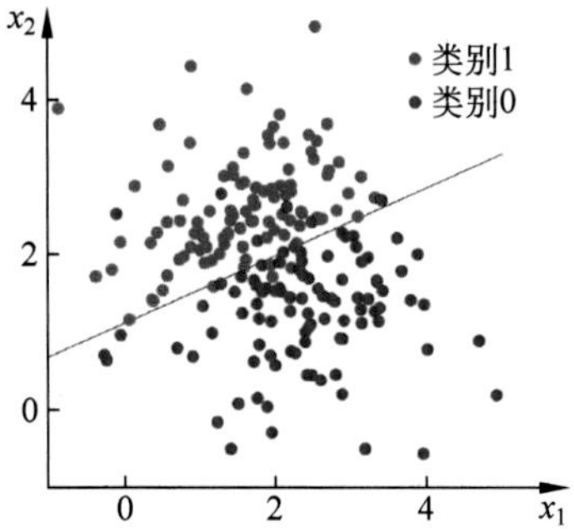

图 2-1　逻辑回归示例

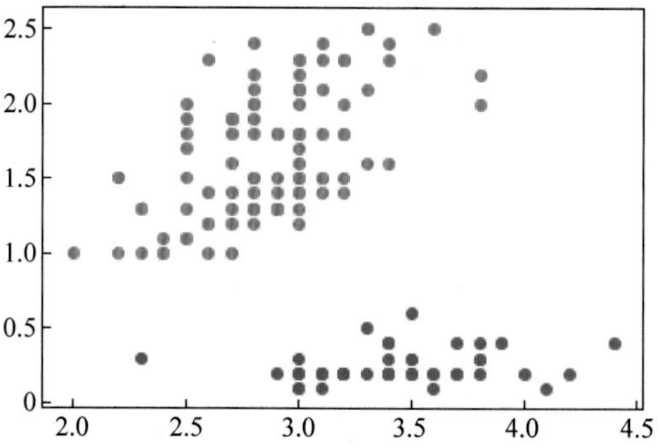

图 3-1　鸢尾花数据集

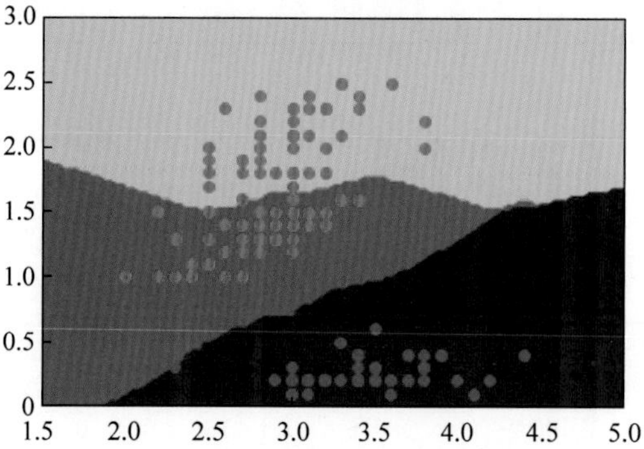

图 3-2　*k*-近邻模型的决策边界

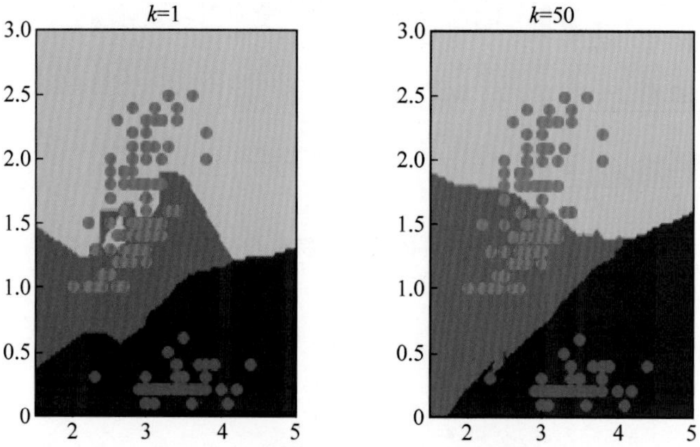

图 3-3　不同 *k* 值对决策边界的影响

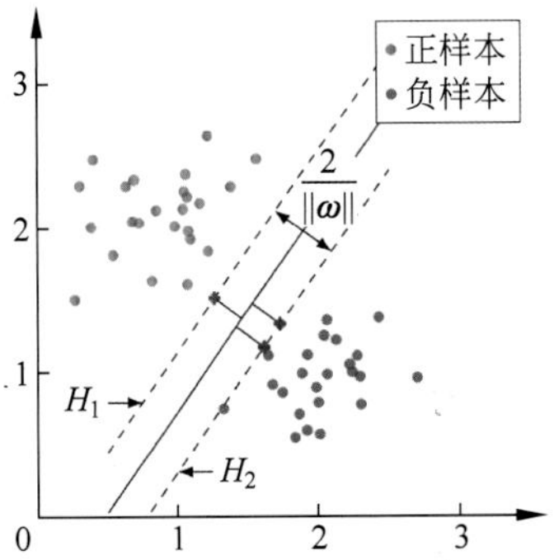

图 6-1　线性可分支持向量机一

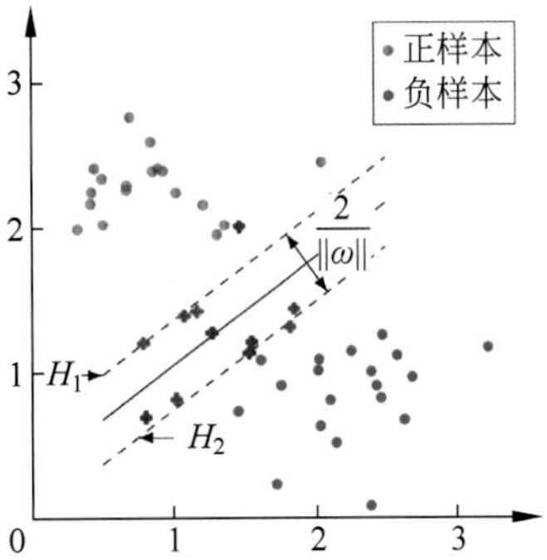

图 6-2　线性可分支持向量机二

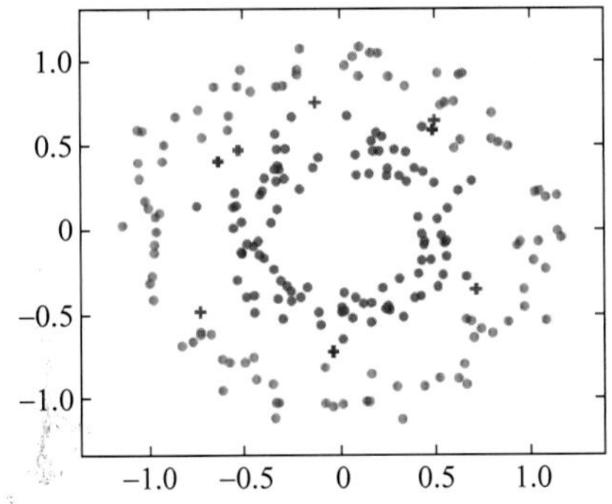

(a) 核技巧

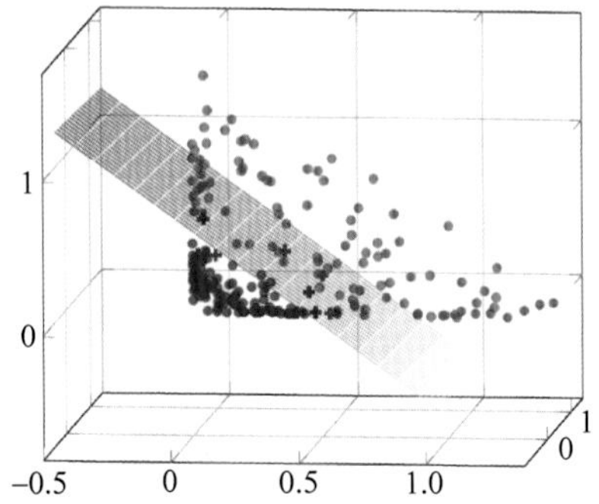

(b) 多项式核函数

图 6-4　核函数

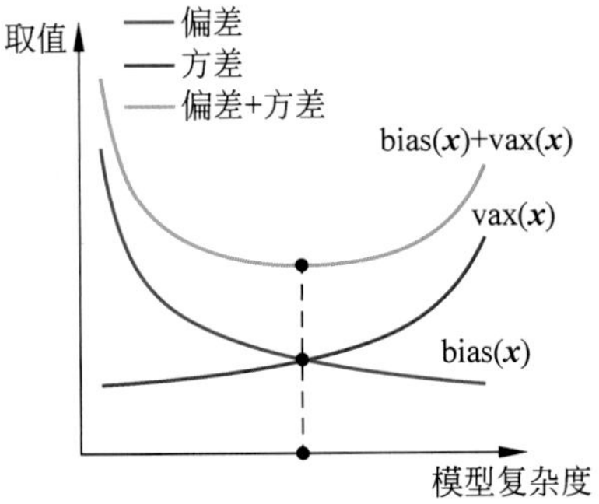

图 7-1　偏差与方差

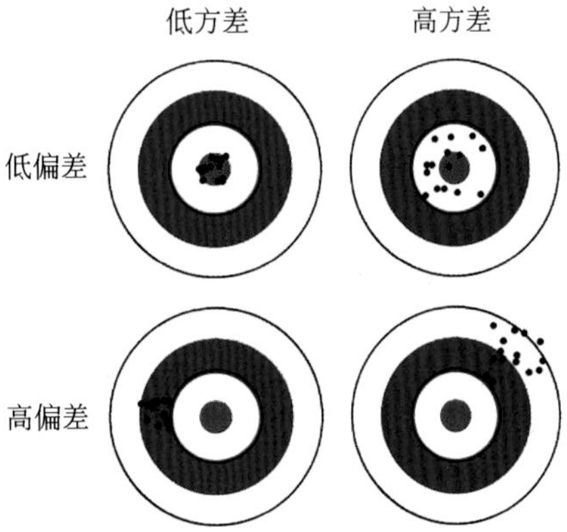

图 7-2　偏差与方差

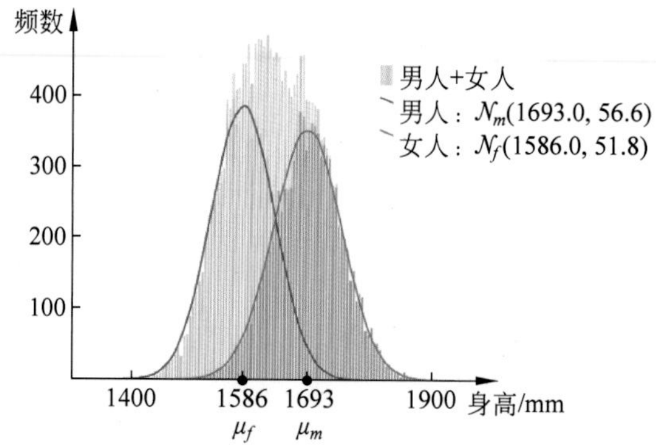

图 8-2　身高频数分布直方图

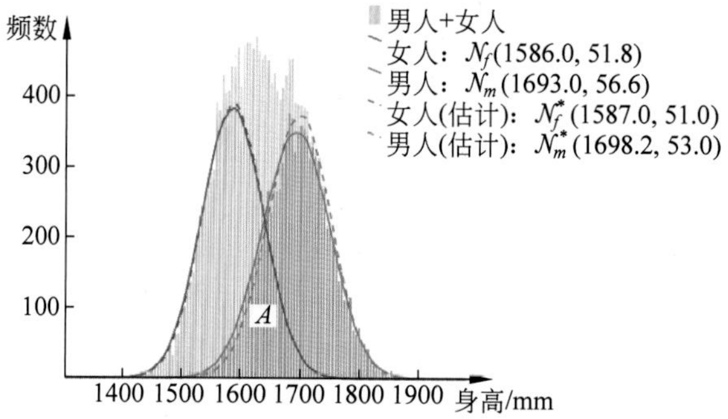

图 8-3　身高频数分布估计图

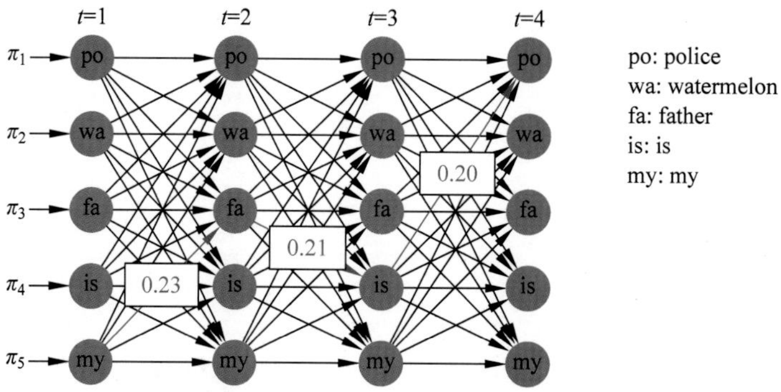

图 8-4　隐马尔可夫链

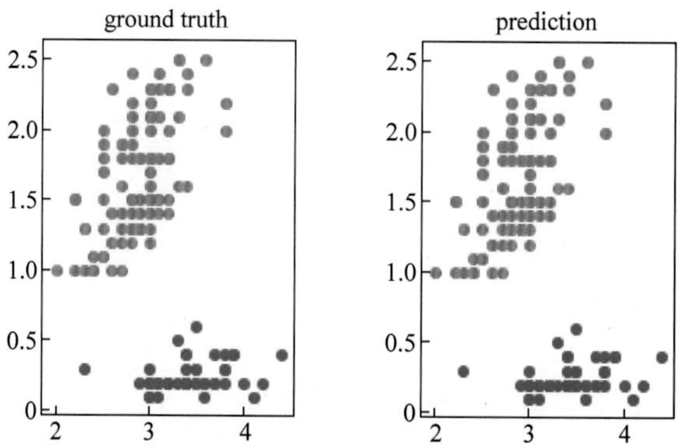

图 8-6　聚类结果可视化

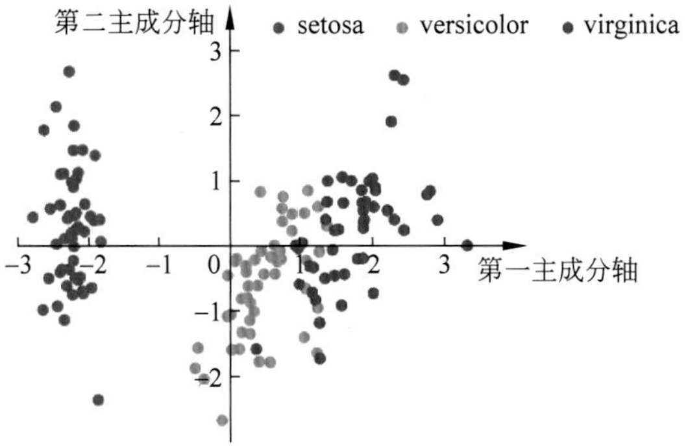

图 9-1　iris 数据集 PCA 降维

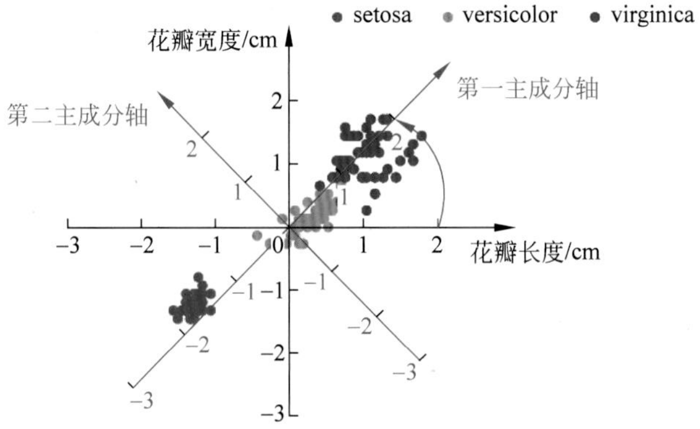

图 9-2　iris 数据集花瓣长度和花瓣宽度

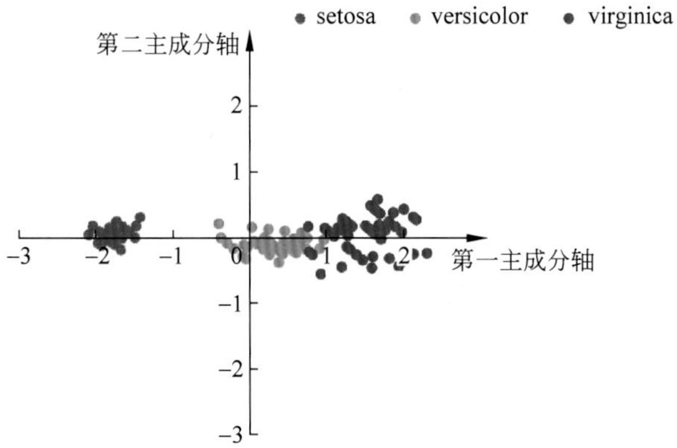

图 9-3　主成分

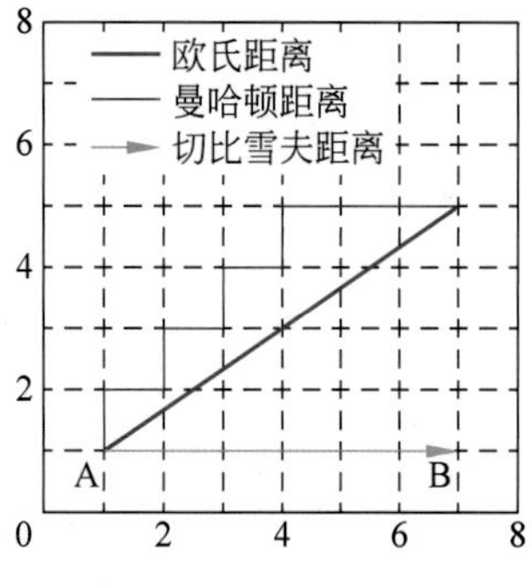

图 10-1　闵可夫斯基距离

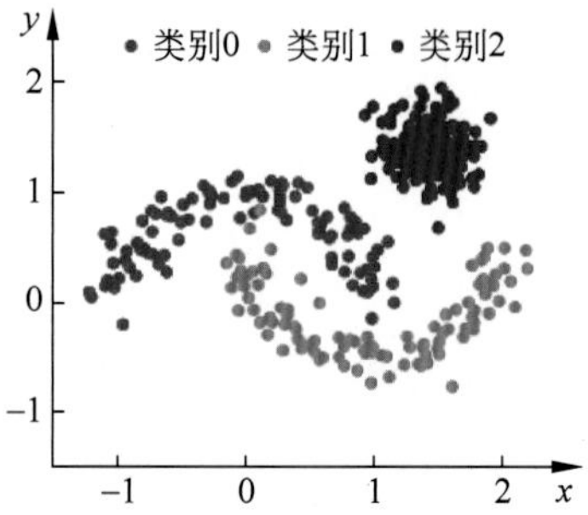

图 10-2　采样数据分布

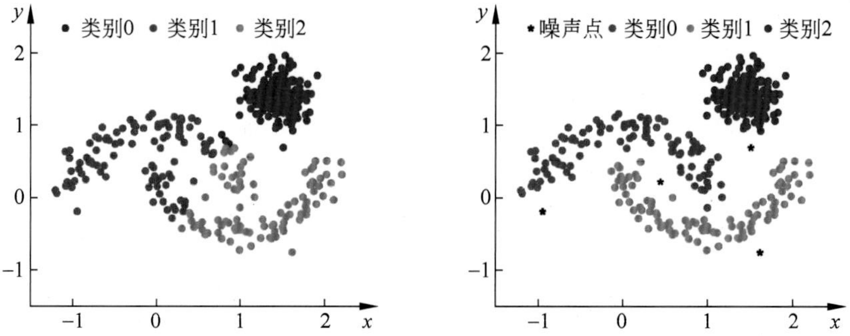

(a) K均值(K=3)　　(b) DBSCAN(ε=0.25, MinPts=10)

图 10-3　*K*-Means 聚类对比 DBSCAN 聚类

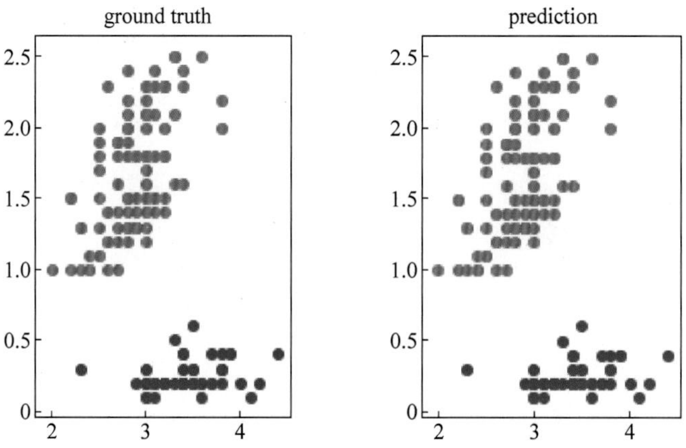

图 10-4　聚类结果可视化

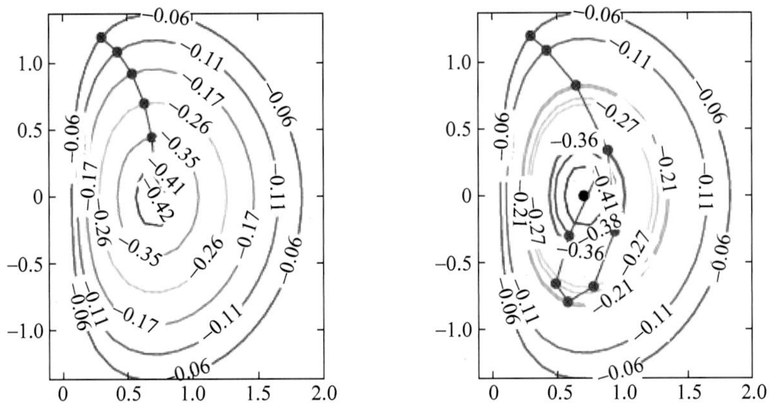

(a) SGD (b) SGDM

图 11-6 批梯度下降法和带动量的随机梯度下降法

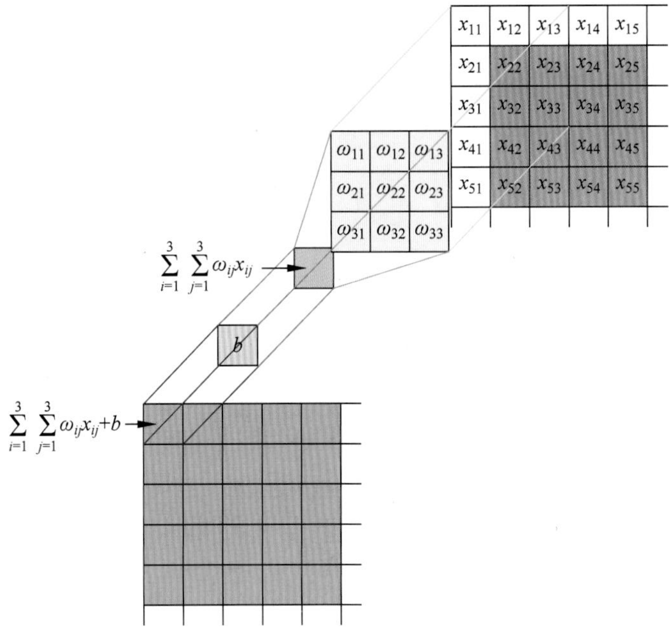

图 11-7 卷积

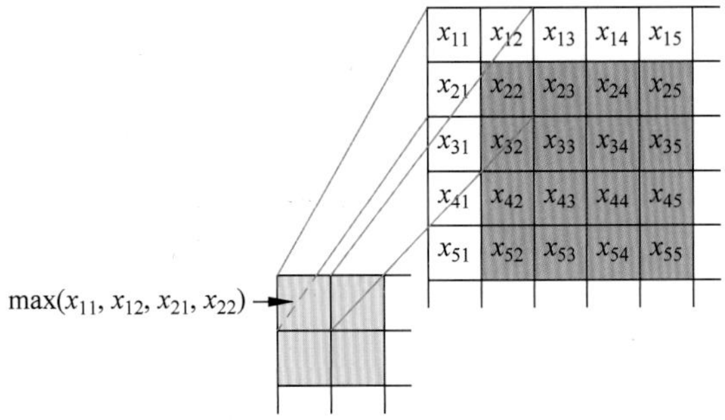

图 11-8 最大池化

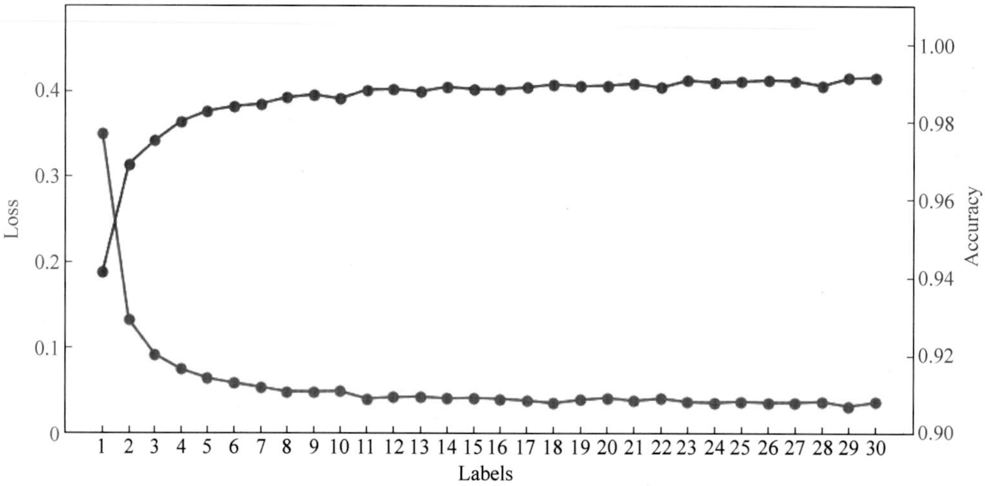

图 11-18 Loss 和 Accuracy 随训练轮次的变化图

图 17-1 动漫人物数据集

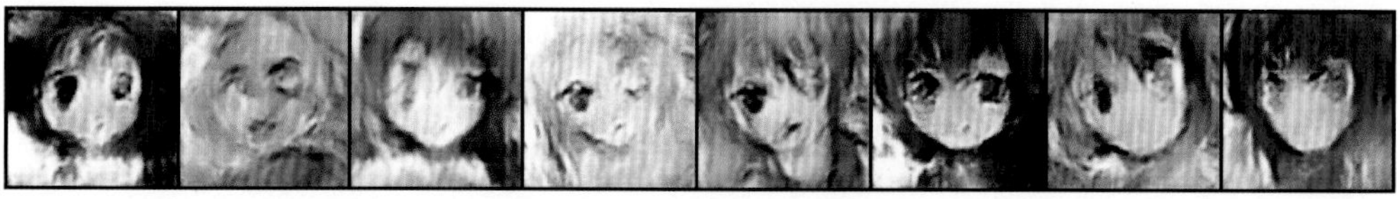

图 17-6 Epoch1 测试结果可视化

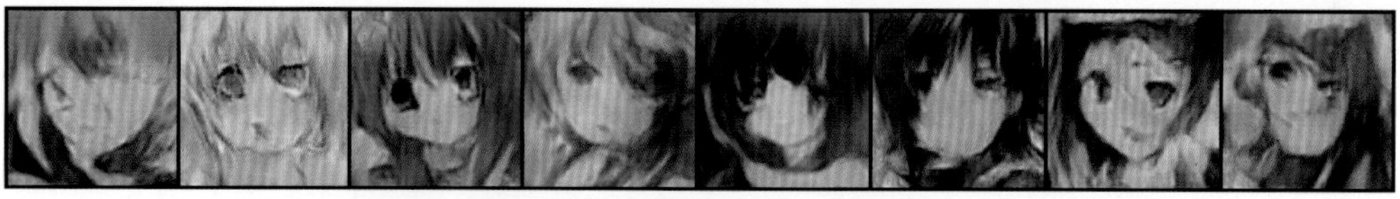

图 17-7 Epoch15 测试结果可视化

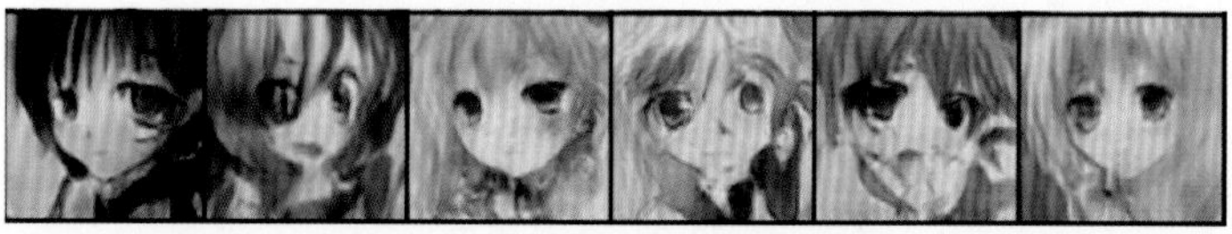

图 17-8 Epoch25 测试结果可视化

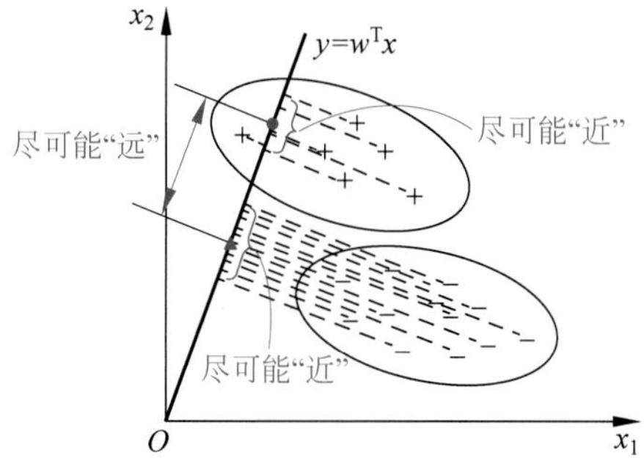

图 19-1　LDA 线性判别分析法

	basic_id_age	basic_id_pro	join_order_n	total_join_an	max_join_am	min_join_am	avg_join_am	diff_last_join	diff_first_join	total_charge	total_charge	avg_charge_	diff_last_cha	if_charge_ad	charge_adul	max_charge_	min_charge_	avg_charge_	if_charge_te
basic_id_ag	1	0.48426588	0.06584441	0.02578354	0.02244995	-0.0141807	0.00669592	-0.0884668	-0.0591504	0.02867834	0.03383169	0.0752749	-0.0738	0.02621384	0.01857784	0.02357483	0.01189605	0.01804002	-0.0165731
basic_id_pi	0.48426588	1	0.16063549	0.05710845	0.00141717	-0.0430512	-0.0143205	-0.1995526	-0.1327842	0.00800746	-0.0171601	-0.0385368	-0.1874388	0.01254942	0.02273864	-0.0046039	-0.006299	-0.0070111	0.00743801
join_order_	0.06584441	0.16063549	1	0.75692259	0.42223757	0.10505023	0.35008326	0.02309201	0.33065584	0.61112965	0.53436985	0.0984028	0.06293541	0.18278942	0.42088833	0.15727883	0.0836952	0.12605305	0.36774868
total_join_a	0.02578354	0.05710845	0.75692259	1	0.66055643	0.3727382	0.65517804	0.07234338	0.36672174	0.5102375	0.54507404	0.21516738	0.22341652	0.22665767	0.37197188	0.26630481	0.18185206	0.23140072	0.25994887
max_join_a	0.02244995	0.00141717	0.42223757	0.66055643	1	0.47539079	0.91593026	0.06464911	0.35316703	0.30202682	0.34479202	0.26391704	0.26917893	0.26336091	0.30921609	0.28200733	0.21967614	0.25746568	0.15842519
min_join_a	-0.0141807	-0.0430512	0.10505023	0.3727382	0.47539079	1	0.74770842	0.1535246	0.18237966	0.06152912	0.11659996	0.14945764	0.16580771	0.07299226	0.07676062	0.16570319	0.13431002	0.15525539	0.0039134
avg_join_a	0.00669592	-0.0143205	0.35008326	0.65517804	0.91593026	0.74770842	1	0.1101102	0.33682397	0.23834942	0.31116681	0.27739715	0.27873232	0.24099604	0.25315182	0.30102028	0.24206757	0.27959142	0.11828317
diff_last_jo	-0.0884668	-0.1995526	0.02309201	0.07234338	0.06464911	0.1535246	0.1101102	1	0.79563167	0.32639797	0.26689589	0.18776402	0.44090998	0.31962625	0.30842683	0.15427877	0.12320275	0.14303257	0.0968191
diff_first_jo	-0.0591504	-0.1327842	0.33065584	0.36672174	0.35316703	0.18237966	0.33682397	0.79563167	1	0.58992639	0.51734666	0.27671787	0.50534127	0.406622	0.48140181	0.26760097	0.21087283	0.24562243	0.21928315
total_charg	0.02867834	0.00800746	0.61112965	0.5102375	0.30202682	0.06152912	0.23834942	0.32639797	0.58992639	1	0.80025935	0.27524426	0.26424646	0.50501007	0.8101467	0.29996372	0.18981879	0.25125552	0.49618949
total_charg	0.03383169	-0.0171601	0.53436985	0.54507404	0.34479202	0.11659996	0.31116681	0.26689589	0.51734666	0.80025935	1	0.57866314	0.35570253	0.42544016	0.6207877	0.55904766	0.44031376	0.51512387	0.41043368
avg_charg	0.0752749	-0.0385368	0.0984028	0.21516738	0.26391704	0.14945764	0.27739715	0.18776402	0.27671787	0.27524426	0.57866314	1	0.51842472	0.48742787	0.30870813	0.87268381	0.85962785	0.8872489	0.11101528
diff_last_ch	-0.0738	-0.1874388	0.06293541	0.22341652	0.26917893	0.16580771	0.27873232	0.44090998	0.50534127	0.26424646	0.35570253	0.51842472	1	0.48328495	0.28783117	0.47934936	0.45557488	0.4800258	0.06304864
if_charge_a	0.02621384	0.01254942	0.18278942	0.22665767	0.26336091	0.07299226	0.24099604	0.31962625	0.406622	0.50501007	0.42544016	0.48742787	0.48328495	1	0.72735078	0.57515007	0.5307589	0.56632034	0.21076137
charge_ad	0.01857784	0.02273864	0.42088833	0.37197188	0.30921609	0.07676062	0.25315182	0.30842683	0.48140181	0.8101467	0.6207877	0.30870813	0.28783117	0.72735078	1	0.41805664	0.28215182	0.35677086	0.33764618
max_charg	0.02357483	-0.0046039	0.15727883	0.26630481	0.28200733	0.16570319	0.30102028	0.15427877	0.26760097	0.29996372	0.55904766	0.87268381	0.47934936	0.57515007	0.41805664	1	0.91022493	0.97915799	0.09247268
min_charg	0.01189605	-0.006299	0.0836952	0.18185206	0.21967614	0.13431002	0.24206757	0.12320275	0.21087283	0.18981879	0.44031376	0.85962785	0.45557488	0.5307589	0.28215182	0.91022493	1	0.97409414	0.05794373
avg_charg	0.01804002	-0.0070111	0.12605305	0.23140072	0.25746568	0.15525539	0.27959142	0.14303257	0.24562243	0.25125552	0.51512387	0.8872489	0.4800258	0.56632034	0.35677086	0.97915799	0.97409414	1	0.07724768
if_charge_t	-0.0165731	0.00743801	0.36774868	0.25994887	0.15842519	0.0039134	0.11828317	0.0968191	0.21928315	0.49618949	0.41043368	0.11101528	0.06304864	0.21076137	0.33764618	0.09247268	0.05794373	0.07724768	1
charge_tee	-0.0207064	-0.0068688	0.37821057	0.2735502	0.13888664	0.0059847	0.10926537	0.0938116	0.22335091	0.51358017	0.42542599	0.09853691	0.05595862	0.18242594	0.34060966	0.08610069	0.0527483	0.07208569	0.87540153
max_charg	-0.0187905	-0.0139902	0.2780534	0.25713018	0.16240958	0.0349792	0.15586994	0.08165798	0.20265774	0.39732443	0.55366402	0.1500639	0.07999684	0.1379986	0.24110583	0.10697638	0.08558681	0.10017546	0.6584063
min_charg	-0.002506	0.01863339	0.34696048	0.28719159	0.17850668	0.03223206	0.15433262	0.10218586	0.20824371	0.42476686	0.47142456	0.15721046	0.08561421	0.16305188	0.27659863	0.10465884	0.07896533	0.09647672	0.84850037
avg_charg	-0.01311	-0.0013737	0.31976903	0.28278437	0.177073	0.03549633	0.16347507	0.09216707	0.2140115	0.42773704	0.54921562	0.16051207	0.08666661	0.15554118	0.26696757	0.1118618	0.08779707	0.10434334	0.7665838

图 19-8　各维度属性之间的皮尔逊相关系数

图 19-9　各维度属性数据直方图

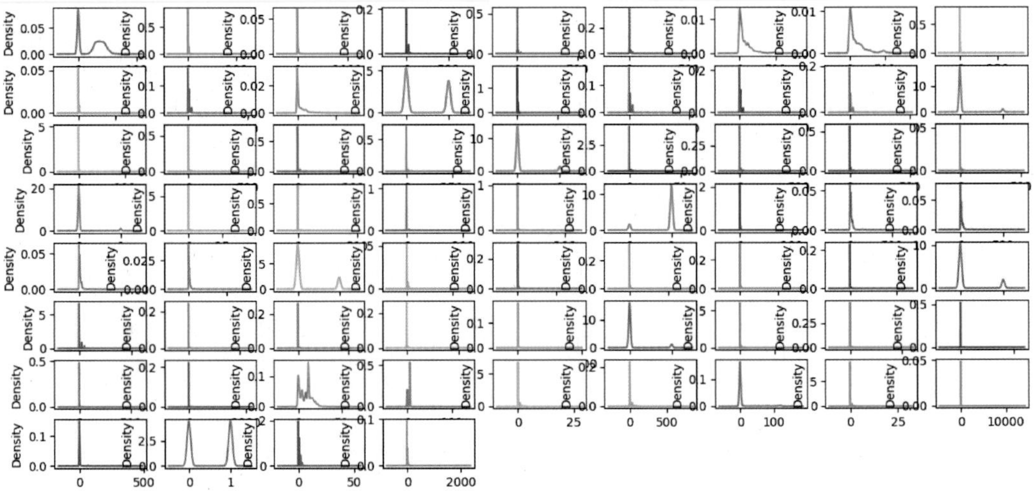

图 19-10　各维度属性数据密度分布图

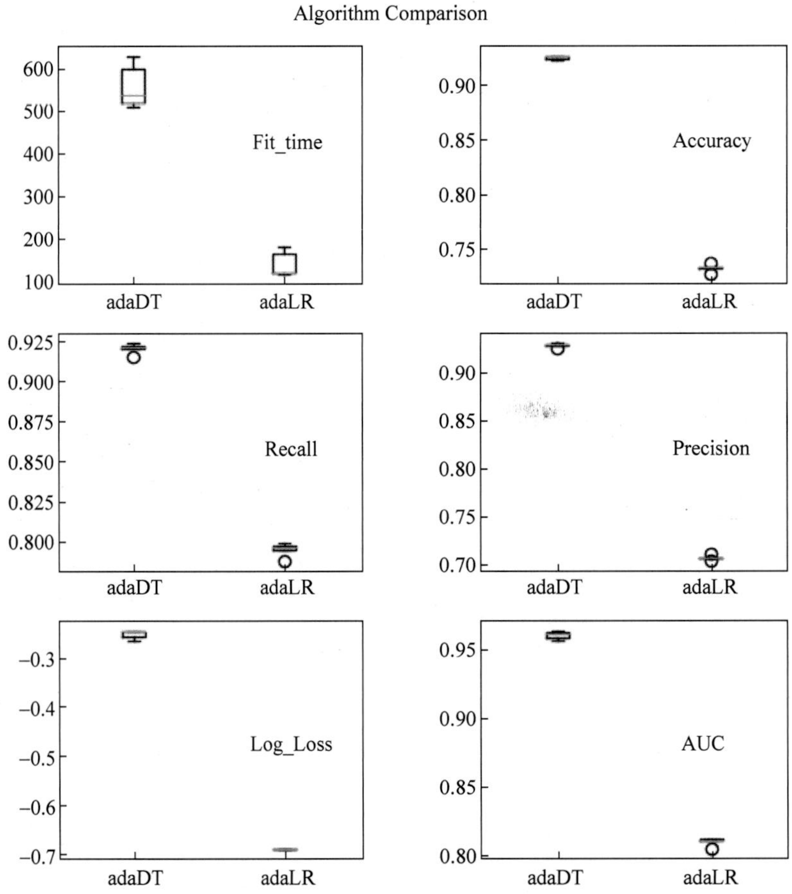

图 19-36　集成算法的指标评价结果

清華开发者书库·Python

Python机器学习实战

微课视频版

吕云翔 王渌汀 袁琪 张凡 韩雪婷 ◎ 编著

清華大學出版社
北京

内 容 简 介

本书以机器学习算法为主题，详细介绍算法的理论细节与应用方法。全书共19章，分别介绍了逻辑回归与最大熵模型、k-近邻模型、决策树模型、朴素贝叶斯模型、支持向量机模型、集成学习框架、EM算法、降维算法、聚类算法、神经网络模型等基础模型或算法，以及8个综合项目实例。本书重视理论与实践相结合，希望为读者提供全面而细致的学习指导。

本书适合机器学习初学者、相关行业从业人员以及高等院校计算机科学、软件工程等相关专业的师生阅读使用。

图书在版编目(CIP)数据

Python机器学习实战：微课视频版/吕云翔等编著. —北京：清华大学出版社，2021.5（2024.8重印）
（清华开发者书库·Python）
ISBN 978-7-302-57641-9

Ⅰ. ①P… Ⅱ. ①吕… Ⅲ. ①软件工具—程序设计 ②机器学习 Ⅳ. ①TP311.561 ②TP181

中国版本图书馆CIP数据核字(2021)第037434号

策划编辑：魏江江
责任编辑：王冰飞
封面设计：刘　键
责任校对：焦丽丽
责任印制：杨　艳

出版发行：清华大学出版社
网　　址：https：//www.tup.com.cn，https：//www.wqxuetang.com
地　　址：北京清华大学学研大厦A座　　**邮　　编**：100084
社 总 机：010-83470000　　**邮　　购**：010-62786544
投稿与读者服务：010-62776969，c-service@tup.tsinghua.edu.cn
质量反馈：010-62772015，zhiliang@tup.tsinghua.edu.cn
课件下载：https：//www.tup.com.cn，010-83470236
印 装 者：三河市龙大印装有限公司
经　　销：全国新华书店
开　　本：185mm×260mm　　**印　　张**：14.25　　**彩　　插**：5　　**字　　数**：358千字
版　　次：2021年5月第1版　　**印　　次**：2024年8月第5次印刷
印　　数：6801～7600
定　　价：59.80元

产品编号：090114-01

前言

PREFACE

从计算机被发明的那一刻起，人们便一直在尝试打造一台可以思考的计算机，人工智能应运而生。机器学习技术作为人工智能的核心，不断发展，成为目前最前沿的研究领域之一。与此同时，人脸美颜、智能语音助手、商品推荐系统、自动驾驶等众多智能产品也在悄然间改变着我们的生活。可以说，人类社会正被机器学习带领着，迎来信息技术的一次新的革命。

为了帮助读者深入理解机器学习原理，本书以机器学习算法为主题，详细介绍了算法中涉及的数学理论。此外，本书注重机器学习的实际应用，在理论介绍中穿插项目实例，帮助读者掌握机器学习研究的方法。

本书共分为19章。第1章为概述，主要介绍了机器学习的概念、组成、分类、模型评估方法，以及sklearn模块的基础知识。第2～6章分别介绍了分类和回归问题的常见模型，包括逻辑回归与最大熵模型、k-近邻模型、决策树模型、朴素贝叶斯模型、支持向量机模型。每章最后均以一个实例结尾，使用sklearn模块实现。第7章介绍集成学习框架，包括Bagging、Boosting以及Stacking的基本思想和具体算法。第8～10章主要介绍无监督算法，包括EM算法、降维算法以及聚类算法。第11章介绍神经网络与深度学习，包括卷积神经网络、循环神经网络、生成对抗网络、图卷积神经网络等基础网络。第7～11章均以一个实例结尾。第12～18章包含7个综合项目实战，帮助读者理解前面各章所讲内容。第19章使用多种机器学习算法实现了一个用户行为分类器，通过算法间的对比帮助读者深入掌握算法细节。

第12～19章提供视频讲解，可扫描对应章节二维码进行观看。数据集、源代码可扫描目录处二维码下载。

机器学习是一门交叉学科，涉及概率论、统计学、凸优化等多个学科或分支，发展过程中还受到了生物学、经济学的启发，这样的特性决定了机器学习具有广阔的发展前景。但也正因如此，想要在短时间内"速成"机器学习几乎是不现实的。本书希望带领读者从基础出发，由浅入深，逐步掌握机器学习的常见算法。在此基础上，读者将有能力根据实际问题决定使用何种算法，甚至可以查阅有关算法的最新文献，为产品研发或项目研究铺平道路。

为了更好地专注于机器学习的介绍，书中涉及的数学和统计学基础理论（如矩阵论、概率分布等）不会过多介绍。因此，如果读者希望完全理解书中的理论推导，还需要对统计学、数学相关知识有一定的了解。书中的项目实例全部使用Python实现，需要读者在阅读以前对Python编程语言及其科学计算模块（如NumPy、SciPy等）有一定的了解。

本书的作者为吕云翔、王渌汀、袁琪、张凡、韩雪婷，曾洪立参与了部分内容的编写及资料整理工作。

由于我们的水平和能力有限，书中难免有疏漏之处。恳请各位同仁和广大读者给予批评指正。

编　者

2021年5月于北京

目录

CONTENTS

资源下载

第1章 机器学习概述

CHAPTER 1

机器学习是计算机科学与统计学结合的产物，主要研究如何选择统计学习模型，从大量已有数据中学习特定经验。机器学习中的经验称为模型，机器学习的过程即根据一定的性能度量准则对模型参数进行近似求解，以使得模型在面对新数据时能够给出相应的经验指导。对于机器学习的准确定义，目前学术界尚未有统一的描述，比较常见的是 Mitchell 教授[1]于 1997 年对机器学习的定义："对于某类任务 T 和性能度量 P，一个计算机程序被认为可以从经验 E 中学习是指：通过经验 E 改进后，它在任务 T 上的性能度量 P 有所提升。"[2]

1.1 机器学习的组成

对于一个给定数据集，使用机器学习算法对其进行建模，以学习其中的经验。构建一个完整的机器学习算法需要三个方面的要素，分别是数据、模型、性能度量准则。

首先是数据方面。数据是机器学习算法的原材料，其中蕴含了数据的分布规律。生产实践中直接得到的一线数据往往是"脏数据"，可能包含大量缺失值、冗余值，而且不同维度获得数据的量纲往往也不尽相同。对于这样的"脏数据"，通常需要先期的特征工程进行预处理。

其次是模型方面。如何从众多机器学习模型中选择一个来对数据建模，是一个依赖于数据特点和研究人员经验的问题。常见的机器学习算法主要有：逻辑回归、最大熵模型、k-近邻模型、决策树、朴素贝叶斯分类器、支持向量机、高斯混合模型、隐马尔可夫模型、降维、聚类、深度学习等。特别是近些年来深度学习领域的发展，给产业界带来了一场智能化革命，各行各业纷纷使用深度学习进行行业赋能。

最后是性能度量准则。性能度量准则用于指导机器学习模型进行模型参数求解。这一参数求解过程称为训练，训练的目的是使性能度量准则在给定数据集上达到最优。训练一个机器学习模型往往需要对大量的参数进行反复调整或者搜索，这一过程称为调参。其中，在训练之前调整设置的参数，称为超参数。

按照不同的划分准则，机器学习算法可以分为不同的类型。下面介绍几种常见的机器学习算法划分方法。

1.2 分类问题及回归问题

根据模型预测输出的连续性，可以将机器学习算法适配的问题划分为分类问题和回归问题。分类问题以离散随机变量或者离散随机变量的概率分布作为输出，回归问题以连续变量作为预测输出。分类模型的典型应用有：图像分类、视频分类、文本分类、机器翻译、语音识别等。回归模型的典型应用有：银行信贷评分、人脸/人体关键点估计、年龄估计、股市预测等。

在某些情况下，回归问题与分类问题之间可以相互转化。例如对于估计人的年龄问题，假设绝大多数人的年龄介于0到100岁，那么可以将年龄估计问题看作是一个0～100之间实数的回归问题，也可以将其量化为一个101个年龄类别的分类问题。

1.3 监督学习、半监督学习和无监督学习

根据样本集合中是否包含标签以及包含标签的多少，可以将机器学习分为监督学习、半监督学习和无监督学习。

监督学习是指样本集合中包含标签的机器学习。给定有标注的数据集 $D=\{(\boldsymbol{x}_1,y_1),(\boldsymbol{x}_2,y_2),\cdots,(\boldsymbol{x}_m,y_m)\}$，以 $\{y_1,y_2,\cdots,y_m\}$ 作为监督信息，来最小化损失函数 J，通过梯度下降、拟牛顿法等算法来对模型的参数进行更新。其中，损失函数 J 用于描述模型的预测值与真实值之间的差异度，差异度越小，模型对数据拟合效果越好。

然而获得有标注的样本集合往往需要耗费大量的人力、财力。有时我们也希望能够从无标注数据中发掘出新的信息，比如电商平台根据用户的特征对用户进行归类，以实现商品的精准推荐，这时就需要用到无监督学习。降维、聚类是最典型的无监督学习算法。

半监督学习介于监督学习和无监督学习之间。在某些情况下，我们仅能够获得部分样本的标签。半监督学习就是同时从有标签数据及无标签数据中进行经验学习的机器学习。

1.4 生成模型及判别模型

根据机器学习模型是否可用于生成新数据，可以将机器学习模型分为生成模型和判别模型。生成模型是指通过机器学习算法，从训练集中学习到输入和输出的联合概率分布 $P(X,Y)$。对于新给定的样本，计算 X 与不同标记之间的联合分布概率，选择其中最大的概率对应的标签作为预测输出。典型的生成模型有：朴素贝叶斯分类器、高斯混合模型、隐马尔可夫模型、生成对抗网络等。而判别模型计算的是一个条件概率分布 $P(X,Y)$，即后验概率分布。典型的判别模型有逻辑回归、决策树、支持向量机、神经网络、k-近邻算法。由于生成模型学习的是样本输入与标签的联合概率分布，所以我们可以从生成模型的联合概率分布中进行采样，从而生成新的数据，而判别模型只是一个条件概率分布模型，只能对输入进行判定。

1.5 模型评估

1.5.1 训练误差及泛化误差

对于给定的一批数据，要求使用机器学习对其进行建模。通常首先将数据划分为训练集、验证集和测试集三个部分。训练集用于对模型的参数进行训练；验证集用于对训练的模型进行验证挑选、辅助调参；测试集用于测试训练完成的模型的泛化能力。在训练集上，训练过程中使用训练误差来衡量模型对训练数据的拟合能力，而在测试集上则使用泛化误差来测试模型的泛化能力。在模型得到充分训练的条件下，训练误差与泛化误差之间的差异越小，说明模型的泛化性能越好，得到一个泛化性能好的模型是机器学习的目的。训练误差和测试误差往往选择的是同一性能度量函数，只是作用的数据集不同。

1.5.2 过拟合及欠拟合

当训练损失较大时，说明模型不能对数据进行很好的拟合，称这种情况为欠拟合。当训练误差小且明显低于泛化误差时，称这种情况为过拟合，此时模型的泛化能力往往较弱。如图 1-1 所示，图中的样本点围绕曲线 $y=x^2$ 随机采样而得，当使用二次多项式对样本点进行拟合时可以得到曲线 $y=1.01x^2+0.0903x-3.75$，尽管几乎所有的样本点都不在该曲线上，但该方程与 $y=x^2$ 整体上重合，因此拟合效果较好；当采用一次多项式进行拟合时可以得到曲线 $y=9.211x-15.91$，此时在样本集合上多项式都不能对数据进行很好的拟合，模型对数据欠拟合；而使用五次多项式对样本点进行拟合时，得到的多项式为 $y=-0.00343x^5+0.0185x^4+0.590x^3-4.86x^2+15.0x-9.58$，曲线几乎通过了每个样本点，但是当 $x>10$ 时，则会发生明显的预测错误(泛化能力弱)，模型对数据过拟合。

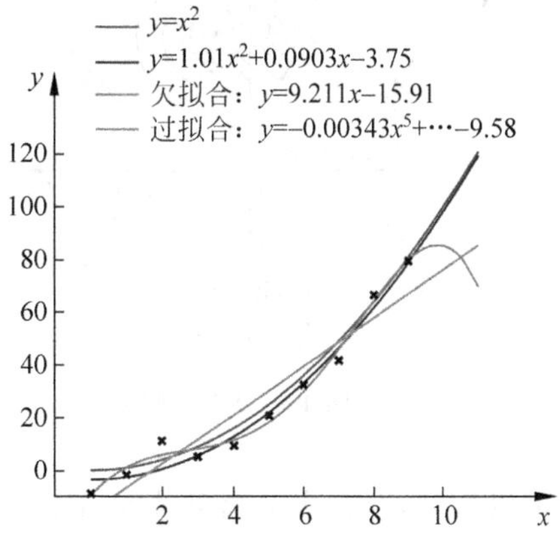

图 1-1 过拟合及欠拟合(见彩插)

对于欠拟合的情况，通常是由于模型本身不能对训练集进行拟合或者训练迭代次数太少。在图 1-1 中，线性模型不能近似拟合二次函数。解决欠拟合的主要方法是对模型进行改进、设计新的模型重新训练、增加训练过程的迭代次数等。对于过拟合的情况，往往是由于数据量太少或者模型太复杂导致，可以通过增加训练数据量、对模型进行裁剪、正则化等方式来缓解。

1.6 正则化

正则化(Normalization)是一种抑制模型复杂度的常用方法。正则化用模型参数 $\boldsymbol{\omega}$ 的 p 范数进行表示为

$$\| \boldsymbol{\omega} \|_p = \left(\sum_{i=1}^{p} | \omega_i |^p \right)^{\frac{1}{p}} \tag{1-1}$$

常用的正则化方式为 $p=1$ 或 $p=2$ 的情形，分别称为 L1 正则化和 L2 正则化。正则化项一般作为损失函数的一部分被加入到原来的基于数据损失函数当中。基于数据的损失函数又称为经验损失，正则化项又称为结构损失。若将原本基于数据的损失函数记为 J，带有正则化项的损失函数记为 J_N，则最终的损失函数可记为

$$J_N = J + \lambda \| \boldsymbol{\omega} \|_p \tag{1-2}$$

其中，λ 是用于在模型的经验损失和结构损失之间进行平衡的超参数。

L1 正则化是模型参数的 1 范数。以图 1-2 为例，假设某个模型参数只有(ω_1, ω_2)，P 点为其训练集上的全局最优解。在没有引入正则项时，模型很可能收敛到 P 点，从而引发严重的过拟合。正则项的引入会迫使参数的取值向原点方向移动，从而减轻了模型过拟合的程度。对于图 1-2，当$|\omega_1|+|\omega_2|$固定时，损失函数在$\boldsymbol{\omega}^*$处取得最小值。此时 $\omega_1=0$，因此与 ω_1 对应的"特征分量"在决策中将不起作用，这时称模型获得了"稀疏"解。对于图 1-2，模型的损失函数等值线为圆形的特殊情况，模型能够取得"稀疏解"的条件是其全局最优解落在图中的阴影区域。更一般的 L1 正则化能够以较大的概率获得稀疏解，起到特征选择的作用。需要注意的是，L1 正则化可能得到不止一个最优解。

L2 正则化是模型参数的 2 范数。从图 1-3 中可以看到，对于模型的损失函数的等值线是圆的特殊情况，仅当等值线与正则化损失的等值线相切时，模型才能获得"稀疏"解。与 L1 正则化相比，获得"稀疏"解的概率要小得多，故 L2 正则化得到的解更加平滑。

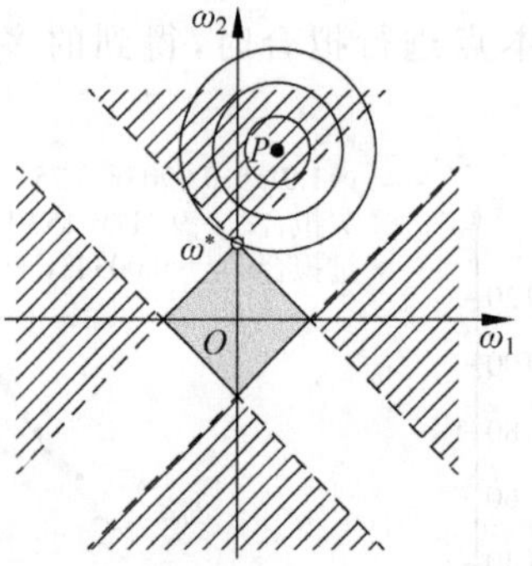

图 1-2　L1 正则化

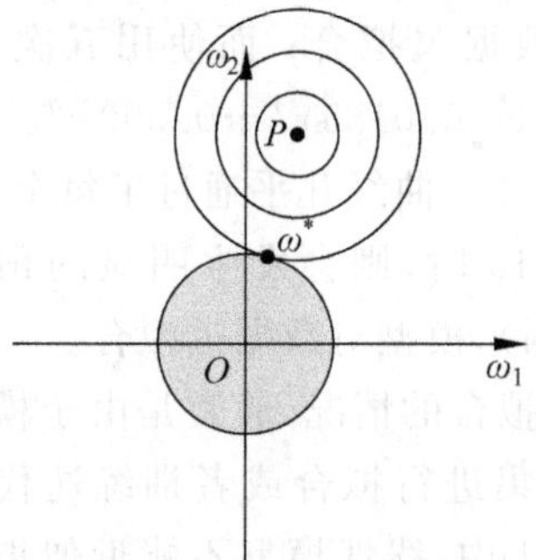

图 1-3　L2 正则化

可以看到，存在多个解可选时，L1 和 L2 正则化都能使参数尽可能地靠近零，这样得到的模型会更加简单。实际应用当中，由于 L2 正则化有着良好的数学性质，在计算上更加方便，所以人们往往选择 L2 正则化来防止过拟合。

1.7　Scikit-learn 模块

Scikit-learn 简称 sklearn，是 Python 中常用的机器学习模块。sklearn 封装了许多机器学习方法，例如数据预处理、交叉验证等。除模型部分外，本节对一些常用 API 进行简要介绍，以便读者理解后文中的实例。模型部分的 API 会在相关章节进行介绍。

1.7.1 数据集

sklearn.datasets 中收录了一些标准数据集，例如鸢尾花数据集、葡萄酒数据集等。这些数据集通过一系列 load 函数加载，例如 sklearn.datasets.load_iris 函数可以加载鸢尾花数据集。load 函数的返回值是一个 sklearn.utils.Bunch 类型的变量，其中最重要的成员是 data 和 target，分别表示数据集的特征和标签。代码清单 1-1 展示了加载鸢尾花数据集的方法，其他数据集的加载方式与之类似，请读者自行尝试。

代码清单 1-1 加载数据集

```
from sklearn.datasets import load_iris
iris = load_iris()
x = iris.data
y = iris.target
```

鸢尾花数据集(Iris Data Set)是统计学和机器学习中常被当作示例使用的一个经典的数据集。该数据集共 150 个样本，分为 Setosa、Versicolour 和 Virginica 共 3 个类别。每个样本用四个维度的属性进行描述：分别是用厘米(cm)表示的花萼长度(Sepal Length)、花萼宽度(Sepal Width)、花瓣长度(Petal Length)和花瓣宽度(Petal Width)。

葡萄酒数据集(Wine Data Set)包含 178 条记录，来自 3 种不同起源地。数据集的 13 个属性是葡萄酒的 13 种化学成分，包括 Alcohol、Malic acid、Ash、Alcalinity of ash、Magnesium、Total phenols、Flavanoids、Nonflavanoid phenols、Proanthocyanins、Color intensity、Hue、OD280/OD315 of diluted wines、Proline。

波士顿房价数据集(Boston Data Set)从 1978 年开始统计，共包含 506 条数据。样本标签为平均房价，13 个特征包括城镇人均犯罪率(CRIM)、房间数(RM)等。由于样本标签为连续变量，所以波士顿房价数据集可以用于回归模型。图 1-4 绘制了各个特征与标签之间的关系。可以发现，除了 CHAS 和 RAD 特征外，其他特征均与结果呈现出较高的相关性。

乳腺癌数据集(Breast Cancer Data Set)一共包含 569 条数据，其中有 357 例乳腺癌数据以及 212 例非乳腺癌数据。数据集中包含 30 个特征，这里不一一罗列。有兴趣的读者可以使用代码清单 1-2 查询详细信息。

代码清单 1-2 乳腺癌数据集详细信息

```
from sklearn.datasets import load_breast_cancer
bc = load_breast_cancer()
print(bc.DESCR)
```

1.7.2 模型选择

sklearn.model_selection 中提供了有关模型选择的一系列工具，包括验证集划分、交叉验证等。验证集与训练集的划分是所有项目都需要使用的，因此本节主要介绍这一 API。其他功能会在使用时加以讲解。

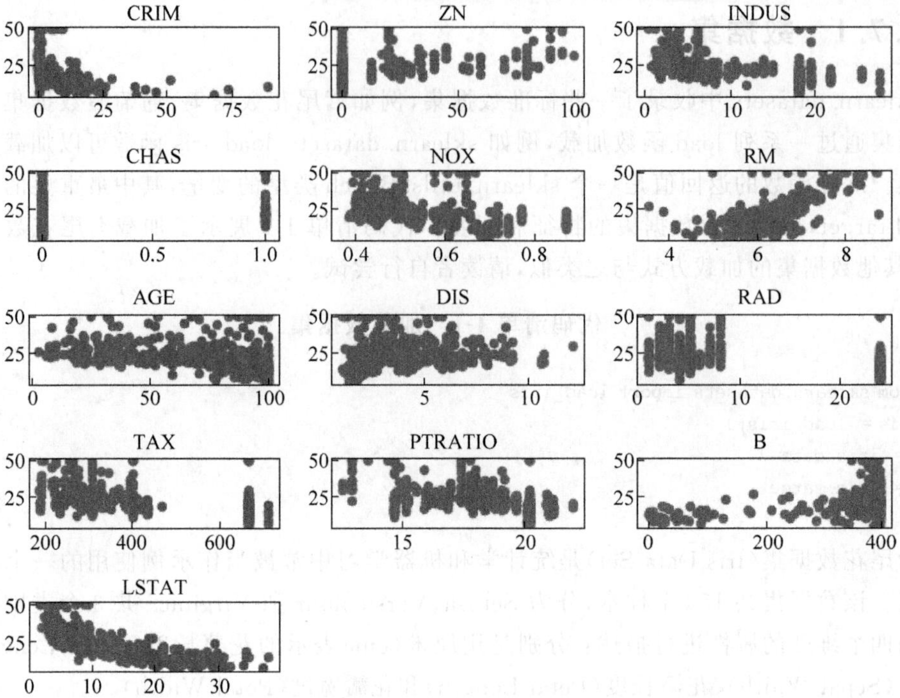

图 1-4 波士顿房价数据集各特征与标签之间的关系(见彩插)

验证集的划分主要通过 train_test_split(* arrays, ** options)函数实现。参数 arrays 包含待划分的数据,其中每个元素都是长度相同的列表。验证集划分的目标是将这些列表划分为两段,一段作为训练集,一段作为验证集。关键字参数包括 test_size、shuffle 等。其中 test_size 规定了测试集占完整数据集的比例,默认取 0.25。shuffle 选项决定数据集是否被打乱,默认值为 True。代码清单 1-3 展示了 train_test_split 函数的常见使用方法。

代码清单 1-3 train_test_split 函数的常见用法

```
x_train, x_test, y_train, y_test = train_test_split(data, target)
```

第2章 逻辑回归及最大熵模型

CHAPTER 2

逻辑回归模型是一种常用的回归或分类模型，可以视为广义线性模型的特例。本节首先给出线性回归模型和广义线性模型的概念，然后介绍逻辑回归和多分类逻辑回归。随后，本节还将介绍如何通过最大熵模型解释逻辑回归。

2.1 线性回归

线性回归是最基本的回归分析方法，有着广泛的应用。线性回归研究的是自变量与因变量之间的线性关系。对于特征 $\boldsymbol{x}=(x^1,x^2,\cdots,x^n)$ 及其对应的标签 y，线性回归假设二者之间存在线性映射

$$y \approx f(x)=\omega_1 x^1+\omega_2 x^2+\cdots+\omega_n x^n+b=\sum_{i=1}^{n}\omega_i x^i+b=\boldsymbol{\omega}^{\mathrm{T}}\boldsymbol{x}+b \tag{2-1}$$

其中，$\boldsymbol{\omega}=(\omega_1,\omega_2,\cdots,\omega_n)$ 和 b 分别表示待学习的权重及偏置。直观上，权重 $\boldsymbol{\omega}$ 的各个分量反映了每个特征变量的重要程度。权重越大，对应的随机变量的重要程度越大，反之则越小。

线性回归的目标是求解 $\boldsymbol{\omega}$ 和 b，使得 $f(\boldsymbol{x})$ 与 y 尽可能接近。求解线性回归模型的基本方法是最小二乘法。最小二乘法是一个不带条件的最优化问题，优化目标是让整个样本集合上的预测值与真实值之间的欧氏距离之和最小。

2.1.1 一元线性回归

式(2-1)描述的是多元线性回归。为简化讨论，首先以一元线性回归为例进行说明

$$y \approx f(x)=\omega x+b \tag{2-2}$$

给定空间中的一组样本点 $D=\{(x_1,y_1),(x_2,y_2),\cdots,(x_m,y_m)\}$，目标函数为

$$J(\omega,b)=\sum_{i=1}^{m}(y_i-f(x_i))^2=\sum_{i=1}^{m}(y_i-\omega x_i-b)^2 \tag{2-3}$$

令目标函数对 ω 和 b 的偏导数为 0：

$$\begin{cases}\dfrac{\partial J(\omega,b)}{\partial \omega}=\displaystyle\sum_{i=1}^{m}2\omega x_i^2+\sum_{i=1}^{m}2(b-y_i)x_i=0\\[2ex]\dfrac{\partial J(\omega,b)}{\partial b}=\displaystyle\sum_{i=1}^{m}2(\omega x_i-y_i)+2mb\end{cases} \tag{2-4}$$

则可得到 ω 和 b 的估计值为

$$\omega=\frac{m\sum_{i=1}^{m}x_iy_i-\sum_{i=1}^{m}x_i\sum_{i=1}^{m}y_i}{m\sum_{i=1}^{m}x_i^2-(\sum_{i=1}^{m}x_i)^2}=\frac{\overline{xy}-\bar{x}\cdot\bar{y}}{\overline{x^2}-\bar{x}^2}$$

$$b=\frac{1}{m}(\sum_{i=1}^{m}y_i-\omega\sum_{i=1}^{m}x_i)=\bar{y}-\omega\bar{x} \tag{2-5}$$

其中,短横线“¯”表示求均值运算。

2.1.2 多元线性回归

对于多元线性回归,本书仅做简单介绍。为了简化说明,可以将 b 同样看作权重,即令

$$\begin{cases}\boldsymbol{\omega}=(\omega_1,\omega_2,\cdots,\omega_n,b)\\ \boldsymbol{x}=(x^1,x^2,\cdots,x^n,1)\end{cases} \tag{2-6}$$

此时式(2-1)可表示为

$$y\approx f(x)=\boldsymbol{\omega}^{\mathrm{T}}\boldsymbol{x} \tag{2-7}$$

给定空间中的一组样本点 $D=\{(\boldsymbol{x}_1,y_1),(\boldsymbol{x}_2,y_2),\cdots,(\boldsymbol{x}_m,y_m)\}$,优化目标为

$$\min J(\boldsymbol{\omega})=\min(\boldsymbol{Y}-\boldsymbol{X\omega})^{\mathrm{T}}(\boldsymbol{Y}-\boldsymbol{X\omega}) \tag{2-8}$$

其中,$\boldsymbol{X}$ 为样本矩阵的增广矩阵

$$\boldsymbol{X}=\begin{pmatrix}x_1^1 & x_1^2 & \cdots & x_1^n & 1\\ x_2^1 & x_2^2 & \cdots & x_2^n & 1\\ \vdots & \vdots & \ddots & \vdots & \vdots\\ x_m^1 & x_m^2 & \cdots & x_m^n & 1\end{pmatrix} \tag{2-9}$$

$\boldsymbol{Y}$ 为对应的标签向量

$$\boldsymbol{Y}=(y_1,y_2,\cdots,y_n)^{\mathrm{T}} \tag{2-10}$$

求解式(2-8)可得

$$\boldsymbol{\omega}=(\boldsymbol{X}^{\mathrm{T}}\boldsymbol{X})^{-1}\boldsymbol{X}^{\mathrm{T}}\boldsymbol{Y} \tag{2-11}$$

当 $\boldsymbol{X}^{\mathrm{T}}\boldsymbol{X}$ 可逆时,线性回归模型存在唯一解。当样本集合中的样本太少或者存在大量线性相关的维度,则可能会出现多个解的情况。奥卡姆剃刀原则指出,当模型存在多个解时,选择最简单的那个。因此可以在原始线性回归模型的基础上增加正则化项目以降低模型的复杂度,使得模型变得简单。若加入 L2 正则化,则优化目标可写作

$$\min J(\boldsymbol{\omega})=\min(\boldsymbol{Y}-\boldsymbol{X\omega})^{\mathrm{T}}(\boldsymbol{Y}-\boldsymbol{X\omega})+\lambda\parallel\boldsymbol{\omega}\parallel_2 \tag{2-12}$$

此时,线性回归又称为岭(Ridge)回归。求解式(2-12)有

$$\boldsymbol{\omega}=(\boldsymbol{X}^{\mathrm{T}}\boldsymbol{X}+\lambda\boldsymbol{I})^{-1}\boldsymbol{X}^{\mathrm{T}}\boldsymbol{Y} \tag{2-13}$$

$\boldsymbol{X}^{\mathrm{T}}\boldsymbol{X}+\lambda\boldsymbol{I}$ 在 $\boldsymbol{X}^{\mathrm{T}}\boldsymbol{X}$ 的基础上增加了一个扰动项 $\lambda\boldsymbol{I}$。此时不仅能够降低模型的复杂度、防止过拟合,而且能够使 $\boldsymbol{X}^{\mathrm{T}}\boldsymbol{X}+\lambda\boldsymbol{I}$ 可逆,$\boldsymbol{\omega}$ 有唯一解。

当正则化项为 L1 正则化时,线性回归模型又称为 Lasso(Least Absolute Shrinkage and Selection Operator)回归,此时优化目标可写作

$$\min J(\boldsymbol{\omega}) = \min(\boldsymbol{Y} - \boldsymbol{X\omega})^{\mathrm{T}}(\boldsymbol{Y} - \boldsymbol{X\omega}) + \lambda \|\boldsymbol{\omega}\|_1 \tag{2-14}$$

L1 正则化能够得到比 L2 正则化更为稀疏的解。如 1.6 节，稀疏是指$\boldsymbol{\omega} = (\omega_1, \omega_2, \cdots, \omega_n)$中会存在多个值为 0 的元素，从而起到特征选择的作用。由于 L1 范数使用绝对值表示，所以目标函数 $J(\boldsymbol{\omega})$不是连续可导，此时不能再使用最小二乘法进行求解，可使用近端梯度下降进行求解(PGD)，本书略。

线性模型通常是其他模型的基本组成单元。堆叠若干个线性模型，同时引入非线性化激活函数，就可以实现对任意数据的建模。例如，神经网络中的一个神经元就是由线性模型加激活函数组合而成。

2.2　广义线性回归

上面描述的都是狭义线性回归，其基本假设是 y 与 x 直接呈线性关系。如果 y 与 x 不是线性关系，那么使用线性回归模型进行拟合后会得到较大的误差。为了解决这个问题，可以寻找这样一个函数 $g(y)$，使得 $g(y)$与 x 之间是线性关系。举例来说，假设 x 是一个标量，y 与 x 的实际关系是 $y = \omega x^3$。令

$$g(y) = y^{1/3} = \omega' x \tag{2-15}$$

其中，$\omega' = \omega^{1/3}$ 是要估计的未知参数。那么 $g(y)$与 x 呈线性关系，此时可以使用线性回归对 ω'进行参数估计，从而间接得到 ω。这样的回归称为广义线性回归。实际场景中，g 的选择是最关键的一步，一般较为困难。

2.2.1　逻辑回归

逻辑回归是一种广义线性回归，通过回归对数几率(Logits)的方式将线性回归应用于分类任务。对于一个二分类问题，令 $Y \in \{0,1\}$表示样本 x 对应的类别变量。设 x 属于类别 1 的概率为 $P(Y=1|x) = p$，则自然有 $P(Y=0|x) = 1 - p$。比值 $\frac{p}{1-p}$ 称为几率(Odds)，几率的对数即为对数几率(Logits)

$$\ln \frac{p}{1-p} \tag{2-16}$$

逻辑回归通过回归式(2-16)来间接得到 p 的值，即

$$\ln \frac{p}{1-p} = \boldsymbol{\omega}^{\mathrm{T}} \boldsymbol{x} + b \tag{2-17}$$

解得

$$p = \frac{1}{1 + \mathrm{e}^{-(\boldsymbol{\omega}^{\mathrm{T}} \boldsymbol{x} + b)}} \tag{2-18}$$

为方便描述，令

$$\begin{cases} \boldsymbol{\omega} = (\omega_1, \omega_2, \cdots, \omega_n, b)^{\mathrm{T}} \\ \boldsymbol{x} = (x^1, x^2, \cdots, x^n, 1)^{\mathrm{T}} \end{cases} \tag{2-19}$$

则有

$$p=\frac{1}{1+e^{-\boldsymbol{\omega}^{\mathrm{T}}\boldsymbol{x}}} \tag{2-20}$$

由于样本集合给定的样本属于类别 1 的概率非 0 即 1，所以式(2-20)无法用最小二乘法求解。此时可以考虑使用极大似然估计进行求解。

给定样本集合 $D=\{(\boldsymbol{x}_1,y_1),(\boldsymbol{x}_2,y_2),\cdots,(\boldsymbol{x}_m,y_m)\}$，似然函数为

$$L(\boldsymbol{\omega})=\prod_{i=1}^{m} p^{y_i}(1-p)^{(1-y_i)} \tag{2-21}$$

对数似然函数为

$$\begin{aligned} l(\boldsymbol{\omega}) &= \sum_{i=1}^{m}(y_i\ln p+(1-y_i)\ln(1-p)) \\ &= \sum_{i=1}^{m}(y_i\boldsymbol{\omega}^{\mathrm{T}}\boldsymbol{x}_i-\ln(1+e^{\boldsymbol{\omega}^{\mathrm{T}}\boldsymbol{x}_i})) \end{aligned} \tag{2-22}$$

之后可用经典的启发式最优化算法梯度下降法(见 11.4 节)求解式(2-22)。

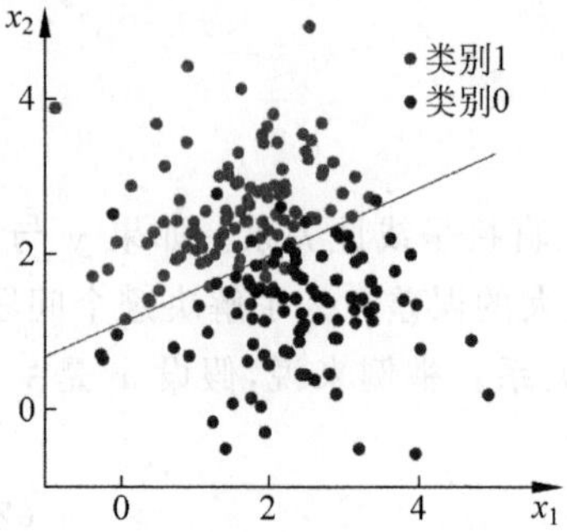

图 2-1 逻辑回归示例(见彩插)

图 2-1 是二维空间中使用逻辑回归进行二分类的示例。图中样本存在一定的噪声(正类中混合有部分负类样本、负类中混合有部分正类样本)。可以看到逻辑回归能够抵御一定的噪声干扰。

2.2.2 多分类逻辑回归

二分类逻辑回归也可扩展到多分类逻辑回归。

将 $\boldsymbol{\omega}=\boldsymbol{\omega}_1-\boldsymbol{\omega}_0$ 带入式(2-20)有

$$\begin{cases} P(Y=1\mid \boldsymbol{x})=p=\dfrac{1}{1+e^{-\boldsymbol{\omega}^{\mathrm{T}}\boldsymbol{x}}} \\ \qquad =\dfrac{e^{\boldsymbol{\omega}^{\mathrm{T}}\boldsymbol{x}}}{1+e^{\boldsymbol{\omega}^{\mathrm{T}}\boldsymbol{x}}}=\dfrac{e^{\boldsymbol{\omega}_1^{\mathrm{T}}\boldsymbol{x}}}{e^{\boldsymbol{\omega}_0^{\mathrm{T}}\boldsymbol{x}}+e^{\boldsymbol{\omega}_1^{\mathrm{T}}\boldsymbol{x}}} \\ P(Y=0\mid \boldsymbol{x})=1-p=\dfrac{e^{\boldsymbol{\omega}_0^{\mathrm{T}}\boldsymbol{x}}}{e^{\boldsymbol{\omega}_0^{\mathrm{T}}\boldsymbol{x}}+e^{\boldsymbol{\omega}_1^{\mathrm{T}}\boldsymbol{x}}} \end{cases} \tag{2-23}$$

通过归纳可将逻辑回归推广到任意多分类问题中。当类别数目为 K 时(假设类别编号为 $0,1,\cdots,K-1$)有

$$P(Y=i\mid \boldsymbol{x})=\frac{\exp(\boldsymbol{\omega}_i^{\mathrm{T}}\boldsymbol{x})}{\sum\limits_{k=0}^{K-1}\exp(\boldsymbol{\omega}_k^{\mathrm{T}}\boldsymbol{x})},\quad i=0,1,2,\cdots,K-1 \tag{2-24}$$

令式(2-24)的分子分母都除以 $\exp(\boldsymbol{\omega}_0\boldsymbol{x})$，则有

$$P(Y=0\mid \boldsymbol{x})=\frac{1}{1+\sum\limits_{k=1}^{K-1}e^{(\boldsymbol{\omega}_k^{\mathrm{T}}-\boldsymbol{\omega}_0^{\mathrm{T}})\boldsymbol{x}}}$$

$$P(Y=i \mid \boldsymbol{x})=\frac{\mathrm{e}^{(\boldsymbol{\omega}_i^{\mathrm{T}}-\boldsymbol{\omega}_0^{\mathrm{T}})\boldsymbol{x}}}{1+\sum_{k=1}^{K-1}\mathrm{e}^{(\boldsymbol{\omega}_k^{\mathrm{T}}-\boldsymbol{\omega}_0^{\mathrm{T}})\boldsymbol{x}}},\quad i=1,2,\cdots,K-1 \tag{2-25}$$

式(2-25)同样可以通过极大似然估计的方式转化成对数似然函数,然后通过梯度下降法求解。

2.2.3 交叉熵损失函数

交叉熵损失函数是神经网络中常用的一种损失函数。K 分类问题中,假设样本 $\boldsymbol{x}_i$ 属于每个类别的真实概率为 $\boldsymbol{p}_i=\{p_i^0,p_i^1,\cdots,p_i^{K-1}\}$,其中只有样本所属的类别的位置值为1,其余位置皆为0。假设分类模型的参数为$\boldsymbol{\omega}$,其预测的样本 $\boldsymbol{x}_i$ 属于每个类别的概率 $\boldsymbol{q}=\{q_i^0,q_i^1,\cdots,q_i^{K-1}\}$满足

$$\sum_{k=0}^{K-1}q_i^k=1 \tag{2-26}$$

则样本 $\boldsymbol{x}_i$ 的交叉熵损失定义为

$$J_i(\boldsymbol{\omega})=-\sum_{k=0}^{K-1}p_i^k\ln q_i^k \tag{2-27}$$

对所有样本有

$$J(\boldsymbol{\omega})=\sum_{i=1}^{m}J_i(\boldsymbol{\omega})=-\sum_{i=1}^{m}\sum_{k=0}^{K-1}p_i^k\ln q_i^k \tag{2-28}$$

当 $K=2$ 时,式(2-28)与式(2-22)形式相同。所以交叉熵损失函数与通过极大似然函数导出的对数似然函数类似,可以通过梯度下降法求解。

2.3 最大熵模型

信息论中,熵可以度量随机变量的不确定性。现实世界中,不加约束的事物都会朝着"熵增"的方向发展,也就是向不确定性增加的方向发展。可以证明,当随机变量呈均匀分布时,熵值最大。不仅在信息论中,在物理学、化学等领域中,熵都有着重要的应用。一个有序的系统有着较小的熵值,而一个无序系统的熵值则较大。

机器学习中,最大熵原理即假设:描述一个概率分布时,在满足所有约束条件的情况下,熵最大的模型是最好的。这样的假设符合"熵增"的客观规律,即在满足所有约束条件下,数据是随机分布的。以企业的管理条例为例,一般的管理条例规定了员工的办事准则,而对于管理条例中未规定的行为,在可供选择的选项中,员工们会有不同的选择。可以认为每个选项被选中的概率是相等的。实际情况也往往如此,这就是一个熵增的过程。

对于离散随机变量 x,假设其有 M 个取值。记 $p_i=P(x=i)$,则其熵定义为

$$H(P)=-\sum_{i=1}^{M}p_i\ln p_i \tag{2-29}$$

对于连续变量 x,假设其概率密度函数为 $f(x)$,则其熵定义为

$$H(f)=\int f(x)\ln f(x)\,\mathrm{d}x \tag{2-30}$$

2.3.1 最大熵模型的导出

给定一个大小为 m 的样本集合 $D=\{(\boldsymbol{x}_1,y_1),(\boldsymbol{x}_2,y_2),\cdots,(\boldsymbol{x}_m,y_m)\}$，假设输入变量为 $\boldsymbol{X}$，输出变量为 Y。以频率代替概率，可以估计出 $\boldsymbol{X}$ 的边缘分布及$(\boldsymbol{X},Y)$的联合分布为

$$\begin{cases}\tilde{p}(\boldsymbol{x},y)=\dfrac{N_{\boldsymbol{x},y}}{m}\\\tilde{p}(\boldsymbol{x})=\dfrac{N_{\boldsymbol{x}}}{m}\end{cases}\tag{2-31}$$

其中，$N_{\boldsymbol{x},y}$ 和 $N_{\boldsymbol{x}}$ 分别表示训练样本中$(\boldsymbol{X}=\boldsymbol{x},Y=y)$出现的频数和 $\boldsymbol{X}=\boldsymbol{x}$ 出现的频数。在样本量足够大的情况下，认为 $\tilde{p}(\boldsymbol{x})$反映真实的样本分布。基于此，最大熵模型使用条件熵进行建模，而非最大熵原理中一般意义上的熵。这样间接起到了缩小模型假设空间的作用。

$$H(p)=-\sum_{(\boldsymbol{x},y)\in D}\tilde{p}(\boldsymbol{x})P(y\mid\boldsymbol{x})\log P(y\mid\boldsymbol{x})\tag{2-32}$$

根据定义，最大熵模型是在满足一定约束条件下熵最大的模型。最大熵模型的思路是：从样本集合使用特征函数 $f(\boldsymbol{x},y)$抽取特征，然后希望特征函数 $f(\boldsymbol{x},y)$关于经验联合分布 $\tilde{p}(\boldsymbol{x},y)$的期望，等于特征函数 $f(\boldsymbol{x},y)$关于模型 $p(y|\boldsymbol{x})$和经验边缘分布 $\tilde{p}(\boldsymbol{x})$的期望。

特征函数关于经验联合分布 $\tilde{p}(\boldsymbol{x},y)$的期望定义为

$$E_{\tilde{p}}(f)=\sum_{(\boldsymbol{x},y)\in D}\tilde{p}(\boldsymbol{x},y)f(\boldsymbol{x},y)\tag{2-33}$$

特征函数 $f(\boldsymbol{x},y)$关于模型 $p(y|\boldsymbol{x})$和经验边缘分布 $\tilde{p}(\boldsymbol{x})$的期望定义为

$$E_p(f)=\sum_{(\boldsymbol{x},y)\in D}\tilde{p}(\boldsymbol{x})p(y\mid\boldsymbol{x})f(\boldsymbol{x},y)\tag{2-34}$$

即希望 $\tilde{p}(\boldsymbol{x},y)=\tilde{p}(\boldsymbol{x})p(y|\boldsymbol{x})$，称 $p(\boldsymbol{x},y)=p(\boldsymbol{x})p(y|\boldsymbol{x})$为乘法准则。最大熵模型的约束希望在不同的特征函数 $f(\boldsymbol{x},y)$下通过估计 $p(y|\boldsymbol{x})$的参数来满足乘法准则。

由此，最大熵模型的学习过程可以转化为一个最优化问题的求解过程。即在给定若干特征提取函数

$$f_i(\boldsymbol{x},y),\quad i=1,2,\cdots,M\tag{2-35}$$

以及 y_i 的所有可能取值$C=\{c_1,c_2,\cdots,c_K\}$的条件下，求解

$$\begin{aligned}\max\quad & H(p)=-\sum_{(\boldsymbol{x},y)\in D}\tilde{p}(\boldsymbol{x})p(y\mid\boldsymbol{x})\log p(y\mid\boldsymbol{x})\\\text{s.t.}\quad & E_{\tilde{p}}(f_i)=E_p(f_i)\\ & \sum_{y\in C}p(y\mid\boldsymbol{x})=1\end{aligned}\tag{2-36}$$

将该最大化问题转化为最小化问题即 $\min -H(p)$，可用拉格朗日乘子法求解。拉格朗日函数为

$$\operatorname{Lag}(p,\boldsymbol{\omega})=-H(p)+\omega_0\Big(1-\sum_{y\in C}p(y\mid\boldsymbol{x})\Big)+\sum_{i=1}^{M}\omega_i\big(E_p(f_i)-E_{\tilde{p}}(f_i)\big)\tag{2-37}$$

其中，$\boldsymbol{\omega}=(\omega_0,\omega_1,\cdots,\omega_M)$为引入的拉格朗日乘子。通过最优化 $\operatorname{Lag}(p,\boldsymbol{\omega})$可求得

$$p_{\boldsymbol{\omega}}(y\mid\boldsymbol{x})=\frac{1}{Z_{\boldsymbol{\omega}}(\boldsymbol{x})}\exp\Big(\sum_{i=1}^{M}\omega_i f_i(\boldsymbol{x},y)\Big)\tag{2-38}$$

其中

$$Z_{\boldsymbol{\omega}}(\boldsymbol{x})=\sum_{y\in C}\exp\Big(\sum_{i=1}^{M}\omega_i f_i(\boldsymbol{x},y)\Big) \tag{2-39}$$

2.3.2 最大熵模型与逻辑回归之间的关系

分类问题中,假设特征函数个数 M 等于样本输入变量的个数 n,即 $n=M$。以二分类问题为例,定义如下特征函数,每个特征函数只提取一个属性的值

$$f_i(\boldsymbol{x},y)=\begin{cases}x_i & y=1\\ 0 & y=0\end{cases} \tag{2-40}$$

则

$$\begin{aligned}Z_{\boldsymbol{\omega}}(\boldsymbol{x})&=\sum_{y\in C}\exp\Big(\sum_{i=1}^{M}\omega_i f_i(\boldsymbol{x},y)\Big)\\&=\exp\Big(\sum_{i=1}^{M}\omega_i f_i(\boldsymbol{x},y=0)\Big)+\exp\Big(\sum_{i=1}^{M}\omega_i f_i(\boldsymbol{x},y=1)\Big)\\&=1+\exp(\boldsymbol{\omega}^{\mathrm{T}}\boldsymbol{x})\end{aligned} \tag{2-41}$$

注意,此处$\boldsymbol{\omega}=(\omega_1,\omega_2,\cdots,\omega_M)$,不包含 ω_0

$$\begin{cases}p(y=0\mid \boldsymbol{x})=\dfrac{1}{1+\mathrm{e}^{\boldsymbol{\omega}^{\mathrm{T}}\boldsymbol{x}}}\\ p(y=1\mid \boldsymbol{x})=\dfrac{\mathrm{e}^{\boldsymbol{\omega}^{\mathrm{T}}\boldsymbol{x}}}{1+\mathrm{e}^{\boldsymbol{\omega}^{\mathrm{T}}\boldsymbol{x}}}\end{cases} \tag{2-42}$$

可以看到,此时最大熵模型等价于二分类逻辑回归模型。

对于多分类问题,可定义 $f_i(\boldsymbol{x},y=c_k)=\lambda_{ik}x_i$,则

$$p_{\boldsymbol{\omega}}(y=c_k\mid \boldsymbol{x})=\frac{1}{Z_{\boldsymbol{\omega}}(\boldsymbol{x})}\exp\Big(\sum_{i=1}^{M}\omega_i f_i(\boldsymbol{x},y)\Big)=\frac{1}{Z_{\boldsymbol{\omega}}(\boldsymbol{x})}\mathrm{e}^{\boldsymbol{\alpha}_k^{\mathrm{T}}\boldsymbol{x}} \tag{2-43}$$

其中

$$\begin{cases}Z_{\boldsymbol{\omega}}(\boldsymbol{x})=\sum_{y\in C}\exp\Big(\sum_{i=1}^{M}\omega_i f_i(\boldsymbol{x},y)\Big)=\sum_{k=1}^{K}\exp\Big(\sum_{i=1}^{M}\omega_i\lambda_{ik}x_i\Big)=\sum_{k=1}^{K}\mathrm{e}^{\boldsymbol{\alpha}_k^{\mathrm{T}}\boldsymbol{x}}\\ \boldsymbol{\alpha}_k^{\mathrm{T}}=(\omega_1\lambda_{1k},\omega_2\lambda_{2k},\cdots,\omega_M\lambda_{Mk})^{\mathrm{T}}\end{cases} \tag{2-44}$$

式(2-43)与式(2-24)等价,此时最大熵模型等价于多分类逻辑回归。最大熵模型可以通过拟牛顿法、梯度下降法等学习,本书略。

2.4 评价指标

对于一个分类任务,往往可以训练许多不同模型。那么,如何从众多模型中挑选出综合表现最好的那一个,这就涉及对模型的评价问题。接下来将介绍一些常用的模型评价指标。

2.4.1 混淆矩阵

混淆矩阵是理解大多数评价指标的基础，这里用一个经典表格来解释混淆矩阵是什么，如表 2-1 所示。

表 2-1 混淆矩阵示意表

真实值	预测值	
	0	1
0	True Negative(TN)	False Positive(FP)
1	False Negative(FN)	True Positive(TP)

显然，混淆矩阵包含四部分的信息：

(1) 真阴率(True Negative，TN)表明实际是负样本预测成负样本的样本数。

(2) 假阳率(False Positive，FP)表明实际是负样本预测成正样本的样本数。

(3) 假阴率(False Negative，FN)表明实际是正样本预测成负样本的样本数。

(4) 真阳率(True Positive，TP)表明实际是正样本预测成正样本的样本数。

对照混淆矩阵，很容易就能把关系、概念理清楚。但是久而久之，也很容易忘记概念。可以按照位置前后分为两部分记忆：前面的部分是 True/False 表示真假，即代表着预测的正确性；后面的部分是 Positive/Negative 表示正负样本，即代表着预测的结果。所以，混淆矩阵即可表示为正确性——预测结果的集合。现在再来看上述四个部分的概念：

(1) TN，预测是负样本，预测对了。

(6) FP，预测是正样本，预测错了。

(7) FN，预测是负样本，预测错了。

(8) TP，预测是正样本，预测对了。

大部分的评价指标都是建立在混淆矩阵基础上的，包括准确率、精确率、召回率、F1-score，当然也包括 AUC。

2.4.2 准确率

准确率是最为常见的一项指标，即预测正确的结果占总样本的百分比，其公式如下：

$$\text{Accuracy}=\frac{TP+TN}{TP+TN+FP+FN} \tag{2-45}$$

虽然准确率可以判断总的正确率，但是在样本不平衡的情况下，并不能作为很好的指标来衡量结果。假设在所有样本中，正样本占 90%，负样本占 10%，样本是严重不平衡的。模型将全部样本预测为正样本即可得到 90%的高准确率，如果仅使用准确率这单一指标进行评价，模型就可以像这样“偷懒”获得很高的评分。正因如此，也就衍生出了其他两种指标：精确率和召回率。

2.4.3 精确率与召回率

精确率(Precision)又叫查准率，它是针对预测结果而言的。精确率表示在所有被预测

为正的样本中实际为正的样本的概率。意思就是在预测为正样本的结果中,有多少把握可以预测正确,其公式如下:

$$\text{Precision} = \frac{\text{TP}}{\text{TP} + \text{FP}} \tag{2-46}$$

召回率(Recall)又叫查全率,它是针对原样本而言的。召回率表示在实际为正的样本中被预测为正样本的概率,其公式如下:

$$\text{Recall} = \frac{\text{TP}}{\text{TP} + \text{FN}} \tag{2-47}$$

召回率一般应用于漏检后果严重的场景下。例如在网贷违约率预测中,相比信誉良好的用户,我们更关心可能会发生违约的用户。如果模型过多地将可能发生违约的用户当成信誉良好的用户,后续可能会发生的违约金额会远超过好用户偿还的借贷利息金额,造成严重偿失。召回率越高,代表不良用户被预测出来的概率越高。

2.4.4　PR 曲线

分类模型对每个样本点都会输出一个置信度。通过设定置信度阈值,就可以完成分类。不同的置信度阈值对应着不同的精确率和召回率。一般来说,置信度阈值较低时,大量样本被预测为正例,所以召回率较高,而精确率较低;置信度阈值较高时,大量样本被预测为负例,所以召回率较低,而精确率较高。

PR 曲线就是以精确率为纵坐标,以召回率为横坐标做出的曲线,如图 2-2 所示。

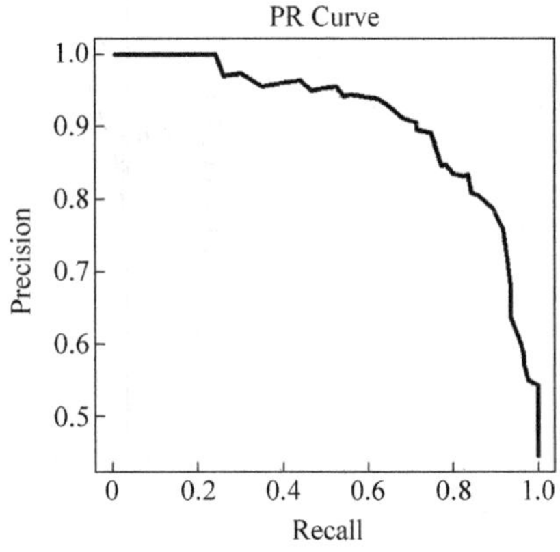

图 2-2　PR 曲线示意图

2.4.5　ROC 曲线与 AUC 曲线

对于某个二分类分类器来说,输出结果标签(0 还是 1)往往取决于置信度以及预定的置信度阈值。比如常见的阈值就是 0.5,大于 0.5 的认为是正样本,小于 0.5 的认为是负样本。如果增大这个阈值,预测错误(针对正样本而言,即指预测是正样本但是预测错误,下同)的概率就会降低,但是随之而来的就是预测正确的概率也降低;如果减小这个阈值,那么预测正确的概率会升高,但是同时预测错误的概率也会升高。实际上,这种阈值的选取一定程度上反映了分类器的分类能力。我们当然希望无论选取多大的阈值,分类都能尽可能地正确。为了形象地衡量这种分类能力,ROC 曲线进行了表征,如图 2-3 所示,为一条 ROC 曲线。

横轴:假阳率(False Positive Rate, FPR)

$$\text{FPR} = \frac{\text{FP}}{\text{TN} + \text{FP}} \tag{2-48}$$

纵轴:真阳率(True Positive Rate, TPR)

$$\text{TPR} = \frac{\text{TP}}{\text{TP} + \text{FN}} \tag{2-49}$$

显然,ROC 曲线的横纵坐标都在[0, 1]之间,面积不大于 1。现在分析几个 ROC 曲线的特殊情况,更好地掌握其性质。

(0, 0):假阳率和真阳率都为 0,即分类器全部预测成负样本。

(0, 1):假阳率为 0,真阳率为 1,全部完美预测正确。

(1, 0):假阳率为 1,真阳率为 0,全部完美预测错误。

(1, 1):假阳率和真阳率都为 1,即分类器全部预测成正样本。

当 TPR=FPR 为一条斜对角线时,表示预测为正样本的结果一半是对的,一半是错的,为随机分类器的预测效果。ROC 曲线在斜对角线以下,表示该分类器效果差于随机分类器;反之,效果好于随机分类器。当然,我们希望 ROC 曲线尽量位于斜对角线以上,也就是向左上角(0, 1)凸。

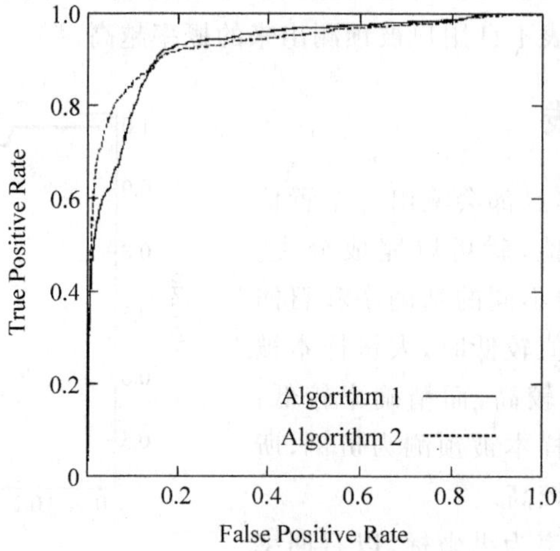

图 2-3 ROC 曲线示意图

2.5 实例:基于逻辑回归实现乳腺癌预测

本节基于乳腺癌数据集介绍逻辑回归的应用,模型的构造与训练如代码清单 2-1 所示。

代码清单 2-1 逻辑回归模型的构造与训练

```
from sklearn.datasets import load_breast_cancer
from sklearn.linear_model import LogisticRegression
from sklearn.model_selection import train_test_split
cancer = load_breast_cancer()
X_train, X_test, y_train, y_test = train_test_split(
    cancer.data, cancer.target, test_size = 0.2)
model = LogisticRegression()
model.fit(X_train, y_train)
train_score = model.score(X_train, y_train)
test_score = model.score(X_test, y_test)
print('train score: {train_score:.6f}; test score: {test_score:.6f}'.format(
    train_score = train_score, test_score = test_score))
```

根据代码输出可知,模型在训练集上的准确率达到 0.969,在测试集上的准确率达到 0.921。为了进一步分析模型效果,代码清单 2-2 进一步评估了模型在测试集上的准确率、召回率以及精确率。三者分别达到了 0.921、0.960、0.923。

代码清单 2-2 模型评估

```
from sklearn.metrics import recall_score
from sklearn.metrics import precision_score
from sklearn.metrics import classification_report
from sklearn.metrics import accuracy_score
y_pred = model.predict(X_test)
accuracy_score_value = accuracy_score(y_test, y_pred)
recall_score_value = recall_score(y_test, y_pred)
precision_score_value = precision_score(y_test, y_pred)
classification_report_value = classification_report(y_test, y_pred)
print("准确率:", accuracy_score_value)
print("召回率:", recall_score_value)
print("精确率:", precision_score_value)
print(classification_report_value)
```

第 3 章 k-近邻算法

CHAPTER 3

k-近邻算法(k-Nearest Neighbor，KNN)是一种常用的分类或回归算法。给定一个训练样本集合 D 以及一个需要进行预测的样本 x，k-近邻算法的思想非常简单：对于分类问题，k-近邻算法从所有训练样本集合中找到与 x 最近的 k 个样本，然后通过投票法选择这 k 个样本中出现次数最多的类别作为 x 的预测结果；对于回归问题，k-近邻算法同样找到与 x 最近的 k 个样本，然后对这 k 个样本的标签求平均值，得到 x 的预测结果。k-近邻算法的描述如算法 3-1 所示。

算法 3-1　k-近邻算法

输入：训练集 $D=\{(\boldsymbol{x}_1,y_1),(\boldsymbol{x}_2,y_2),\cdots,(\boldsymbol{x}_m,y_m)\}$；$k$ 值；待预测样本 x；如果是 k-近邻分类，同时给出类别集合 $C=\{c_1,c_2,\cdots,c_K\}$

输出：样本 x 所属的类别或预测值 y

1. 计算 x 与所有训练集合中所有样本之间的距离，并从小到大排序，返回排序后样本的索引.

$$P=\underset{i}{\operatorname{argsort}}\{d(\boldsymbol{x},\boldsymbol{x}_i)\mid i=1,2,\cdots,m\}$$

2. 对于分类问题，投票挑选出前 k 个样本中包含数量最多的类别

$$\text{Return } y=\underset{i=1,2,\cdots,K}{\arg\max}\sum_{p\in P} I(\boldsymbol{x}_p=c_i)$$

3. 对于回归问题，用前 k 个样本标签的均值作为 x 的估计值

$$\text{Return } y=\frac{1}{k}\sum_{p\in P} y_p$$

对 k-近邻算法的研究包含三个方面：k 值的选取、距离的度量和如何快速地进行 k 个近邻的检索。

3.1　k 值的选取

投票法的准则是少数服从多数，所以当 k 值很小时，得到的结果就容易产生偏差。最近邻算法是这种情况下的极端，也就是 $k=1$ 时的 k-近邻算法。最近邻算法中，样本 x 的预测结果只由训练集中与其距离最近的那个样本决定。

如果 k 值选取较大，则可能会将大量其他类别的样本包含进来，极端情况下，将整个训练集的所有样本都包含进来，这样同样可能会造成预测错误。一般情况下，可通过交叉验

证、在验证集上多次尝试不同的 k 值来挑选最佳的 k 值。

3.2 距离的度量

对于连续变量，一般使用欧氏距离直接进行距离度量。对于离散变量，可以先将离散变量连续化，然后再使用欧氏距离进行度量。

词嵌入(Word Embedding)是自然语言处理领域常用的一种对单词进行编码的方式。词嵌入首先将离散变量进行热独(one-hot)编码，假定共有 5 个单词{A,B,C,D,E}，则对 A 的热独编码为$(1,0,0,0,0)^{\mathrm{T}}$，B 的热独编码为$(0,1,0,0,0)^{\mathrm{T}}$，其他单词类似。编码后的单词用矩阵表示为

$$\boldsymbol{X}=\begin{array}{c}\begin{matrix}A & B & C & D & E\end{matrix}\\ \begin{pmatrix}1 & 0 & 0 & 0 & 0\\ 0 & 1 & 0 & 0 & 0\\ 0 & 0 & 1 & 0 & 0\\ 0 & 0 & 0 & 1 & 0\\ 0 & 0 & 0 & 0 & 1\end{pmatrix}\end{array} \tag{3-1}$$

随机初始化一个用于词嵌入转化的矩阵 $\boldsymbol{M}_{d\times 5}$，其中每一个 d 维的向量表示一个单词。词嵌入后的单词用矩阵表示为

$$\boldsymbol{E}=\boldsymbol{M}_{d\times 5}\boldsymbol{X}=\begin{array}{c}\begin{matrix}A & B & C & D & E\end{matrix}\\ \begin{pmatrix}x_{11} & x_{12} & x_{13} & x_{14} & x_{15}\\ x_{21} & x_{22} & x_{23} & x_{24} & x_{25}\\ \vdots & \vdots & \vdots & \vdots & \vdots\\ x_{d1} & x_{d2} & x_{d3} & x_{d4} & x_{d5}\end{pmatrix}\end{array} \tag{3-2}$$

矩阵 $\boldsymbol{E}$ 中的每一列是相应单词的词嵌入表示，d 是一个超参数，$\boldsymbol{M}$ 可以通过深度神经网络(见第 11 章)在其他任务上进行学习，之后就能用单词词嵌入后的向量表示计算内积，用以表示单词之间的相似度。对于一般的离散变量同样可以采用类似词嵌入的方法进行距离度量。

3.3 快速检索

当训练集合的规模很大时，如何快速找到样本 x 的 k 个近邻成为计算机实现 k-近邻算法的关键。一个朴素的思想是：

(1) 计算样本 x 与训练集中所有样本的距离。

(2) 将这些点依据距离从小到大进行排序选择前 k 个。

算法的时间复杂度是计算到训练集中所有样本距离的时间加上排序的时间。该算法的第(2)步可以用数据结构中的查找序列中前 k 个最小数的算法优化，而不必对所有距离都进行排序。一个更为可取的方法是为训练样本事先建立索引，以减少计算的规模。kd 树是一种典型的存储 k 维空间数据的数据结构(此处的 k 指 x 的维度大小，与 k-近邻算法中的 k

没有任何关系)。建立好kd树后,给定新样本后就可以在树上进行检索,这样就能够大大降低检索k个近邻的时间,特别是当训练集的样本数远大于样本的维度时。关于kd树的详细介绍可参考文献[3]。

3.4 实例:基于k-近邻算法实现鸢尾花分类

本节以鸢尾花(Iris)数据集的分类来直观理解k-近邻算法。为了在二维平面展示鸢尾花数据集,这里使用花萼宽度和花瓣宽度两个特征进行可视化,如图3-1所示。

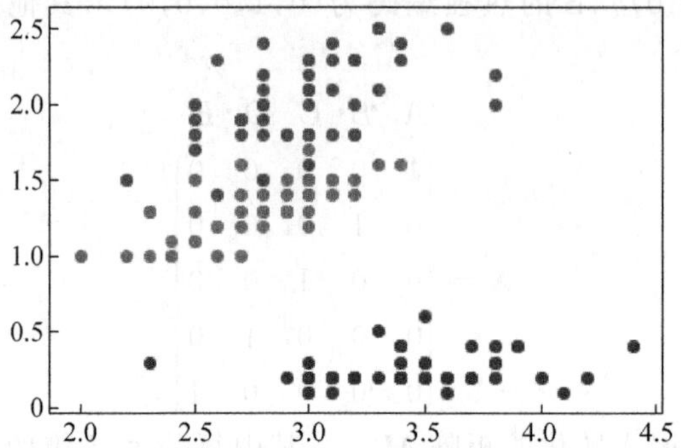

图3-1 鸢尾花数据集(见彩插)

图中蓝色数据点表示Setosa,橙色数据点表示Versicolour,绿色数据点表示Virginica。sklearn中提供的k-近邻模型称为KNeighborsClassifier,代码清单3-1给出了模型构造和训练代码。

代码清单3-1 k-近邻模型的构造与训练

```
from sklearn.datasets import load_iris
from sklearn.model_selection import train_test_split
from sklearn.neighbors import KNeighborsClassifier as KNN
if __name__ == '__main__':
    iris = load_iris()
    x_train, x_test, y_train, y_test = train_test_split(
        iris.data[:, [1,3]], iris.target)
    model = KNN()
    model.fit(x_train, y_train)
```

代码清单3-2对上述模型进行了测试。根据程序输出可以看出,模型在训练集上的准确率达到0.964,测试集上的准确率达到0.947。

代码清单3-2 模型测试

```
train_score = model.score(x_train, y_train)
test_score = model.score(x_test, y_test)
print("train score:", train_score)
print("test score:", test_score)
```

图 3-2 展示了模型的决策边界。可以看出，几乎所有样本点都落在相应的区域之内，只有少数边界点可以落在边界以外。

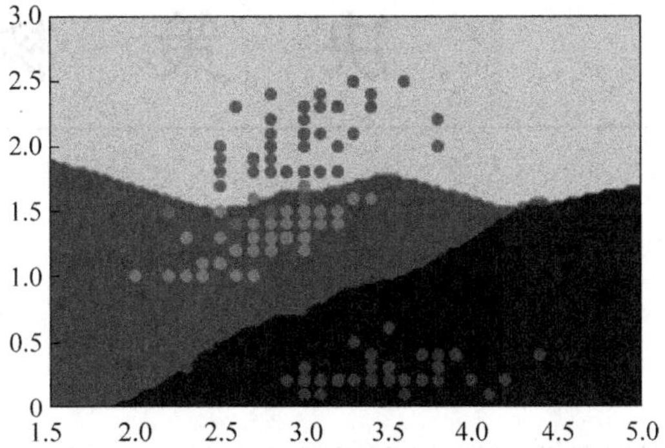

图 3-2　*k*-近邻模型的决策边界(见彩插)

k-近邻模型默认使用 $k=5$。当 *k* 过小时，容易产生过拟合；当 *k* 过大时容易产生欠拟合。图 3-3 展示了 *k* 为 1 或 50 时的决策边界。不难看出，当 $k=1$ 时，决策边界更加复杂；而 $k=50$ 时决策边界较为平滑。

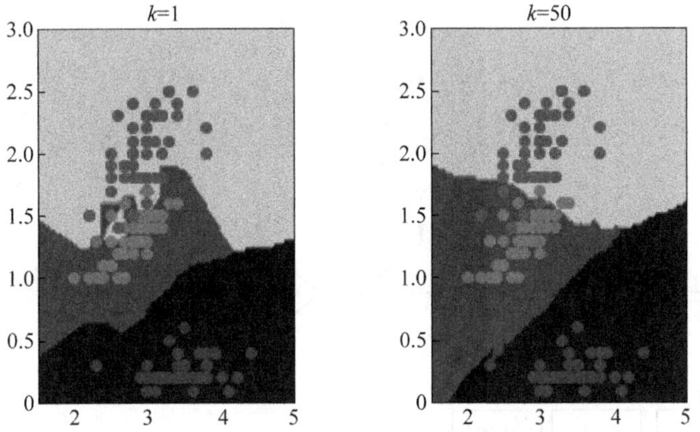

图 3-3　不同 *k* 值对决策边界的影响(见彩插)

第 4 章 决策树

CHAPTER 4

决策树是一种常用的机器学习算法，既可用于分类，也可用于回归。图 4-1 以图形式展示了一棵决策树，树中每个非叶节点对应一个特征，每个叶子节点对应一个类别。不难看出，当试吃者年龄在 10 岁以下、食物颜色不错、气味很香时，试吃者大概率会评价味道不错。

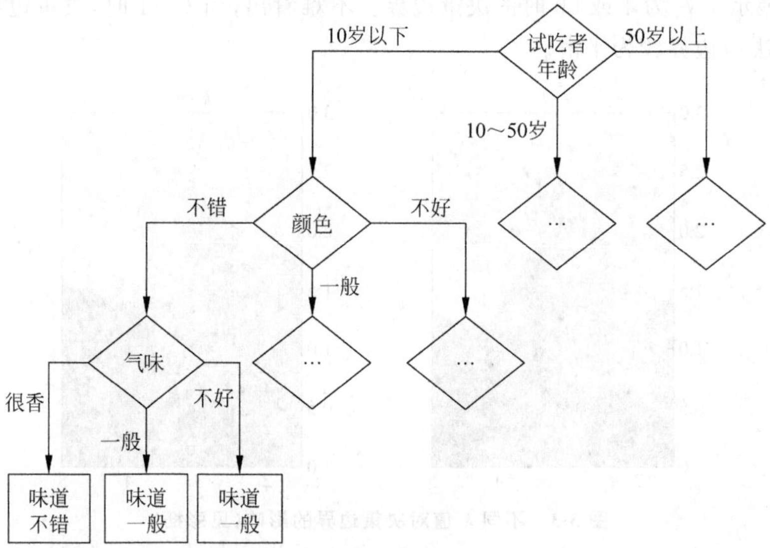

图 4-1 决策树示例

决策树的思想非常简单：给定一个样本集合，其中每个样本由若干属性表示，决策树通过贪心的策略不断挑选最优的属性。对于离散属性以不同的属性值作为节点；对于连续属性，以属性值的特定分割点作为节点。将每个样本划分到不同的子树，再在各棵子树上通过递归对子树上的样本进行划分，直到满足一定的终止条件为止。决策树拥有很强的数据拟合能力，往往会产生过拟合现象，因此需要对决策树进行剪枝，以减小决策树的复杂度，提高决策树的泛化能力。常用的决策树算法有 ID3、C4.5、CART 算法等。

4.1 特征选择

决策树构建的关键在于每次划分子树时，选择哪个属性特征进行划分。信息论中，熵(Entropy)用于描述随机变量分布的不确定性。对于离散型随机变量 X，假设其取值有 n

个，分别是 $x_1, x_2, \cdots, x_n$，用频率表示概率，随机变量的概率分布为

$$p_i = P(X = x_i) = \frac{N_i}{N} \tag{4-1}$$

则 X 的熵，即概率分布 $\boldsymbol{p} = \{p_1, p_2, \cdots, p_n\}$ 的熵定义为

$$H(X) = H(\boldsymbol{p}) = \sum_{i=1}^{n} p_i \log \frac{1}{p_i} = -\sum_{i=1}^{n} p_i \log p_i \tag{4-2}$$

给定离散型随机变量 (X, Y)，假设 X 和 Y 的取值个数分别为 n 和 m，则其联合概率分布为

$$p_{ij} = P(X = x_i, Y = y_j) = \frac{N_{ij}}{N} \tag{4-3}$$

其中，N 表示总样本数，N_{ij} 表示 $X = x_i$ 且 $Y = y_j$ 的样本数目。边缘概率分布为

$$p_{i\cdot} = P(X = x_i) = \sum_{j=1}^{n} p_{ij} = \frac{N_i}{N} \tag{4-4}$$

其中，N 表示总样本数，N_i 表示 $X = x_i$ 的样本数目。定义给定 X 的条件下 Y 的条件熵为

$$H(Y \mid X) = \sum_{i=1}^{n} p_i H(Y \mid X = x_i) \tag{4-5}$$

4.1.1 信息增益

根据上面对熵及条件熵的介绍，就可以引入信息增益的概念。信息增益是最早用于决策树模型的特征选择指标，也是 ID3 算法的核心。对于给定样本集合 $D = \{(\boldsymbol{x}_1, y_1), (\boldsymbol{x}_2, y_2), \cdots, (\boldsymbol{x}_m, y_m)\}$，设 $y_i \in \{c_1, c_2, \cdots, c_K\}$。$A^i$ 为数据集中任一属性变量，其中，$S^i = \{a^{i1}, a^{i2}, \cdots, a^{iK_i}\}$ 表示该属性的可能取值。使用属性 A^i 进行数据集划分获得的信息增益(Information Gain)定义为

$$G(D, A^i) = H(D) - H(D \mid A^i) \tag{4-6}$$

其中

$$H(D \mid A^i) = \sum_{j=1}^{K_i} \frac{N_j}{m} H(D_j) = -\sum_{j=1}^{K_i} \frac{N_j}{m} \sum_{k=1}^{K} \frac{N_{jk}}{N_j} \log \frac{N_{jk}}{N_j} \tag{4-7}$$

D_j 表示属性 A^i 取值为 a^{ij} 时的样本子集，N_j 为对应的样本数目，N_{jk} 为 D_j 中标签为 c_k 的样本数目。

4.1.2 信息增益比

信息增益比(Information Gain Ratio)定义为信息增益与数据集在属性 A^i 上的分布的熵 $H_{A^i}(D)$ 之比，即

$$G_r(D, A^i) = \frac{G(D, A^i)}{H_{A^i}(D)} \tag{4-8}$$

其中

$$H_{A^i}(D) = -\sum_{j=1}^{n} \frac{|D_j|}{|D|} \log \frac{|D_j|}{|D|} \tag{4-9}$$

如果一个属性的可取值数目较多,则使用信息增益进行特征选择时会获得更大的收益。用信息增益比进行特征选择则会在一定程度上缓解此问题。C4.5 算法便使用信息增益比进行特征选择。确定好特征选择方法后,决策树的生成算法(以 ID3 算法为例)如算法 4-1 所示。

算法 4-1 决策树生成函数 DecisionTree(D, A)

输入:样本集合 $D=\{(\boldsymbol{x}_1,y_1),(\boldsymbol{x}_2,y_2),\cdots,(\boldsymbol{x}_m,y_m)\}$;信息增益的阈值 ε;属性变量集合 $A=\{A^1,A^2,\cdots,A^n\}$;每个属性 A^i 的所有可能取值 $S^i=\{a^{i1},a^{i2},\cdots a^{iK_i}\}$;类别集合 $C=\{c_1,c_2,\cdots,c_K\}$

输出:构建好的决策树

```
Struct Node {                 //首先定义树的节点
    samples,                  //节点包含的样本集合
    label,                    //当前节点的标记,若为 -1 则表示不属于任何类别
    next                      //从属性值到样本集合的样本的映射,如: next(a) = D
};
1. 生成一个新节点,放入 D 中的所有样本放到节点中,并将其标签置为 -1
Node node = {
    .samples = D,
    .label = -1,
    .next = ∅
};
2. 首先判断是否需要继续建树,如果不需要则直接返回,否则继续递归建树
if D = ∅                      //情况(1),样本集合为空集
    return node
else if y_1 = y_2 = … = y_m   //情况(2),样本集合中所有的样本属于同一类别
    node.label = y_1;
    return node
else if A = ∅                 //情况(3),没有可以用于继续划分的属性
    node.label = arg max_{k=1,2,…,K} Σ_{i=1}^{m} I{y_i = c_k}
    return node
endif
3. 计算按照每个属性进行划分的信息增益,以增益最大的属性生成子树
                              * = arg max_{i=1,2,…,n} G(D, A^i)
for each j in {1,2, …, K_i}
    D_j = {(x_i, y_i) | x_i^* = a^{*j},  i = 1,2, …, m}
    node.next(a^{*j}) = DecisionTree(D_j, A - A^*)
endfor
return node
```

4.2 决策树生成算法 CART

除 ID3 和 C4.5 算法外，CART[4] 是另外一种常用的决策树算法。CART 算法的核心是使用了基尼指数作为特征选择指标，下面介绍基尼指数的定义。给定数据集 D，其中共有 K 个类别，用频率代替概率，数据集的概率分布为

$$p_i = \frac{|D_i|}{m}, \quad i = 1,2,\cdots,K \tag{4-10}$$

对于数据分布 p 或者数据集 D，其基尼指数定义为

$$\text{Gini}(p) = \text{Gini}(D) = \sum_{i=1}^{K}\sum_{j=1}^{K} p_i p_j I\{j \neq i\} = \sum_{i=1}^{K} p_i(1-p_i) = 1 - \sum_{i=1}^{K} p_i^2 \tag{4-11}$$

可以看到，当样本均匀分布时，Gini(D)值最大。Gini(D)值反映样本集合的纯度，当样本均匀分布时，每个类别都包括数目相等的样本，此时纯度最低，Gini(D)值最大；当所有的样本都只属于一个类别时，其他类别包含的样本数目都为 0，此时纯度最高，Gini(D)值为 0。所以，样本集合的基尼值越低，集合的纯度越高。样本集合 D 关于属性 A^i 的基尼指数定义为

$$\text{Gini}(D, A^i) = \sum_{j=1}^{K_i} \frac{N_{ij}}{m} \text{Gini}(D_j) \tag{4-12}$$

CART 用于分类决策树生成时，在特征选择阶段使用的就是基尼指数，对所有可用属性进行遍历，选择能够使样本集合划分后基尼指数最小的属性进行子树生成。

与 ID3 和 C4.5 算法不同，CART 决策树生成的是一棵二叉树。对任一离散属性 A^i 的任一可能取值 a_{ij}，将样本集合 D 按照 $x^i = a_{ij}$ 和 $x_i \neq a_{ij}$ 划分为 D_1^j 和 D_2^j 两个子集，然后按照式(4-13)计算基尼指数

$$\text{Gini}(D, A^i = a_{ij}) = \frac{N_1^j}{m}\text{Gini}(D_1^j) + \frac{N_2^j}{m}\text{Gini}(D_2^j) \tag{4-13}$$

其中，N_1^j 和 N_2^j 分别表示 D_1^j 和 D_2^j 中的样本数目。

当属性 A^i 是连续变量时，按照一定的标准选择为连续变量选择合适的切分点 a，将样本集合划分为 $D_1^{\leqslant a}$ 和 $D_2^{>a}$ 两个子集，然后按照如下公式计算基尼指数

$$\text{Gini}(D, A^i = a) = \frac{N_1^{\leqslant a}}{m}\text{Gini}(D_1^{\leqslant a}) + \frac{N_2^{>a}}{m}\text{Gini}(D_2^{>a}) \tag{4-14}$$

其中，$N_1^{\leqslant a}$ 和 $N_1^{>a}$ 分别表示属性 A^i 上小于或等于 a 和大于 a 的样本子集的数目。遍历完所有属性及属性值后，选择能够使 Gini$(D, A^i = a_{ij})$或 Gini$(D, A^i = a)$最小的属性值将当前样本集合划分到两棵子树中。

4.3 决策树剪枝

由于决策树的强大建模能力，在训练集上生成的决策树容易产生过拟合的问题，应对方法为，对决策树进行剪枝以降低模型的复杂度，提高泛化能力。剪枝分为预剪枝和后剪枝，

预剪枝在构建决策树的过程进行，而后剪枝则在决策树构建完成之后进行。

4.3.1 预剪枝

对决策树进行预剪枝时一般通过验证集进行辅助。每次选择信息增益最大的属性进行划分时，应首先在验证集上对模型进行测试。如果划分之后能够提高验证集的准确率，则进行划分；否则，将当前节点作为叶节点，并以当前节点包含的样本中出现次数最多的样本作为当前节点的预测值。

由于决策树本身是一种贪心的策略，并不一定能够得到全局的最优解。使用预剪枝的策略容易造成决策树的欠拟合。

4.3.2 后剪枝

对于一棵树，其代价函数定义为经验损失和结构损失两个部分：经验损失是对模型性能的度量，结构损失是对模型复杂度的度量。根据奥卡姆剃刀原则，决策树模型性能应尽可能高，复杂度应可能低。经验损失可以使用每个叶节点上的样本分布的熵之和来描述，结构损失可以用叶节点的个数来描述。设决策树 T 中叶节点的数目为 M，代价函数的形式化描述如下

$$J(T)=\sum_{i=1}^{M} N_i H_i(T)+\lambda \mid T \mid \tag{4-15}$$

其中，N_i 为第 i 个叶节点中样本的数目，$H_i(T)$ 为对应节点上的熵。自底向上剪枝的过程中，对所有子节点均为叶节点的子树，如果将某个子树进行剪枝后能够使得代价函数最小，则将该子树剪去，然后重复这个剪枝过程直到代价函数不再变小为止。

显然，剪枝后叶节点的数目 M 会减少，决策树的复杂度会降低。而决策树的经验误差 $\sum_{i=1}^{M} \mid N_i \mid H_i(T)$ 则可能会提高，此时决策树的结构损失占主导地位。代价函数的值首先会降低，到达某一个平衡点后，代价函数越过这个点，模型的经验风险会占据主导地位，代价函数的值会升高，此时停止剪枝。后剪枝效果如图 4-2 所示。

对于图 4-2 中的决策树，编号为 3 和 9 的决策树连接的子节点均为叶子节点。将 3 号节点的子节点剪掉后，损失函数变化为 $\Delta J_3(T)=49\times 0.144-\lambda$；而将 9 号节点的子节点剪掉后，损失函数变化为 $\Delta J_9(T)=4\times 0.811-\lambda$。显然 $\Delta J_3(T)>\Delta J_9(T)$，如果通过设置 λ，满足剪枝条件，那么应该将 3 号节点的叶子节点剪去[①]。

---

① 由于该例中的变量均为连续变量，故构造的决策树是一棵二叉树，λ 的取值不影响每个节点剪枝后的损失函数的比较。更一般地，对于非 CART 决策树，决策树一般是一棵多叉树。

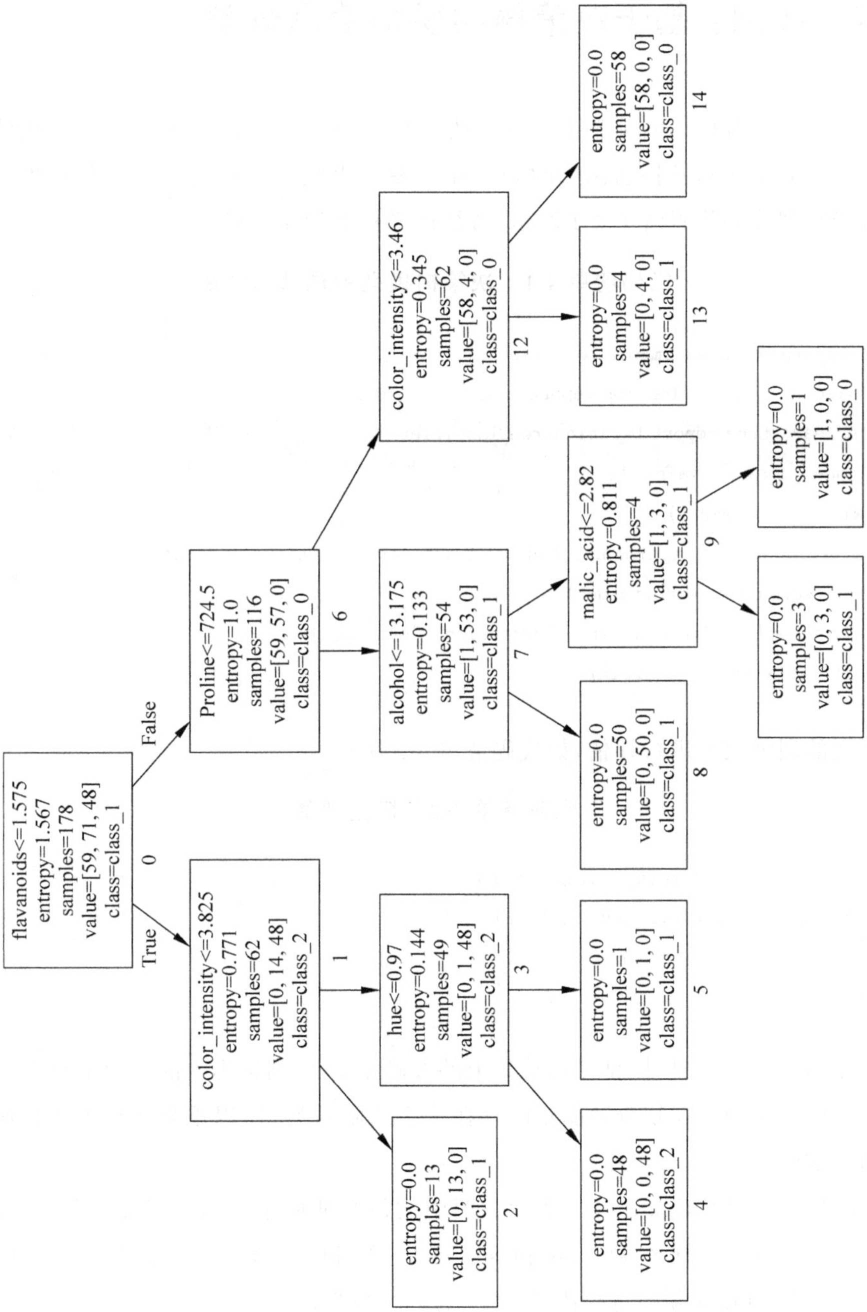
flavanoids<=1.575
entropy=1.567
samples=178
value=[59, 71, 48]
class=class_1
0
True
False
color_intensity<=3.825
entropy=0.771
samples=62
value=[0, 14, 48]
class=class_2
1
Proline<=724.5
entropy=1.0
samples=116
value=[59, 57, 0]
class=class_0
6
entropy=0.0
samples=13
value=[0, 13, 0]
class=class_1
2
hue<=0.97
entropy=0.144
samples=49
value=[0, 1, 48]
class=class_2
3
alcohol<=13.175
entropy=0.133
samples=54
value=[1, 53, 0]
class=class_1
7
color_intensity<=3.46
entropy=0.345
samples=62
value=[58, 4, 0]
class=class_0
12
entropy=0.0
samples=48
value=[0, 0, 48]
class=class_2
4
entropy=0.0
samples=1
value=[0, 1, 0]
class=class_1
5
entropy=0.0
samples=50
value=[0, 50, 0]
class=class_1
8
malic_acid<=2.82
entropy=0.811
samples=4
value=[1, 3, 0]
class=class_1
9
entropy=0.0
samples=4
value=[0, 4, 0]
class=class_1
13
entropy=0.0
samples=58
value=[58, 0, 0]
class=class_0
14
entropy=0.0
samples=3
value=[0, 3, 0]
class=class_1
10
entropy=0.0
samples=1
value=[1, 0, 0]
class=class_0
11

图 4-2 决策树后剪枝

4.4 实例：基于决策树实现葡萄酒分类

本节以葡萄酒数据集的分类为例介绍决策树模型。sklearn 中已经定义了决策树模型 DecisionTreeClassifier，其构造函数的 criterion 参数决定了模型的特征选择标准。决策树模型的构造与训练如代码清单 4-1 所示，特征选择标准为交叉熵。

代码清单 4-1 决策树模型的构造与训练

```
from sklearn.datasets import load_wine
from sklearn.model_selection import train_test_split
from sklearn.tree import DecisionTreeClassifier
if __name__ == '__main__':
    wine = load_wine()
    x_train, x_test, y_train, y_test = train_test_split(
        wine.data, wine.target)
    clf = DecisionTreeClassifier(criterion = "entropy")
    clf.fit(x_train, y_train)
```

对模型的训练效果进行评估，如代码清单 4-2 所示。

代码清单 4-2 模型评估

```
train_score = clf.score(x_train, y_train)
test_score = clf.score(x_test, y_test)
print("train score:", train_score)
print("test score:", test_score)
```

从程序输出可以看出，模型在训练集上的准确率为 1，测试集上的准确率约为 0.98。由于 train_test_split 函数在划分数据集时存在一定的随机性，所以重复运行上述代码可能会得到不同的准确率。

决策树模型的可视化如图 4-3 所示。图中的每个非叶节点包含五个数据，分别是：决策条件、熵（Entropy）、样本数（Samples）、每个类别中样本的个数（Value）、类别名称（Class）。每个叶节点无须再进行决策，故只有四个数据。

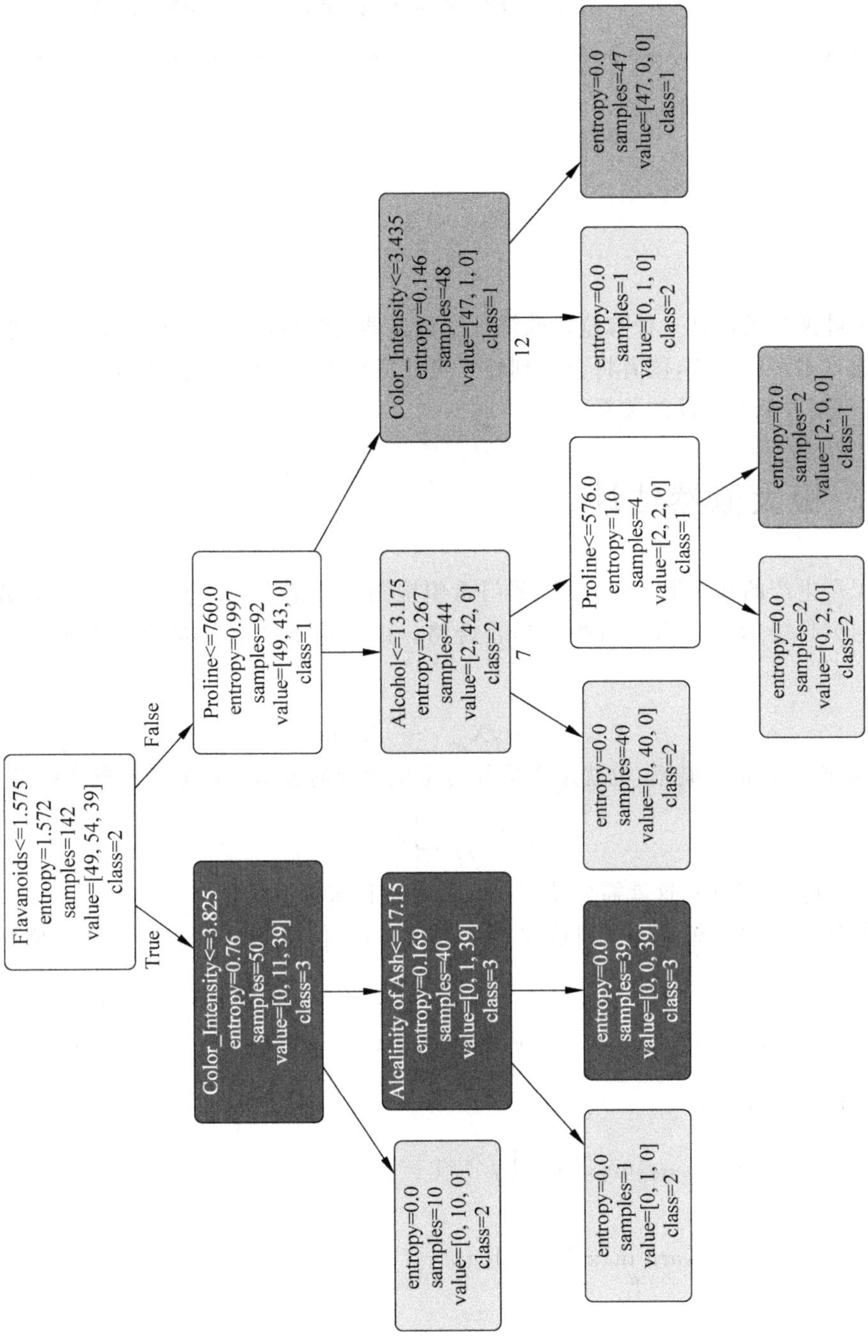

图 4-3 决策树用于葡萄酒数据集分类

第 5 章 朴素贝叶斯分类器

CHAPTER 5

朴素贝叶斯分类器是一种有监督的统计学过滤器，在垃圾邮件过滤、信息检索等领域十分常用。通过本章的介绍，读者将会看到朴素贝叶斯分类器因何得名、其与贝叶斯公式的联系，以及其与极大似然估计的关系。

5.1 极大似然估计

对于工厂生产的某一批灯泡，质检部门希望检测其合格率。设 m 表示产品总数，随机变量 $X_i \in \{0,1\}$ 表示编号为 i 的产品是否合格。由于这些产品都是同一批生产的，不妨假设

$$X_1, X_2, \cdots, X_m \overset{i.i.d.}{\sim} \text{Bern}(p) \tag{5-1}$$

其中，p 表示产品合格的概率，也就是质检部门希望得到的数据。根据经典概率模型有

$$p \approx \frac{1}{m}\sum_{i=1}^{m} X_i \tag{5-2}$$

但是式(5-2)为什么成立？这就需要使用极大似然估计来证明了。

极大似然估计的思想是：找到这样一个参数 p，它使所有随机变量的联合概率最大。例中，联合概率表示为

$$P(X_1 = x_1, X_2 = x_2, \cdots, X_m = x_m) = \prod_{i=1}^{m} P(X_i = x_i) = \prod_{i=1}^{m} p^{x_i}(1-p)^{1-x_i} \tag{5-3}$$

最大化联合概率等价于求

$$\begin{aligned} p^* &= \arg\max_p \log \prod_{i=1}^{m} p^{x_i}(1-p)^{1-x_i} \\ &= \arg\max_p \sum_{i=1}^{m} (x_i \log p + (1-x_i)\log(1-p)) \\ &= \arg\max_p m\log(1-p) + \log\frac{p}{1-p}\sum_{i=1}^{m} x_i \end{aligned} \tag{5-4}$$

根据微积分知识容易证明式(5-2)

$$p^{*}=\frac{1}{m}\sum_{i=1}^{m}X_{i} \tag{5-5}$$

形式化地说，已知整体的概率分布模型 $f(x;\theta)$，但是模型的参数 θ 未知时，可以使用极大似然估计来估计 θ 的值。这里的概率分布模型既可以是连续的（概率密度函数）也可以是离散的（概率质量函数）。假设在一次随机实验中，我们独立同分布地抽到了 m 个样本 x_1，x_2，…，x_m 组成的样本集合。似然函数，也就是联合概率分布

$$L(\theta)=f_m(x_1,x_2,\cdots,x_m;\theta)=\prod_{i=1}^{m}f(x_i;\theta) \tag{5-6}$$

表示当前样本集合出现的可能性。令似然函数 $L(\theta)$ 对参数 θ 的导数为 0，可以得到 θ 的最优解。但是运算中涉及乘法运算及乘法的求导等，往往计算上存在不便性。而对似然函数取对数并不影响似然函数的单调性，即

$$L(\theta_1)>L(\theta_2)\Rightarrow \log L(\theta_1)>\log L(\theta_2) \tag{5-7}$$

所以最大化对数似然函数

$$l(\theta)=\log L(\theta)=\log\prod_{i=1}^{m}p(x_i;\theta)=\sum_{i=1}^{m}\log(p(x_i;\theta)) \tag{5-8}$$

可以在保证最优解与似然函数相同的条件下，大大减少计算量。

极大似然估计通过求解参数 θ 使得 $f_N(x_1,x_2,\cdots,x_N;\theta)$ 最大，这是一种很朴素的思想：既然从总体中随机抽样得到了当前样本集合，那么当前样本集合出现的可能性极大。

5.2 朴素贝叶斯分类

在概率论中，贝叶斯公式的描述如下

$$P(Y_i\mid X)=\frac{P(X,Y_i)}{P(X)}=\frac{P(Y_i)P(X\mid Y_i)}{\sum_{j=1}^{K}P(Y_j)P(X\mid Y_j)} \tag{5-9}$$

其中 $Y_1,Y_2,\cdots,Y_K$ 为一个完备事件组，$P(Y_i)$ 称为先验概率，$P(Y_i|X)$ 称为后验概率。设 $X=(X^1,X^2,\cdots,X^n)$ 表示 n 维（离散）样本特征，$Y\in\{c_1,c_2,\cdots,c_K\}$ 表示样本类别。由于一个样本只能属于这 K 个类别中的一个，所以 $Y_1,Y_2,\cdots,Y_K$ 一定是完备的。

给定样本集合 $D=\{(\boldsymbol{x}_1,y_1),(\boldsymbol{x}_2,y_2),\cdots,(\boldsymbol{x}_m,y_m)\}$，我们希望估计 $P(Y|X)$。根据贝叶斯公式，对于任意样本 $x=(x^1,x^2,\cdots,x^n)$，其标签为 c_k 的概率为

$$P(Y=c_k\mid X=x)=\frac{P(Y=c_k)P(X=x\mid Y=c_k)}{P(X=x)} \tag{5-10}$$

假设随机变量 $X^1,X^2,\cdots,X^n$ 相互独立，则有

$$\begin{aligned}P(X=x\mid Y=c_k)&=P(X^1=x^1,X^2=x^2,\cdots,X^n=x^n\mid Y=c_k)\\&=\prod_{i=1}^{n}P(X^i=x^i\mid Y=c_k)\end{aligned} \tag{5-11}$$

带入式(5-10)得

$$P(Y=c_k\mid X=x)=\frac{P(Y=c_k)\prod_{i=1}^{n}P(X^i=x^i\mid Y=c_k)}{P(X=x)} \tag{5-12}$$

在实际进行分类任务时，不需要计算出 $P(Y|X)$ 的精确值，只需要求出 k^* 即可

$$k^* = \arg\max_k P(Y=c_k \mid X=x) \tag{5-13}$$

不难看出，式(5-12)右侧的分母部分与 k 无关。因此

$$k^* = \arg\max_k P(Y=c_k)\prod_{i=1}^{n} P(X^i = x^i \mid Y=c_k) \tag{5-14}$$

式中所有项都可以用频率代替概率在样本集合上进行估计

$$\begin{cases} P(Y=c_k) \approx \dfrac{N_k}{m} \\ P(X^i = x^i \mid Y=c_k) \approx \dfrac{\sum_{j=1}^{m} I\{x_j^i = x^i, y_j = c_k\}}{N_k} \end{cases} \tag{5-15}$$

其中，N_k 表示 D 中标签为 c_k 的样本数量。

5.3 拉普拉斯平滑

当样本集合不够大时，可能无法覆盖特征的所有可能取值。也就是说，可能存在某个 c_k 和 x^i 使

$$P(X^i = x^i \mid Y=c_k) = 0 \tag{5-16}$$

此时，无论其他特征分量的取值为何，都一定有

$$P(Y=c_k)\prod_{i=1}^{n} P(X^i = x^i \mid Y=c_k) = 0 \tag{5-17}$$

为了避免这样的问题，实际应用中常采用平滑处理。典型的平滑处理就是拉普拉斯平滑

$$\begin{cases} P(Y=c_k) \approx \dfrac{N_k + 1}{m+K} \\ P(X^i = x^i \mid Y=c_k) \approx \dfrac{\sum_{j=1}^{m} I\{x_j^i = x^i, y_j = c_k\} + 1}{N_k + A_i} \end{cases} \tag{5-18}$$

其中，A_i 表示 X^i 的所有可能取值的个数。

基于上述讨论，完整的朴素贝叶斯分类器的算法描述见算法 5-1。

算法 5-1　朴素贝叶斯分类器

输入：样本集合 $D=\{(x_1,y_1),(x_2,y_2),\cdots,(x_m,y_m)\}$；待预测样本 x；样本标记的所有可能取值 $\{c_1,c_2,\cdots,c_K\}$；样本输入变量 X 的每个属性变量 X^i 的所有可能取值 $\{a_{i1}, a_{i2},\cdots,a_{iA_i}\}$

输出：待预测样本 x 所属的类别

1. 计算标记为 c_k 的样本出现的概率：

$$P(Y=c_k) = \frac{N_k + 1}{m+K}, \quad k = 1,2,\dots,K$$

2. 计算标记为 c_k 的样本，其 X^i 分量的属性值为 a_{ip} 的概率

$$P(X^i = a_{ip} \mid Y = c_k) = \frac{\sum_{j=1}^{N_k} I(x_j^i = a_{ip}, y_j = c_k) + 1}{N_k + A_i}$$

3. 根据上面的估计值计算 x 属于所有 y_k 的概率值，并选择概率最大的作为输出

$$y = \arg\max_{k=1,2,\cdots,K} (P(Y = c_k \mid X = x))$$

Return

$$= \arg\max_{k=1,2,\cdots,K} \left(P(Y = c_k)\prod_{i=1}^{n} P(X^i = x^i \mid Y = c_k)\right)$$

5.4 朴素贝叶斯分类器的极大似然估计解释

朴素贝叶斯思想的本质是极大似然估计，$P(Y=c_k)$和 $P(X^i=x^i|Y=c_k)$是我们要估计的概率值。以 $P(Y=c_k)$为例，令 $\theta_k=P(Y=c_k)$，则似然函数为

$$L(\theta) = \prod_{i=1}^{m} P(Y = y_i) = \prod_{k=1}^{K} \theta_k^{N_k} \tag{5-19}$$

根据极大似然估计，求 θ 等价于求解下面的优化问题：

$$\max_{\theta} \quad l(\theta) = \sum_{k=1}^{K} N_k \ln\theta_k$$

$$\text{s.t.} \quad \sum_{k=1}^{K} \theta_k = 1 \tag{5-20}$$

使用拉格朗日乘子法求解。首先构造拉格朗日乘数为

$$\text{Lag}(\theta) = \sum_{k=1}^{K} N_k \ln\theta_k + \lambda\left(\sum_{k=1}^{K} \theta_k - 1\right) \tag{5-21}$$

令拉格朗日函数对 θ_k 的偏导为 0，有

$$\frac{\partial \text{Lag}}{\partial \theta_k} = \frac{N_k}{\theta_k} + \lambda = 0 \Rightarrow N_k = -\lambda\theta_k \tag{5-22}$$

于是

$$\sum_{k=1}^{K} N_k = -\lambda\left(\sum_{k=1}^{K} \theta_k\right) = -\lambda \tag{5-23}$$

解得

$$\begin{cases} \lambda = -m \\ \theta_k = \dfrac{N_k}{\lambda} = \dfrac{N_k}{m} \end{cases} \tag{5-24}$$

这样便得到了 $P(Y=c_k)$的极大似然估计。对 $P(X^i=x^i|Y=c_k)$的极大似然估计求解过程类似，留给读者自行推导。

5.5 实例：基于朴素贝叶斯实现垃圾短信分类

本节以一个例子来阐述朴素贝叶斯分类器在垃圾短信分类中的应用。SMS Spam Collection Data Set 是一个垃圾短信分类数据集，包含了 5574 条短信，其中有 747 条垃圾短信。数据集以纯文本的形式存储，其中每行对应于一条短信。每行的第一个单词是 spam 或 ham，表示该行的短信是不是垃圾短信。随后记录了短信的内容，内容和标签之间以制表符分隔。

该数据集没有收录进 sklearn.datasets，所以我们需要自行加载，如代码清单 5-1 所示。

代码清单 5-1 加载 SMS 垃圾短信数据集

```
with open('./SMSSpamCollection.txt', 'r', encoding='utf8') as f:
    sms = [line.split('\t') for line in f]
y, x = zip(*sms)
```

加载完成后，x 和 y 分别是长为 5574 的字符串列表。其中 y 的每个元素只可能是 spam 或 ham，分别表示垃圾短信和正常短信。x 的每个元素表示对应短信的内容。在训练贝叶斯分类器以前，需要首先将 x 和 y 转换成适于训练的数值表示形式，这个过程称为特征提取，如代码清单 5-2 所示。

代码清单 5-2 SMS 垃圾短信数据集特征提取

```
from sklearn.feature_extraction.text import CountVectorizer as CV
from sklearn.model_selection import train_test_split
y = [label == 'spam' for label in y]
x_train, x_test, y_train, y_test = train_test_split(x, y)
counter = CV(token_pattern='[a-zA-Z]{2,}')
x_train = counter.fit_transform(x_train)
x_test = counter.transform(x_test)
```

特征提取的结果存储在(x_train, y_train)以及(x_test, y_test)中。其中 x_train 和 x_test 分别是 4180×6595 和 1394×6595 的稀疏矩阵。不难看出，两个矩阵的行数之和等于 5574，也就是完整数据集的大小。因此两个矩阵的每行应该代表一个样例，那么每列代表什么呢？查看 counter 的 vocabulary_属性就会发现，其大小恰好是 6595，也就是所有短信中出现过的不同单词的个数。例如短信“Go until jurong point, go”中一共有 5 个单词，但是由于 go 出现了两次，所以不同单词的个数只有 4 个。x_train 和 x_test 中的第(i,j)个元素就表示第 j 个单词在第 i 条短信中出现的次数。

代码清单 5-3 朴素贝叶斯分类器的构造与训练

```
from sklearn.naive_bayes import MultinomialNB as NB
model = NB()
```

```
model.fit(x_train, y_train)
train_score = model.score(x_train, y_train)
test_score = model.score(x_test, y_test)
print("train score:", train_score)
print("test score:", test_score)
```

最后就是朴素贝叶斯分类器的构造与训练,如代码清单 5-3 所示。我们首先基于训练集训练朴素贝叶斯分类器,然后分别在训练集和测试集上进行测试。测试结果显示,模型在训练集上的分类准确率达到 0.993,在测试集上的分类准确率为 0.986。可见朴素贝叶斯分类器达到了良好的分类效果。

朴素贝叶斯分类器假设样本特征之间相互独立。这一假设非常强,以至于几乎不可能满足。但是在实际应用中,朴素贝叶斯分类器往往表现良好,特别是在垃圾邮件过滤、信息检索等场景下往往表现优异。

第 6 章 支持向量机

CHAPTER 6

支持向量机[5]是一种功能强大的机器学习算法。典型的支持向量机是一种二分类算法,其基本思想是:对于空间中的样本点集合,可用一个超平面将样本点分成两部分,一部分属于正类,一部分属于负类。支持向量机的优化目标就是找到这样一个超平面,使得空间中距离超平面最近的点到超平面的几何间隔尽可能大,这些点称为支持向量。

6.1 最大间隔及超平面

给定样本集合 $D=\{(\boldsymbol{x}_1,y_1),(\boldsymbol{x}_2,y_2),\cdots,(\boldsymbol{x}_m,y_m)\}$,设 $y_i\in\{-1,+1\}$。设输入空间中的一个超平面表示为

$$\boldsymbol{\omega}^{\mathrm{T}}\boldsymbol{x}+b=0 \tag{6-1}$$

其中,$\boldsymbol{\omega}$ 称为法向量,决定超平面的方向;b 为偏置,决定超平面的位置。根据点到直线距离公式的扩展,空间中一点 $\boldsymbol{x}_i$ 到超平面$\boldsymbol{\omega}^{\mathrm{T}}\boldsymbol{x}+b=0$ 的欧氏距离为

$$r_i=\frac{|\boldsymbol{\omega}^{\mathrm{T}}\boldsymbol{x}_i+b|}{\|\boldsymbol{\omega}\|} \tag{6-2}$$

如果超平面能将正确所有样本点分类,则点到直线的距离可以写成分段函数的形式为

$$r_i=\begin{cases}\dfrac{\boldsymbol{\omega}^{\mathrm{T}}\boldsymbol{x}_i+b}{\|\boldsymbol{\omega}\|}, & y_i=+1\\ -\dfrac{\boldsymbol{\omega}^{\mathrm{T}}\boldsymbol{x}_i+b}{\|\boldsymbol{\omega}\|}, & y_i=-1\end{cases} \tag{6-3}$$

式(6-3)也可用一个方程来表示

$$r_i=\frac{\boldsymbol{\omega}^{\mathrm{T}}\boldsymbol{x}_i+b}{\|\boldsymbol{\omega}\|}y_i \tag{6-4}$$

6.2 线性可分支持向量机

线性可分支持向量机的目标是,通过求解$\boldsymbol{\omega}$ 和 b 找到一个超平面$\boldsymbol{\omega}^{\mathrm{T}}\boldsymbol{x}+b=0$。在保证超平面能够正确将样本进行分类的同时,使得距离超平面最近的点到超平面的距离尽可能

大。这是一个典型的带有约束条件的优化问题,约束条件是超平面能将样本集合中的点正确分类。将距离超平面最近的点与超平面之间的距离记为

$$r=\min_{i=1,2,\cdots,m} r_i \tag{6-5}$$

最优化问题可写做

$$\begin{aligned}&\max_{\boldsymbol{\omega},b} \quad r\\&\text{s.t.} \quad r_i=\frac{\boldsymbol{\omega}^{\mathrm{T}}\boldsymbol{x}_i+b}{\|\boldsymbol{\omega}\|}y_i\geqslant r, \quad i=1,2,\cdots,m\end{aligned} \tag{6-6}$$

对于超平面$\boldsymbol{\omega}^{\mathrm{T}}\boldsymbol{x}+b=0$,可以为等式两边同时乘以相同的不为0的实数,超平面不发生变化。所以对任一支持向量$\boldsymbol{x}^*$可以通过对超平面公式进行缩放使得$(\boldsymbol{\omega}^{\mathrm{T}}\boldsymbol{x}^*+b)y^*=1$,$\boldsymbol{x}^*$到超平面的距离可表示为$\frac{1}{\|\boldsymbol{\omega}\|}$,则优化问题可写作

$$\begin{aligned}&\max_{\boldsymbol{\omega},b} \quad \frac{1}{\|\boldsymbol{\omega}\|}\\&\text{s.t.} \quad r_i=\frac{\boldsymbol{\omega}^{\mathrm{T}}\boldsymbol{x}_i+b}{\|\boldsymbol{\omega}\|}y_i\geqslant \frac{1}{\|\boldsymbol{\omega}\|}, \quad i=1,2,\cdots,m\end{aligned} \tag{6-7}$$

最大化$\frac{1}{\|\boldsymbol{\omega}\|}$也即最小化$\frac{1}{2}\|\boldsymbol{\omega}\|^2$,使用$\frac{1}{2}\|\boldsymbol{\omega}\|^2$作为优化目标是为了计算方便。

$$\begin{aligned}&\min_{\boldsymbol{\omega},b} \quad \frac{1}{2}\|\boldsymbol{\omega}\|^2\\&\text{s.t.} \quad r_i=(\boldsymbol{\omega}^{\mathrm{T}}\boldsymbol{x}_i+b)y_i-1\geqslant 0, \quad i=1,2,\cdots,m\end{aligned} \tag{6-8}$$

可以证明,支持向量机的超平面存在唯一性,本书略。支持向量机中的支持向量至少为两个,由超平面分割成的正负两个区域至少各存在一个支持向量,且超平面的位置仅由这些支持向量决定,与支持向量外的其他样本点无关。在这两个区域,过支持向量,可以分别做一个与支持向量机分割超平面平行的平面H_1和H_2,两个超平面之间的距离为$\frac{2}{\|\boldsymbol{\omega}\|}$,如图6-1所示。

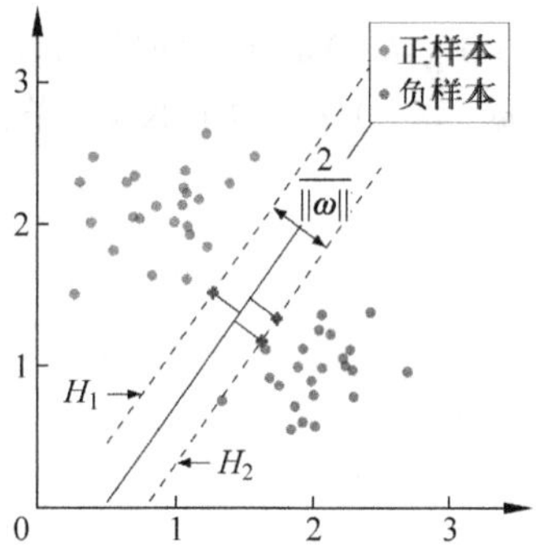

图6-1 线性可分支持向量机一(见彩插)

在感知机模型中,优化的目标是:在满足模型能够正确分类的约束条件下,使得样本集合中的所有点到分割超平面的距离最小,这样的超平面可能存在无数个。一个简单的例子,假如二维空间中样本集合中正负样本个数点均为一个,那么垂直于两者所连直线,且位于两者之间的所有直线都将是符合条件的解。由于优化目标不同,造成解的个数不同,这是支持向量机与感知机模型很大的区别。

式(6-8)中的最优化问题,可使用拉格朗日乘子法进行求解。拉格朗日函数为

$$\mathrm{Lag}(\boldsymbol{\omega},b,\boldsymbol{\alpha})=\frac{1}{2}\|\boldsymbol{\omega}\|^2+\sum_{i=1}^{m}\alpha_i(1-(\boldsymbol{\omega}^{\mathrm{T}}\boldsymbol{x}_i+b)y_i) \tag{6-9}$$

其中,$\boldsymbol{\alpha}=(\alpha_1,\alpha_2,\cdots,\alpha_m)$,$\alpha_i\geqslant 0$表示拉格朗日乘子。令Lag对$\boldsymbol{\omega}$和$b$的偏导为0

$$\begin{cases}\dfrac{\partial \mathrm{Lag}(\boldsymbol{\omega},b,\boldsymbol{\alpha})}{\partial \boldsymbol{\omega}}=\boldsymbol{\omega}-\sum\limits_{i=1}^{m}\alpha_i y_i \boldsymbol{x}_i=0\\ \dfrac{\partial \mathrm{Lag}(\boldsymbol{\omega},b,\boldsymbol{\alpha})}{\partial b}=-\sum\limits_{i=1}^{m}\alpha_i y_i=0\end{cases}\tag{6-10}$$

解得

$$\begin{cases}\boldsymbol{\omega}=\sum\limits_{i=1}^{m}\alpha_i y_i \boldsymbol{x}_i\\ 0=\sum\limits_{i=1}^{m}\alpha_i y_i\end{cases}\tag{6-11}$$

将式(6-11)带入式(6-9)中,得到

$$\min_{\boldsymbol{\omega},b}\mathrm{Lag}(\boldsymbol{\omega},b,\boldsymbol{\alpha})=\sum_{i=1}^{m}\alpha_i-\frac{1}{2}\sum_{i=1}^{m}\sum_{j=1}^{m}\alpha_i\alpha_j y_i y_j \boldsymbol{x}_i^{\mathrm{T}}\boldsymbol{x}_j\tag{6-12}$$

求$\min\limits_{\boldsymbol{\omega},b}\mathrm{Lag}(\boldsymbol{\omega},b,\boldsymbol{\alpha})$对$\boldsymbol{\alpha}$的极大,等价于求$-\min\limits_{\boldsymbol{\omega},b}\mathrm{Lag}(\boldsymbol{\omega},b,\boldsymbol{\alpha})$对$\boldsymbol{\alpha}$的极小。因此式(6-8)的对偶问题为

$$\begin{aligned}&\min_{\boldsymbol{\alpha}}\quad \frac{1}{2}\sum_{i=1}^{m}\sum_{j=1}^{m}\alpha_i\alpha_j y_i y_j \boldsymbol{x}_i^{\mathrm{T}}\boldsymbol{x}_j-\sum_{i=1}^{m}\alpha_i\\ &\text{s. t.}\quad \sum_{i=1}^{m}\alpha_i y_i=0\\ &\qquad\quad \alpha_i\geqslant 0,\quad i=1,2,\cdots,m\end{aligned}\tag{6-13}$$

求解优化问题(6-13),即可得到$\boldsymbol{\alpha}^*=(\alpha_1^*,\alpha_2^*,\cdots,\alpha_m^*)$。根据 KKT(Karush-Kuhn-Tucker)条件,$(\boldsymbol{\omega}^*,b^*)$是原始问题(6-8)的最优解,且$\boldsymbol{\alpha}^*$是对偶问题(6-13)的最优解的充要条件是:$(\boldsymbol{\omega}^*,b^*)$,$\boldsymbol{\alpha}^*$满足 KKT 条件,即

$$\begin{cases}\alpha_i^*\geqslant 0, & i=1,2,\cdots,m\\ (\boldsymbol{\omega}^{*\mathrm{T}}\boldsymbol{x}_i+b^*)y_i-1\geqslant 0, & i=1,2,\cdots,m\\ \alpha_i^*((\boldsymbol{\omega}^{*\mathrm{T}}\boldsymbol{x}_i+b^*)y_i-1)=0, & i=1,2,\cdots,m\end{cases}\tag{6-14}$$

由式(6-11)有

$$\boldsymbol{\omega}^*=\sum_{i=1}^{m}\alpha_i^* y_i \boldsymbol{x}_i\tag{6-15}$$

考察 KKT 条件的第三条,可以发现要么$\alpha_i^*=0$,要么$(\boldsymbol{\omega}^{*\mathrm{T}}\boldsymbol{x}_i+b^*)y_i-1=0$。假设$\alpha_j>0$,则必有$(\boldsymbol{\omega}^{*\mathrm{T}}\boldsymbol{x}_j+b^*)y_j-1=0$,于是

$$b^*=y_j-\sum_{i=1}^{m}\alpha_i^* y_i \boldsymbol{x}_i^{\mathrm{T}}\boldsymbol{x}_j\tag{6-16}$$

由此得到分割超平面

$$\boldsymbol{\omega}^*\boldsymbol{x}+b^*=0\tag{6-17}$$

当$\alpha_i^*=0$时,即式(6-15)、式(6-16)与样本$(\boldsymbol{x}_i,y_i)$无关。也就是说,只有当$\alpha_i^*>0$时,样本$(\boldsymbol{x}_i,y_i)$才对最终的结果产生影响,此时样本的输入即为支持向量。求得支持向量机的参数后,即可根据式(6-18)判断任意样本的类别

$$f(\boldsymbol{x})=\mathrm{sgn}(\boldsymbol{\omega}^{*\mathrm{T}}\boldsymbol{x}+b^*)\tag{6-18}$$

6.3 线性支持向量机

线性可分支持向量机假设样本空间中的样本能够通过一个超平面分隔开来。但是生产环境中,我们获取到的数据往往存在噪声(正类中混入少量的负类样本,负类中混入少量的正类样本),从而使得数据变得线性不可分。这种情况就需要使用线性支持向量机求解了。

另一方面,即使样本集合线性可分,线性可分支持向量机给出的 H_1 和 H_2 之间的距离可能非常小。这种情况一般意味着模型的泛化能力降低,也就是产生了过拟合。因此我们希望 H_1 和 H_2 之间的距离尽可能大,这时同样可以使用线性支持向量机来允许部分样本点越过 H_1 和 H_2。

线性支持向量机在线性可分向量机的基础上引入了松弛变量 $\xi_i \geqslant 0$。对于样本点 $(\boldsymbol{x}_i, y_i)$,线性支持向量机允许部分样本落入越过超平面 H_1 或 H_2

$$(\boldsymbol{\omega}_i^{\mathrm{T}} \boldsymbol{x}_i + b) y_i \geqslant 1 - \xi_i \tag{6-19}$$

线性可分支持向量机中,要求所有样本都满足 $(\boldsymbol{\omega}_i^{\mathrm{T}} \boldsymbol{x}_i + b) y_i \geqslant 1$,此时 H_1 和 H_2 之间的距离 $\frac{2}{\|\boldsymbol{\omega}\|}$ 称为“硬间隔”。线性支持向量机中,$(\boldsymbol{\omega}^{\mathrm{T}} \boldsymbol{x}_i + b) y_i \geqslant 1 - \xi_i$ 允许部分样本越过超平面 H_1 或 H_2,此时 H_1 和 H_2 之间的距离 $\frac{2}{\|\boldsymbol{\omega}\|}$ 称为“软间隔”。需要注意的是,此时的支持向量不再仅仅包含位于 H_1 和 H_2 超平面上的点,还可能包含其他点。

对线性支持向量机进行优化时,我们希望“软间隔”尽量大,同时希望越过超平面 H_1 和 H_2 的样本尽可能不要远离这两个超平面,则优化的目标函数可写为

$$\frac{1}{2} \|\boldsymbol{\omega}\|^2 + C \sum_{i=1}^{m} \xi_i \tag{6-20}$$

其中,C 为惩罚系数。$\frac{1}{2} \|\boldsymbol{\omega}\|^2$ 控制最小间隔尽可能大,而 $\sum_{i=1}^{m} \xi_i$ 则控制越过超平面 H_1 或 H_2 的样本点离超平面尽量近,C 是对两者关系的权衡。线性支持向量机的优化问题可写为

$$\begin{aligned} \min_{\boldsymbol{\omega}, b, \boldsymbol{\xi}} \quad & \frac{1}{2} \|\boldsymbol{\omega}\|^2 + C \sum_{i=1}^{m} \xi_i \\ \text{s.t.} \quad & (\boldsymbol{\omega}^{\mathrm{T}} \boldsymbol{x}_i + b) y_i \geqslant 1 - \xi_i, \quad i = 1, 2, \cdots, m \\ & \xi_i \geqslant 0, \quad i = 1, 2, \cdots, m \end{aligned} \tag{6-21}$$

类似于线性可分支持向量机中的求解过程,式(6-21)的拉格朗日函数可写作

$$\begin{aligned} & \mathrm{Lag}(\boldsymbol{\omega}, b, \boldsymbol{\xi}, \boldsymbol{\alpha}, \boldsymbol{\mu}) \\ = & \frac{1}{2} \|\boldsymbol{\omega}\|^2 + C \sum_{i=1}^{m} \xi_i + \sum_{i=1}^{m} \alpha_i (1 - \xi_i - (\boldsymbol{\omega}^{\mathrm{T}} x_i + b) y_i) - \sum_{i=1}^{m} \mu_i \xi_i \end{aligned} \tag{6-22}$$

其中

$$\begin{cases} \boldsymbol{\alpha} = (\alpha_1, \alpha_2, \cdots, \alpha_m), & \alpha_i \geqslant 0 \\ \boldsymbol{\mu} = (\mu_1, \mu_2, \cdots, \mu_m), & \mu_i \geqslant 0 \end{cases} \tag{6-23}$$

是拉格朗日乘子。令 Lag 对$\boldsymbol{\omega}$,b,$\boldsymbol{\xi}$的导数为 0,可解得

$$\begin{cases}\boldsymbol{\omega}=\sum_{i=1}^{m}\alpha_i y_i \boldsymbol{x}_i \\ 0=\sum_{i=1}^{m}\alpha_i y_i \\ 0=C-\alpha_i-\mu_i\end{cases} \tag{6-24}$$

将式(6-24)带入式(6-22)有

$$\min_{\boldsymbol{\omega},b,\boldsymbol{\xi}} \mathrm{Lag}(\boldsymbol{\omega},b,\boldsymbol{\xi},\boldsymbol{\alpha},\boldsymbol{\mu})=\sum_{i=1}^{m}\alpha_i-\frac{1}{2}\sum_{i=1}^{m}\sum_{j=1}^{m}\alpha_i\alpha_j y_i y_j \boldsymbol{x}_i^{\mathrm{T}}\boldsymbol{x}_j \tag{6-25}$$

求$\min\limits_{\boldsymbol{\omega},b,\boldsymbol{\xi}} L(\boldsymbol{\omega},b,\boldsymbol{\xi},\boldsymbol{\alpha},\boldsymbol{\mu})$对$\boldsymbol{\alpha}$,$\boldsymbol{\mu}$的极大,等价于求$-\min\limits_{\boldsymbol{\omega},b,\boldsymbol{\xi}} L(\boldsymbol{\omega},b,\boldsymbol{\xi},\boldsymbol{\alpha},\boldsymbol{\mu})$对$\boldsymbol{\alpha}$,$\boldsymbol{\mu}$的极小。因此式(6-21)的对偶问题为

$$\begin{aligned}\min_{\boldsymbol{\alpha}} \quad & \frac{1}{2}\sum_{i=1}^{m}\sum_{j=1}^{m}\alpha_i\alpha_j y_i y_j \boldsymbol{x}_i^{\mathrm{T}}\boldsymbol{x}_j-\sum_{i=1}^{m}\alpha_i \\ \text{s. t.} \quad & \sum_{i=1}^{m}\alpha_i y_i=0 \\ & 0\leqslant \alpha_i\leqslant C, \quad i=1,2,\cdots,m\end{aligned} \tag{6-26}$$

观察式(6-26)与式(6-13)可以发现,两者的唯一区别在于对α_i的约束条件的不同。线性支持向量机中是$0\leqslant\alpha_i\leqslant C$,而线性可分支持向量机中是$0\leqslant\alpha_i$。

求解式(6-26)中的优化问题,即可得到$\boldsymbol{\alpha}^*=(\alpha_1^*,\alpha_2^*,\cdots,\alpha_m^*)$。根据 KKT 条件,($\boldsymbol{\omega}^*$,$b^*$,$\boldsymbol{\xi}^*$)是原始问题式(6-21)的最优解,且$\boldsymbol{\alpha}^*$是对偶问题式(6-26)的最优解的充要条件是:($\boldsymbol{\omega}^*$,$b^*$),$\boldsymbol{\alpha}^*$满足 KKT 条件,即

$$\begin{cases}\alpha_i^*\geqslant 0, & i=1,2,\cdots,m \\ \mu_i^*\geqslant 0, & i=1,2,\cdots,m \\ (\boldsymbol{\omega}^{*\mathrm{T}}\boldsymbol{x}_i+b^*)y_i-1+\xi_i\geqslant 0, & i=1,2,\cdots,m \\ \alpha_i^*((\boldsymbol{\omega}^{*\mathrm{T}}\boldsymbol{x}_i+b^*)y_i-1+\xi_i)=0, & i=1,2,\cdots,m \\ \xi_i\geqslant 0, & i=1,2,\cdots,m \\ \mu_i\xi_i=0, & i=1,2,\cdots,m\end{cases} \tag{6-27}$$

类似线性可分支持向量机,可得

$$\begin{cases}\boldsymbol{\omega}^*=\sum_{i=1}^{m}\alpha_i^* y_i\boldsymbol{x}_i \\ b^*=y_j-\sum_{i=1}^{m}\alpha_i^* y_i\boldsymbol{x}_i^{\mathrm{T}}\boldsymbol{x}_j\end{cases} \tag{6-28}$$

由此得到分割超平面

$$\boldsymbol{\omega}^{*\mathrm{T}}\boldsymbol{x}+b^*=0 \tag{6-29}$$

通过分析α_i^*的值,可以确定样本相对分割超平面的位置。

(1) 当 $\alpha_i^*=0$ 时,式(6-28)与样本 $(\boldsymbol{x}_i, y_i)$ 无关。说明该样本对最终的结果不产生影响,位于软间隔外的正确区域。

(2) 当 $0<\alpha_i^*<C$ 时,根据式(6-24)有 $\mu_i>0$。根据 KKT 条件中 $\mu_i\xi_i=0$ 的约束,此时必有 $\xi_i=0$,则 $(\boldsymbol{\omega}^{*\mathrm{T}}\boldsymbol{x}_i+b^*)y_i=1$,所以支持向量 $(\boldsymbol{x}_i, y_i)$ 在软间隔的边界上。

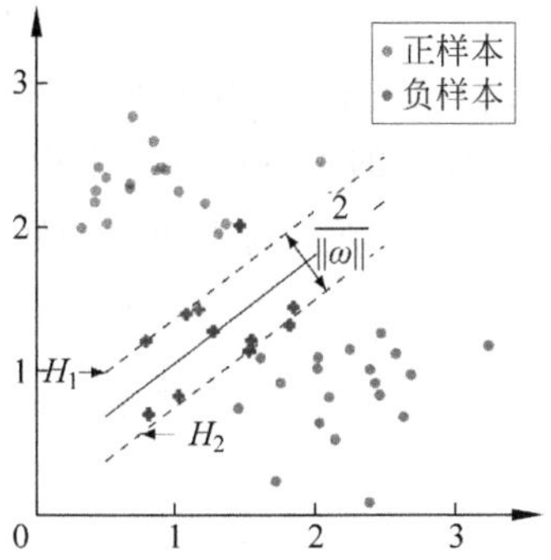

图 6-2　线性可分支持向量机二(见彩插)

(3) 当 $\alpha_i=C$ 时,通过类似的分析可以得到 $\mu_i=0$ 及 $\xi_i\geqslant 0$。此时如果 $\xi_i\leqslant 1$,则 $(\boldsymbol{\omega}^{*\mathrm{T}}\boldsymbol{x}_i+b^*)y_i=1-\xi_i\geqslant 0$,支持向量 $(\boldsymbol{x}_i, y_i)$ 能够被正确分类,位于分割超平面正确分类的一侧;如果 $\xi>1$,则 $(\boldsymbol{\omega}^{*\mathrm{T}}\boldsymbol{x}_i+b^*)y_i=1-\xi_i<0$,支持向量 $(\boldsymbol{x}_i, y_i)$ 被错误分类,位于分割超平面错误分类的一侧。

与线性可分支持向量机不同,线性支持向量机的支持向量不一定在 H_1 或者 H_2 上,如图 6-2 所示。

求得支持向量机的参数后,即可根据式(6-30)判断任意样本的类别

$$f(\boldsymbol{x})=\operatorname{sgn}(\boldsymbol{\omega}^{*\mathrm{T}}\boldsymbol{x}+b^*) \tag{6-30}$$

6.4 合页损失函数

对于变量 x,合页损失函数的定义为

$$[x]_+=\begin{cases} x & x>0 \\ 0 & x\leqslant 0 \end{cases} \tag{6-31}$$

对于线性支持向量机,优化式(6-21)中的最优化问题,等价于优化式(6-32)中的问题。

$$\min_{\boldsymbol{\omega},b}\sum_{i=1}^{m}[1-(\boldsymbol{\omega}^{\mathrm{T}}x_i+b)y_i]_+ +\lambda\|\boldsymbol{\omega}\|^2 \tag{6-32}$$

其中,$[1-(\boldsymbol{\omega}^{\mathrm{T}}x_i+b)y_i]_+$ 是合页损失的形式,如图 6-3 所示。

令 $[1-(\boldsymbol{\omega}^{\mathrm{T}}x_i+b)y_i]_+=\xi_i$,则式(6-32)可写作

$$\min_{\boldsymbol{\omega},b}\sum_{i=1}^{m}\xi_i+\lambda\|\boldsymbol{\omega}\|^2 \tag{6-33}$$

令 $\lambda=\frac{1}{2C}$ 则有

$$\min_{\boldsymbol{\omega},b}\frac{1}{C}\left(\lambda\|\boldsymbol{\omega}\|^2+C\sum_{i=1}^{m}\xi_i\right) \tag{6-34}$$

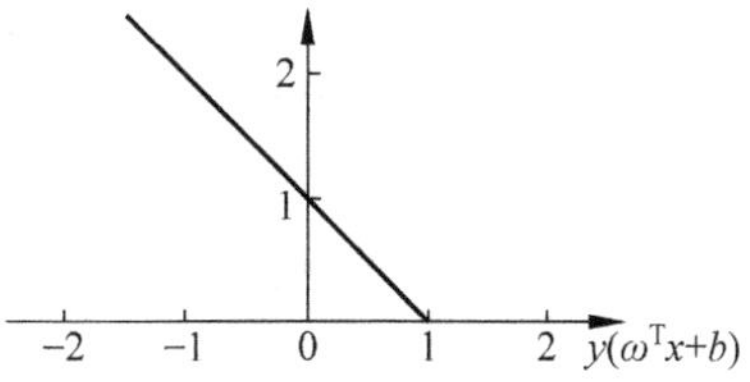

图 6-3　合页损失函数

可见在线性支持向量机中,优化式(6-32)等价于优化式(6-21)。

6.5 核技巧

上面讨论的线性可分支持向量机和线性支持向量机都假设数据是线性可分的(线性支持向量机可以认为是为了解决线性可分样本集合中的噪声问题)。而实际场景中我们经常

会遇到数据线性不可分的情况。此时，就可以通过本节介绍的核技巧将输入空间线性不可分的数据转化为特征空间线性可分的数据，在特征空间求解支持向量机的超平面。

如图 6-4(a)所示，假设样本集合能够被方程 $x_1^2+x_2^2-r^2=0$ 分为圆内和圆外两个部分，则可以通过一个映射函数

$$\phi(\boldsymbol{x})=(x_1^2,\sqrt{2}x_1x_2,x_2^2)=(z_1,z_2,z_3) \tag{6-35}$$

将二维空间中的点 $\boldsymbol{x}=(x_1,x_2)$映射为另一种表示(z_1,z_2,z_3)，如图 6-4(b)所示。原来二维空间中的点线性不可分，但在三维空间新的表示下，样本集合中的点可以通过平面 $z_1+z_3-r^2=0$ 区分开来，即样本点在特征空间线性可分。(z_1,z_2,z_3)所在的空间即为样本的特征空间。

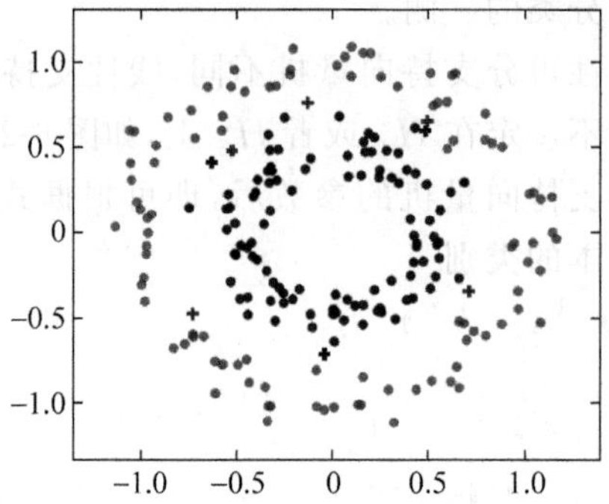

(a) 核技巧

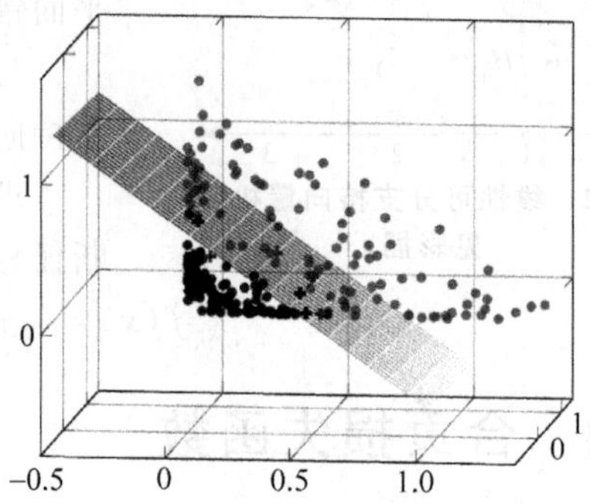

(b) 多项式核函数

图 6-4 核函数(见彩插)

所以对于输入空间$\mathcal{X}$中的样本点线性不可分的问题，可以通过一个映射函数 $\boldsymbol{z}=\phi(\boldsymbol{x})$：$\mathcal{X}\rightarrow\mathcal{H}$，将样本集合映射到特征空间$\mathcal{H}$(也称为希尔伯特空间(Hilbert space))，使其线性可分。这样就可以在特征空间运行支持向量机算法，得到特征空间的一个分隔超平面$\boldsymbol{\omega}^{*\mathrm{T}}\boldsymbol{z}+b^*=0$，其中$(\boldsymbol{\omega}^*,b^*)$为特征空间分隔超平面的法向量和偏置。不失一般性，以线性支持向量机为例，优化问题式(6-26)对应变为

$$\begin{aligned}&\min_{\boldsymbol{\alpha}}\quad \frac{1}{2}\sum_{i=1}^{m}\sum_{j=1}^{m}\alpha_i\alpha_j y_i y_j\phi(\boldsymbol{x}_i)^{\mathrm{T}}\phi(\boldsymbol{x}_j)-\sum_{i=1}^{m}\alpha_i\\&\text{s.t.}\quad \sum_{i=1}^{m}\alpha_i y_i=0\\&\qquad\quad 0\leqslant\alpha_i\leqslant C,\quad i=1,2,\cdots,m\end{aligned} \tag{6-36}$$

此时支持向量机的决策函数为

$$f(\boldsymbol{x})=\operatorname{sgn}(\boldsymbol{\omega}_z^{*\mathrm{T}}\boldsymbol{z}+b_z^*)=\operatorname{sgn}(\boldsymbol{\omega}_z^{*\mathrm{T}}\phi(\boldsymbol{x})+b_z^*) \tag{6-37}$$

现实场景中，我们一般很难找到一个映射函数 $\phi(\boldsymbol{x})$，将样本从输入空间映射到特征空间，并使其在特征空间线性可分。为了避免这个问题，可以使用这样一个函数 $\kappa(\boldsymbol{x}_1,\boldsymbol{x}_2)$代替式中 $\phi(\boldsymbol{x}_i)^{\mathrm{T}}\phi(\boldsymbol{x}_j)$的计算为

$$\kappa(\boldsymbol{x}_1,\boldsymbol{x}_2)=\phi(\boldsymbol{x}_i)^{\mathrm{T}}\phi(\boldsymbol{x}_j) \tag{6-38}$$

其中，κ 为核函数。于是可以将式(6-36)中的优化问题重新写作

$$
\begin{aligned}
\min_{\boldsymbol{\alpha}} \quad & \frac{1}{2}\sum_{i=1}^{m}\sum_{j=1}^{m}\alpha_i\alpha_j y_i y_j \kappa(\boldsymbol{x}_1,\boldsymbol{x}_2)-\sum_{i=1}^{m}\alpha_i \\
\text{s.t.} \quad & \sum_{i=1}^{m}\alpha_i y_i=0 \\
& 0\leqslant \alpha_i \leqslant C,\quad i=1,2,\cdots,m
\end{aligned}
\tag{6-39}
$$

相应的决策函数为

$$
\begin{aligned}
f(\boldsymbol{x}) &= \operatorname{sgn}(\boldsymbol{\omega}^{*\mathrm{T}}\phi(\boldsymbol{x})+b^*) \\
&= \operatorname{sgn}\left(\sum_{i=1}^{N}\alpha_i y_i \phi(\boldsymbol{x}_i)^{\mathrm{T}}\phi(\boldsymbol{x})+b^*\right) \\
&= \operatorname{sgn}\left(\sum_{i=1}^{N}\alpha_i y_i \kappa(\boldsymbol{x}_i,\boldsymbol{x})+b^*\right)
\end{aligned}
\tag{6-40}
$$

实际应用中,我们并不关心 ϕ 是如何定义的,只要核函数 κ 在支持向量机模型中表现足够好即可。然而并不是任意函数 f 都能用作核函数,因为不一定存在这样的隐式映射函数 ϕ,满足

$$
f(\boldsymbol{x}_1,\boldsymbol{x}_2)=\phi(\boldsymbol{x}_i)^{\mathrm{T}}\phi(\boldsymbol{x}_j) \tag{6-41}
$$

为了考察函数 f 是否可以用作核函数,定义核矩阵为

$$
\boldsymbol{K}=\begin{bmatrix}
f(\boldsymbol{x}_1,\boldsymbol{x}_1) & f(\boldsymbol{x}_1,\boldsymbol{x}_2) & \cdots & f(\boldsymbol{x}_1,\boldsymbol{x}_m) \\
f(\boldsymbol{x}_2,\boldsymbol{x}_1) & f(\boldsymbol{x}_2,\boldsymbol{x}_2) & \cdots & f(\boldsymbol{x}_2,\boldsymbol{x}_m) \\
\vdots & \vdots & \ddots & \vdots \\
f(\boldsymbol{x}_m,\boldsymbol{x}_1) & f(\boldsymbol{x}_m,\boldsymbol{x}_2) & \cdots & f(\boldsymbol{x}_m,\boldsymbol{x}_m)
\end{bmatrix} \tag{6-42}
$$

其中,$\boldsymbol{x}_1,\boldsymbol{x}_2,\cdots,\boldsymbol{x}_m$ 表示输入空间中的样本点集合。可以证明,函数 f 是核函数当且仅当核矩阵 K 是对称半正定的。

能够在特征空间使得样本线性可分的核函数有无数个,具体哪个核函数对样本分类的效果最好需要根据实际情况选择。常用的核函数有

(1) 线性核函数 $\kappa(\boldsymbol{x}_i,\boldsymbol{x}_j)=\boldsymbol{x}_i^{\mathrm{T}}\boldsymbol{x}_j$,即支持向量机中的形式;

(2) 多项式核函数 $\kappa(\boldsymbol{x}_i,\boldsymbol{x}_j)=(\boldsymbol{x}_i^{\mathrm{T}}\boldsymbol{x}_j)^p$,$p$ 为超参数;

(3) 高斯核函数 $\kappa(\boldsymbol{x}_i,\boldsymbol{x}_j)=\exp\left(\dfrac{\|\boldsymbol{x}_i-\boldsymbol{x}_j\|^2}{2\sigma^2}\right)$,$\sigma$ 为超参数。高斯核函数又被称为径向基(RBF)函数。

6.6 二分类问题与多分类问题

在前面介绍的 SVM 算法解决了二分类问题,但实际应用中大多数问题却是多分类问题。那么如何将一个二分类算法扩展为多分类?不失一般性,考虑 K 个类别 $C_1,C_2,\cdots,C_K$。多分类学习的基本思路是"拆解法",最经典的拆分策略有三种:一对一(OvO),一对多(OvM),多对多(MvM)。

6.6.1 一对一

将 K 个类别两两配对，一共可产生 $K(K-1)/2$ 个二分类任务。在测试阶段新样本将同时提交给所有的分类器，于是将得到 $K(K-1)/2$ 个分类结果，最终把预测最多的结果作为投票结果。

6.6.2 一对多

一对多则是将每一个类别分别作为正例，其他剩余的类别作为反例来训练 K 个分类器。如果在测试时仅有一个分类器产生了正例，则最终的结果为该分类器的正例类别；如果产生了多个正例，则判断分类器的置信度，选择置信度大的类别标记作为最终分类结果。

OvM 只需训练 K 个分类器，而 OvO 需训练 $K(K-1)/2$ 个分类器，因此，OvO 的存储开销和测试时间开销通常比 OvM 更大。但在训练时，OvM 每个分类器均使用全部测试样例，而 OvO 的每个分类器仅使用两个类的样例，因此，在类别很多时，OvO 的训练时间开销通常比 OvM 更小。至于预测性能，则取决于具体的数据分布，在多数情形下两者差不多。

6.6.3 多对多

纠错输出码是一种常用的技术，分为编码和解码两个阶段。在编码阶段，对 K 个类别进行 M 次划分，每次将一部分划分为正类，一部分划分为反类。编码矩阵有两种形式：二元码和三元码。前者只有正类和反类，后者还包括停用类。在解码阶段，各分类器的预测结果联合起来形成测试示例的编码。该编码与各类所对应的编码进行比较，将距离最小的编码所对应的类别作为预测结果。

6.7 实例：基于支持向量机实现葡萄酒分类

本节以葡萄酒数据集分类为例介绍 SVM 模型。完整代码如代码清单 6-1 所示。

代码清单 6-1 SVM 葡萄酒数据集分类

```
from sklearn.datasets import load_wine
from sklearn.model_selection import train_test_split
from sklearn.svm import SVC
if __name__ == '__main__':
    wine = load_wine()
    x_train, x_test, y_train, y_test = train_test_split(
        wine.data, wine.target)

    model = SVC(kernel = 'linear')
    model.fit(x_train, y_train)

    train_score = model.score(x_train, y_train)
```

```
    test_score = model.score(x_test, y_test)
print("train score:", train_score)
print("test score:", test_score)
```

项目中选用的模型是 sklearn 提供的 SVC，其构造函数可供选择的 kernel 参数有：

（1）linear：线性核函数；

（2）poly：多项式核函数；

（3）rbf：径向基核函数/高斯核；

（4）sigmod：sigmod 核函数；

（5）precomputed：提前计算好核函数矩阵。

这里使用的是最简单的线性核函数。经过测试，模型在训练集的准确率达到 0.993，在测试集的准确率达到 0.972。如果使用默认的高斯核函数，模型在训练集的准确率可以达到 1，但是在测试集的准确率却跌至 0.444。这说明，高斯核函数提高了模型容量，但是数据集大小不足，以致模型过拟合。

sklearn 还提供了 LinearSVC 类，该模型默认使用线性核函数。读者可以尝试使用 LinearSVC 类实现葡萄酒数据集的分类，并体会其与 SVC 类的区别。

第 7 章 集成学习

CHAPTER 7

集成学习不是一种具体的算法，而是一种思想。集成学习的基本原理非常简单，那就是通过融合多个模型，从不同的角度降低模型的方差或偏差。典型的集成学习的框架包括三种[5]，分别是 Bagging、Boosting、Stacking。

7.1 偏差与方差

对于一个回归问题，假设样本$(\boldsymbol{x},y)$服从的真实分布为 $P(\boldsymbol{x},y)$。设$(\boldsymbol{x},y_D)$表示集合 D 中的样本，D 从真实分布 $P(\boldsymbol{x},y)$采样得到。由于采样过程可能存在噪声，这里用样本集合 D 来表示其采样得到的实际分布，则$(\boldsymbol{x},y_D)$服从分布 D，y_D 为输入 $\boldsymbol{x}$ 在实际分布 D 中的标记。称 $\varepsilon=y-y_D$ 为采样误差，也称为噪声。噪声一般服从高斯分布$\mathcal{N}(0,\sigma^2)$，也就是

$$\begin{cases} E_D[y-y_D]=0 \\ E_D[(y-y_D)^2]=\sigma^2 \end{cases} \tag{7-1}$$

设我们需要优化得到的模型为 $f(\boldsymbol{x})$，$f_D(\boldsymbol{x})$为其在分布 D 上的优化结果。由于 D 是随机采样而来的任意一个分布，所以模型随机变量 $f_D(\boldsymbol{x})$也是随机变量，这里就建立了模型是随机变量的概念。则模型随机变量 $f_D(\boldsymbol{x})$在所有可能的样本集合分布 D 上的期望为 $E_D[f_D(\boldsymbol{x})]$。定义偏差 $\text{bias}(\boldsymbol{x})$为期望值与真实值 y 之间的平方差

$$\text{bias}(\boldsymbol{x})=(E_D[f_D(\boldsymbol{x})]-y)^2 \tag{7-2}$$

定义采样分布 D 的偏差$\text{bias}_D(\boldsymbol{x})$为期望值与采样值 y_D 之间的平方差

$$\text{bias}_D(\boldsymbol{x})=E_D[(E_D[f_D(\boldsymbol{x})]-y_D)^2] \tag{7-3}$$

根据式(7-1)有

$$E_D[2(E_D[f_D(\boldsymbol{x})]-y)(y-y_D)]=0 \tag{7-4}$$

于是

$$\begin{aligned} \text{bias}_D(\boldsymbol{x}) &= E_D[(E_D[f_D(\boldsymbol{x})]-y+y-y_D)^2] \\ &=(E_D[f_D(\boldsymbol{x})]-y)^2+E_D[(y-y_D)^2] \\ &=\text{bias}(\boldsymbol{x})+\sigma^2 \end{aligned} \tag{7-5}$$

模型随机变量 $f_D(\boldsymbol{x})$在所有可能的样本集合分布 D 上的方差 $\text{var}(\boldsymbol{x})$为

$$\mathrm{var}(\boldsymbol{x})=E_D\left[(f_D(\boldsymbol{x})-\mathbb{E}_D[f_D(\boldsymbol{x})])^2\right] \tag{7-6}$$

我们实际优化的目的是让模型随机变量 $f_D(\boldsymbol{x})$ 在所有可能的样本集合分布 D 上的预测误差的平方误差的期望最小。即最小化

$$\begin{aligned}E_D[(f_D(\boldsymbol{x})-y_D)^2]&=E_D[(f_D(\boldsymbol{x})-E_D[f_D(\boldsymbol{x})]+E_D[f_D(\boldsymbol{x})]-y_D)^2]\\&=\mathrm{var}(\boldsymbol{x})+\mathrm{bias}_D(\boldsymbol{x})\\&=\mathrm{var}(\boldsymbol{x})+\mathrm{bias}(\boldsymbol{x})+\sigma^2\end{aligned} \tag{7-7}$$

观察式(7-7)可以发现，σ^2 是一个常量，优化的最终目的是降低模型的方差及偏差。方差越小，说明不同的采样分布 D 下，模型的泛化能力大致相当，侧面反映了模型没有发生过拟合；偏差越小，说明模型对样本预测的越准，模型的拟合能力越好。

实际在选择模型时，随着模型复杂度的增加，模型的偏差 $\mathrm{bias}(\boldsymbol{x})$ 越来越小，而方差 $\mathrm{var}(\boldsymbol{x})$ 会越来越大。如图 7-1 所示，存在某一时刻，模型的方差和偏差之和最小，此时模型性能在误差及泛化能力方面达到最优。

图 7-2 中，靶心代表理想的优化目标，黑色的点代表在不同的采样集合上训练模型的优化结果。可以看到左边一列低方差的优化结果要比右边一列高方差的优化结果更为集中，上边一行低偏差的优化结果要比下边一行高偏差的优化结果更靠近中心。

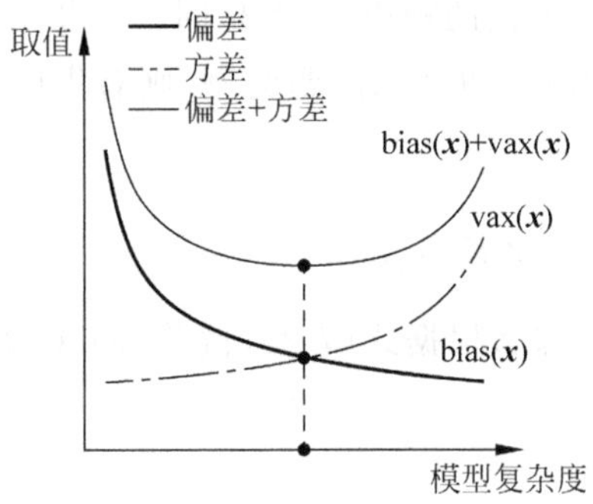

图 7-1 偏差与方差(见彩插)

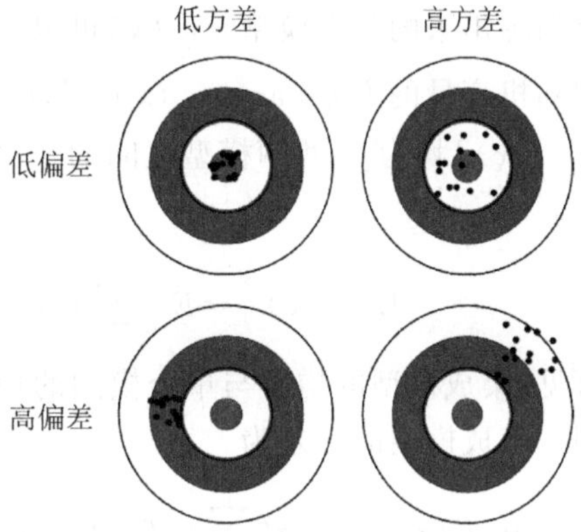

图 7-2 偏差与方差(见彩插)

7.2 Bagging 及随机森林

7.2.1 Bagging

Bagging(Boostrap aggregating)的思路是从原始的样本集合采样，得到若干个大小相同的样本集合。然后在每个样本集合上分别训练一个模型，最后用投票法进行预测。给定样本集合 $D=\{(\boldsymbol{x}_1,y_1),(\boldsymbol{x}_2,y_2),\cdots,(\boldsymbol{x}_m,y_m)\}$。假设要训练 T 个模型，在训练第 t 个模型时，对 D 进行 m 次有放回采样得到集合记为 D_t。显然，样本集合 D 中会有部分样本会被多次采样到，而部分样本则一次也不会采样到。在每次采样时，一个样本不被采样到的概率为 $\left(1-\frac{1}{m}\right)$，则在 m 次有放回采样中都不会被采样到的概率为 $\left(1-\frac{1}{m}\right)^m$。当 m 趋于无穷大

时，有

$$\lim_{m\to\infty}\left(1-\frac{1}{m}\right)^m=\frac{1}{e}=36.8\% \tag{7-8}$$

每次只拿 D 中约 $1-36.8\%=63.2\%$ 的样本进行训练，可以使用剩余的 36.8% 样本作为验证集进行验证。

使用 D_t 训练而得的模型记为 $f_{D_t}(\boldsymbol{x})$。训练完所有 T 个模型后，对于分类问题和回归问题，分别使用加权“投票法”和加权“平均法”得到最终的预测结果。假设第 t 个模型的权重为 γ_t，同时 $\sum_{t=1}^{T}\gamma_t=1$。对于分类问题，假设样本标签的可能取值集合为 $C=\{c_1,c_2,\cdots,c_K\}$，最终的模型为

$$F(\boldsymbol{x})=\arg\max_{c\in C}\sum_{t=1}^{T}\gamma_t I\{f_{D_t}(\boldsymbol{x})=c\} \tag{7-9}$$

对于回归问题，最终的模型为

$$F(\boldsymbol{x})=\sum_{t=1}^{T}\gamma_t f_{D_t}(\boldsymbol{x}) \tag{7-10}$$

Bagging 中，用于训练每个模型的样本集合 D_t 是从 D 中进行有放回采样得到的，所以基于此训练出来的每个模型 $f_{D_i}(\boldsymbol{x})$ 可以看作是独立同分布的随机变量。假设这些独立同分布的随机变量的方差 $\mathrm{var}(f_{D_t}(\boldsymbol{x}))$ 均为 σ^2（注意与前面的噪声 σ^2 不是同一个概念），均值 $E_{D_t}[f_{D_t}(\boldsymbol{x})]$ 均为 μ，两两模型之间的相关系数均为 ρ。以回归问题为例，则有集成模型的均值为

$$E[F(\boldsymbol{x})]=E\left[\sum_{t=1}^{T}\gamma_t f_{D_t}(\boldsymbol{x})\right]=\sum_{t=1}^{T}\gamma_t E[f_{D_t}(\boldsymbol{x})]=\mu \tag{7-11}$$

可见，集成模型的均值与单个模型的均值相同。那么根据式(7-2)，偏差 $\mathrm{bias}(F(\boldsymbol{x}))$ 也就相同。集成模型的方差为

$$\begin{aligned}\mathrm{var}(F(\boldsymbol{x}))&=\mathrm{var}\left(\sum_{t=1}^{T}\gamma_t f_{D_t}(\boldsymbol{x})\right)\\&=2\sum_{i=1}^{T}\sum_{j=i}^{T}\gamma_i\gamma_j\mathrm{cov}(f_{D_i}(\boldsymbol{x}),f_{D_j}(\boldsymbol{x}))\\&=\sum_{i=1}^{T}\gamma_i^2\mathrm{var}(f_{D_i}(\boldsymbol{x}))+2\sum_{i=1}^{T-1}\sum_{j=i+1}^{T}\gamma_i\gamma_j\mathrm{cov}(f_{D_i}(\boldsymbol{x}),f_{D_j}(\boldsymbol{x}))\\&=\sum_{i=1}^{T}\gamma_i^2\sigma^2+2\sum_{i=1}^{T-1}\sum_{j=i+1}^{T}\gamma_i\gamma_j\rho\sigma^2\end{aligned} \tag{7-12}$$

为简化描述，假设每个模型的权重都一样，即

$$\gamma=\gamma_i=\frac{1}{T},\quad i=1,2,\cdots,T \tag{7-13}$$

则有

$$\mathrm{var}(F(\boldsymbol{x}))=\left(\rho+\frac{1-\rho}{T}\right)\sigma^2 \tag{7-14}$$

式(7-14)的两个极端的情况是

(1) 所有的单模型 $f_{D_t}(\boldsymbol{x})$ 均相互独立，即 $\rho=0$。此时 $\mathrm{var}(F(\boldsymbol{x}))=\frac{\sigma^2}{T}$，集成模型的方差最小，这是集成模型方差的下界。

(2) 所有的单模型 $f_{D_t}(\boldsymbol{x})$ 均相同，即 $\rho=1$。此时 $\mathrm{var}(F(\boldsymbol{x}))=\sigma^2$，集成模型的方差与单个模型的方差相等，这是集成模型方差的上界。

实际情况往往鉴于两者之间。综上，Bagging 优化的对象是模型的方差，对模型的偏差影响很小。

7.2.2 随机森林

随机森林(Random Forest)的原理与 Bagging 类似。Bagging 的做法是在不同的样本集合上使用所有的属性训练若干棵树，而随机森林的做法则是在 Bagging 采样得到的样本集合的基础上，随机从中挑选出 k 个属性再组成新的数据集，之后再训练决策树。最后训练 T 棵树进行集成。

相比 Bagging，随机森林在引入样本扰动的基础上又引入了属性的扰动，这样，训练出来的每棵子树的差异就会尽可能大，集成之后的模型不易过拟合，泛化能力大为增强。在实际回归和分类任务中，随机森林往往有着卓越的性能表现。此外，随机森林还有着易于实现、易于并行等优点。

7.3 Boosting 及 AdaBoost

7.3.1 Boosting

Boosting 集成的思路是：首先在样本集合上训练一个简单的弱学习器，这样的模型往往是欠拟合的。后面每次依据前一个弱学习器，对样本集合中的样本权重或者概率分布做新的调整，着重考虑被弱学习器错误分类的样本，然后在调整好的样本集合上训练一个新的弱分类器。不断重复这一过程，直到满足一定的终止条件为止。然后将学习到的各个弱分类器按照性能的高低赋予不同的权重集成起来得到最终的模型。

7.3.2 AdaBoost

AdaBoost 是 Boosting 算法中的代表，在数据挖掘、模式识别等领域有着广泛的应用。对于样本集合 $D=\{(\boldsymbol{x}_1,y_1),(\boldsymbol{x}_2,y_2),\cdots,(\boldsymbol{x}_m,y_m)\}$，记每个样本的权重为 $\{\omega_1,\omega_2,\cdots,\omega_m\}$。则对于模型 $f(\boldsymbol{x})$，定义带权错误率为

$$\varepsilon=\sum_{i=1}^{m}\omega_i I\{f(\boldsymbol{x})\neq y_i\} \tag{7-15}$$

假设模型的预测结果可由若干个子模型的线性组合实现为

$$F(\boldsymbol{x})=\sum_{t=1}^{T}\alpha_t f_t(\boldsymbol{x}) \tag{7-16}$$

这样的模型称为加法模型。从整体的角度去优化 $F(\boldsymbol{x})$ 是一个非常困难的问题。前向优化

算法是一种启发式的算法，其思路是：从前向后，每次只优化一个子模型 $f_t(\boldsymbol{x})$ 并估计其系数 α_t。每一步的优化都依赖于上一步的结果。典型地，AdaBoost 算法中，用于训练每个子模型的数据分布依赖于上一步训练好的模型对样本集合中每个样本权重的重新估计。GDBT 算法中，用于训练每个子模型的数据分布依赖于上一步训练好的模型对样本标签的重新表示。

Bagging 算法中的每个子模型可以并行训练，而前向分布算法则需要串行训练(在具体代码实现时，可以实现流水线训练)。在前面介绍的 Bagging 算法中，在采样得到 T 个不同的样本集合后，Bagging 中的每个模型都可以并行地进行训练。在决定训练好的每个模型时，一般朴素的认为每个模型的权重一样大，因为用于训练每个模型的样本集合都是随机采样得到的。

通过以指数损失函数作为目标函数来优化当前加法模型，可以导出 AdaBoost 算法。对于一个以 $\{-1,\ +1\}$ 为类别标记的二分类模型 $f(\boldsymbol{x})$，指数损失函数的定义为

$$l(f(\boldsymbol{x}),y)=\exp(-yf(\boldsymbol{x})) \tag{7-17}$$

令 $F_0(\boldsymbol{x})=0$。不失一般性，当 $t\geqslant 1$ 时，设经过 t 次迭代，已经得到的加法模型为

$$F_t(\boldsymbol{x})=\sum_{i=1}^{t}\alpha_i f_i(\boldsymbol{x}) \tag{7-18}$$

接下来，要进行第 $t+1$ 次迭代，以得到新的加法模型：

$$F_{t+1}(\boldsymbol{x})=F_t(\boldsymbol{x})+\alpha_{t+1}f_{t+1}(\boldsymbol{x}) \tag{7-19}$$

使用式(7-17)作为损失函数，则有

$$\begin{aligned}
l(F_{t+1}(\boldsymbol{x}),y)&=\sum_{i=1}^{m}\exp(-y_iF_{t+1}(\boldsymbol{x}_i))\\
&=\sum_{i=1}^{m}\exp(-y_i(F_t(\boldsymbol{x}_i)+\alpha_{t+1}f_{t+1}(\boldsymbol{x}_i)))\\
&=\sum_{i=1}^{m}\exp(-y_iF_t(\boldsymbol{x}_i))\exp(-y_i\alpha_{t+1}f_{t+1}(\boldsymbol{x}_i))\\
&=\exp(-\alpha_{t+1})\sum_{i\in N_1}\exp(-y_iF_t(\boldsymbol{x}_i))+\\
&\quad\ \exp(\alpha_{t+1})\sum_{i\in N_2}\exp(-y_iF_t(\boldsymbol{x}_i))
\end{aligned} \tag{7-20}$$

其中，N_1、N_2 分别表示被模型 $f_{t+1}(\boldsymbol{x})$ 预测正确和预测错误的样本。

$$\begin{cases}N_1=\{i\mid f_{t+1}(\boldsymbol{x}_i)=y_i\}\\[2ex] N_2=\{i\mid f_{t+1}(\boldsymbol{x}_i)\neq y_i\}\end{cases} \tag{7-21}$$

显然有 $m=|N_1|+|N_2|$。令 $l(F_{t+1}(\boldsymbol{x}),y)$ 对 α_{t+1} 求偏导，有

$$\frac{\partial l(F_{t+1}(\boldsymbol{x}),y)}{\partial\alpha_{t+1}}=-\mathrm{e}^{-\alpha_{t+1}}\sum_{i\in N_1}\exp(-y_iF_t(\boldsymbol{x}_i))+\mathrm{e}^{\alpha_{t+1}}\sum_{i\in N_2}\exp(-y_iF_t(\boldsymbol{x}_i)) \tag{7-22}$$

令

$$\begin{cases}Z_t=\displaystyle\sum_{i=1}^{m}\exp(-y_iF_t(\boldsymbol{x}_i))\\[2ex] \varepsilon_t=\dfrac{\displaystyle\sum_{i\in N_2}\exp(-y_iF_t(\boldsymbol{x}_i))}{Z_t}\end{cases} \tag{7-23}$$

再令偏导$\frac{\partial l(F_{t+1}(\boldsymbol{x}),y)}{\partial \alpha_{t+1}}=0$，得到子模型 $f_{t+1}(\boldsymbol{x})$的权重 α_{t+1}

$$\alpha_{t+1}=\frac{1}{2}\log\frac{1-\varepsilon_{t+1}}{\varepsilon_{t+1}} \tag{7-24}$$

令

$$\omega_{t+1,i}=\frac{\exp(-y_i F_t(\boldsymbol{x}_i))}{Z_t},\quad i=1,2,\cdots,m \tag{7-25}$$

由于 $\omega_{t+1,i}$ 能够很好地表示样本 $\boldsymbol{x}_i$ 被 $F_t(\boldsymbol{x}_i)$正确或错误分类的程度，所以 $\omega_{t+1,i}$ 可以视做当前样本的权重，供训练 $f_{t+1}(\boldsymbol{x})$使用。由式(7-25)，训练模型 $f_{t+1}(\boldsymbol{x})$时，样本的权重可仅由当前已经得到的模型 $F_t(\boldsymbol{x})$来设定。

综上，二分类问题的 AdaBoost 算法流程如算法 7-1 所示。

算法 7-1 AdaBoost

输入：样本集合 $D=\{(\boldsymbol{x}_1,y_1),(\boldsymbol{x}_2,y_2),\cdots,(\boldsymbol{x}_m,y_m)\}$，其中 $y_i\in\{-1,+1\}$；弱分类算法$\mathcal{F}(D,W)$，其中 ω 为样本的权重分布；要训练的分类器的个数 T

输出：AdaBoost 分类器 $F(\boldsymbol{x})$

1. 初始化样本权重 ω_1 的分布，每个样本拥有相同的权重

$$\boldsymbol{\omega}_1\sim W_1(\boldsymbol{x})=\frac{1}{m}$$

2. 循环迭代，每次用当前样本的权重分布训练一个新的分类器 $f_t(\boldsymbol{x})$，并基于分类器对样本权重进行重新调整

for each t in $\{1,2,\cdots,T\}$

  $f_t(\boldsymbol{x}) = \mathcal{F}(D,W_t)$

3. 计算当前权重分布下的，分类模型的带权错误率

$$\varepsilon_t=\sum_{i=1}^{m}\omega_{ti}I\{f_t(\boldsymbol{x})\neq y_i\}$$

4. 计算当前模型 $f_t(\boldsymbol{x})$的权重

$$\alpha_t=\frac{1}{2}\log\frac{1-\varepsilon_t}{\varepsilon_t}$$

5. 更新样本权重的分布

$$\boldsymbol{\omega}_{t+1}\sim W_{t+1}(\boldsymbol{x})=\frac{W_t(\boldsymbol{x})}{Z_t/Z_{t-1}}\mathrm{e}^{-\alpha_t y f_t(x)}$$

其中

$$Z_t/Z_{t-1}=\sum_{i=1}^{m}W_t(x_i)\mathrm{e}^{-\alpha_t y_i f_t(x_i)}$$

end for

$$F(\boldsymbol{x})=\mathrm{sgn}\left(\sum_{t=1}^{T}\alpha_t f_t(\boldsymbol{x})\right)$$

Return $F(\boldsymbol{x})$

很显然，从偏差—方差分析的角度，AdaBoost 算法每次迭代关注上一步被分类错误的样本，说明 AdaBoost 算法着重优化的是 bias($\boldsymbol{x}$)。AdaBoost 的每个子模型都是一个弱分类器，着重优化权重大的样本。上一个子模型决定了当前样本集合的权重分布，因而基于这样

的样本训练出来的子模型与上一个子模型是强相关的，式(7-14)针对的是回归模型，本例AdaBoost算法是回归模型，且各个子模型不是独立同分布，但式(7-14)对解释AdaBoost算法对 var($\boldsymbol{x}$)的优化不明显仍有参考意义，子模型强相关也即式(7-14)中 ρ 接近1，可以看到此时集成模型的方差与单模型基本相同。

在进行每个子模型 $f_t(\boldsymbol{x})$的训练时，需要依据样本的权重进行训练，一般有两种方式可以实现这一点。第一种是给权重大的样本的损失函数值乘以该权重，以达到着重优化的目的；第二种是按照概率分布$\mathcal{W}_t$从原始样本集合中进行采样，产生新的样本集合。

7.4 提升树

基模型为决策树的Boosting算法称为提升树。通常提升树以CART算法作为基模型决策树的训练方法。典型的提升树算法有GBDT、XGBOOST等。提升树有着可解释性强、伸缩不变性(无须对特征进行归一化)、对异常样本不敏感等优点，被认为是最好的机器学习算法之一，在工业界有着广泛的应用。

7.4.1 残差提升树

在数理统计中，所谓残差 r 是指样本$(\boldsymbol{x},y)$的真实目标值 y 与模型 $f(\boldsymbol{x})$预测值之差，即

$$r=y-f(\boldsymbol{x}) \tag{7-26}$$

上一节叙述的以二分类问题为例的AdaBoost算法以指数损失函数作为优化目标。对于回归问题，常用的损失函数为平方差损失函数。则对于使用加法模型描述的回归问题，不考虑子模型的权重，训练第 $t+1$ 个子模型，不考虑式(7-19)中的子模型系数，使用平方差损失函数优化式(7-19)可写为

$$\begin{aligned}L(y,F_{t+1}(\boldsymbol{x}))&=L(y,F_t(\boldsymbol{x})+f_{t+1}(\boldsymbol{x}))\\&=(y-F_t(\boldsymbol{x})-f_{t+1}(\boldsymbol{x}))^2\\&=(r-f_{t+1}(\boldsymbol{x}))^2\end{aligned} \tag{7-27}$$

可以看到模型 $f_{t+1}(\boldsymbol{x})$实际拟合的是当前已得到模型 $F_t(\boldsymbol{x})$的残差。若子模型为决策树，则称为集成模型为残差提升树。

7.4.2 GBDT

梯度提升树(Gradient Boosting Decision Tree，GBDT)[7]的整体结构与残差提升树类似。不同的是，残差提升树拟合的是样本的真实值与当前已训练好的模型的预测值之间的残差，而梯度提升树拟合的则是损失函数对当前已训好模型的负梯度。这样就可以设定任意可导的损失函数。

对于负梯度

$$-\left[\frac{\partial L(y,F(\boldsymbol{x}))}{\partial F(\boldsymbol{x})}\right]_{F(\boldsymbol{x})=F_{t-1}(\boldsymbol{x})} \tag{7-28}$$

其中

$$F_{t-1}(\boldsymbol{x})=\sum_{i=0}^{t-1} f_i(\boldsymbol{x}) \tag{7-29}$$

GBDT 算法的描述如算法 7-2 所示。

算法 7-2 GBDT 算法

输入：样本集合 $D=\{(\boldsymbol{x}_1,y_1),(\boldsymbol{x}_2,y_2),\cdots,(\boldsymbol{x}_m,y_m)\}$；决策树生成算法

输出：梯度提升树

1. 初始化 $F_0(\boldsymbol{x})$

$$F_0(\boldsymbol{x})=\arg\min_{\gamma}\sum_{i=1}^{m} L(y_i,\gamma)$$

for $t=\{1,2,\cdots,T\}$

2. 对每个样本计算损失函数 L 关于当前模型 $F(x_i)$ 的负梯度

$$\hat{y}_i=-\left[\frac{\partial L(y_i,F(\boldsymbol{x}_i))}{\partial F(\boldsymbol{x}_i)}\right]_{F(\boldsymbol{x}_i)=F_{t-1}(\boldsymbol{x}_i)},\quad i=1,2,\cdots,m$$

3. 以负梯度为拟合对象，构建一棵决策树，假设其参数为$\boldsymbol{\omega}_t$

$$\boldsymbol{\omega}_t=\arg\min_{\boldsymbol{\omega}}\sum_{i=1}^{m}[\hat{y}_i-f_t(\boldsymbol{x}_i)]^2$$

4. 构建好的决策树将样本集合划分为 J 个子集，每个叶节点是一个子集，记为 R_{tj}，$j=1,2,\cdots,J$
5. 估计每个叶节点的预测值 γ_{tj}

$$\gamma_{tj}=\arg\min_{\gamma}\sum_{x_i\in R_{tj}} L(y_i,\gamma),\quad j=1,2,\cdots,J$$

6. 模型更新

$$F_t(\boldsymbol{x})=F_{t-1}(\boldsymbol{x})+\sum_{j=1}^{J}\gamma_{tj} I(\boldsymbol{x}\in R_{tj})$$

end for
return $F_t(\boldsymbol{x})$

7.4.3 XGBoost

XGBoost[7]通过正则化项来抑制模型的复杂度，以缓解过拟合。在决策树中，可以充当正则化项的有叶节点的数目 J 以及每个叶节点的预测值$\boldsymbol{\omega}$，XGBoost 的正则化项采用的是叶节点数目及叶节点预测值的 L2 范数的组合，即

$$\Omega(f_t)=\gamma J+\lambda\frac{1}{2}\|\boldsymbol{\omega}\|_2^2=\gamma J+\frac{1}{2}\lambda\sum_{j=1}^{J}\omega_j^2 \tag{7-30}$$

XGBoost 的目标函数可以写作

$$\begin{aligned}L_t&=\sum_{i=1}^{m} l(y_i,F_t(\boldsymbol{x}_i))+\Omega(f)\\&=\sum_{i=1}^{m} l(y_i,F_{t-1}(\boldsymbol{x}_i)+f_t(\boldsymbol{x}_i))+\Omega(f)\end{aligned} \tag{7-31}$$

根据二阶泰勒展开，有

$$L_t \approx \sum_{i=1}^{m}\left[l(y_i,F_{t-1}(\boldsymbol{x}_i))+g(\boldsymbol{x}_i,y_i)f_t(\boldsymbol{x}_i)+\frac{1}{2}h(\boldsymbol{x}_i,y_i)f_t(\boldsymbol{x}_i)^2\right]+\Omega(f) \tag{7-32}$$

其中

$$\begin{cases} g(\boldsymbol{x},y)=\dfrac{\partial l(y,F_{t-1}(\boldsymbol{x}))}{\partial F_{t-1}(\boldsymbol{x})} \\ h(\boldsymbol{x},y)=\dfrac{\partial^2 l(y,F_{t-1}(\boldsymbol{x}))}{\partial F_{t-1}(\boldsymbol{x})^2} \end{cases} \tag{7-33}$$

由于$F_{t-1}(\boldsymbol{x})$已经通过训练得到，则可以去掉常数项$l(y_i,F_{t-1}(\boldsymbol{x}_i))$，得到

$$\widetilde{L}_t \approx \sum_{i=1}^{N}\left[g(\boldsymbol{x}_i,y_i)f_t(\boldsymbol{x}_i)+\frac{1}{2}h(\boldsymbol{x}_i,y_i)f_t(\boldsymbol{x}_i)^2\right]+\Omega(f) \tag{7-34}$$

在决策树中，定义$q(\boldsymbol{x})=i$为从输入$\boldsymbol{x}$到叶节点编号i的映射，叶节点i的取值ω_i可表示为$\omega_{q(\boldsymbol{x})}$，代入$\omega_i=f_t(\boldsymbol{x}_i)$及$\Omega(f)$，式(7-34)可写为

$$\widetilde{L}_t = \sum_{i=1}^{N}\left[g(\boldsymbol{x}_i,y_i)\omega_{q(\boldsymbol{x}_i)}+\frac{1}{2}h(\boldsymbol{x}_i,y_i)\omega_{q(\boldsymbol{x}_i)}^2\right]+\gamma J+\frac{1}{2}\lambda\sum_{j=1}^{J}\omega_j^2 \tag{7-35}$$

定义$I_j=\{i\,|\,\omega_{q(\boldsymbol{x}_i)}=j\}$为第$j$个叶节点中的样本的索引构成的集合，则式(7-35)可写作

$$\begin{aligned}\widetilde{L}_t &= \sum_{i=1}^{m}\left[g(\boldsymbol{x}_i,y_i)\omega_{q(\boldsymbol{x}_i)}+\frac{1}{2}h(\boldsymbol{x}_i,y_i)\omega_{q(\boldsymbol{x}_i)}^2\right]+\gamma J+\frac{1}{2}\lambda\sum_{j=1}^{J}\omega_j^2 \\ &= \sum_{i=1}^{J}\left[\omega_{q(\boldsymbol{x}_i)}\sum_{i\in I_j}g(\boldsymbol{x}_i,y_i)+\frac{1}{2}\omega_{q(\boldsymbol{x}_i)}^2\left(\sum_{i\in I_j}h(\boldsymbol{x}_i,y_i)+\lambda\right)\right]+\gamma J \\ &= \sum_{i=1}^{J}\left[G_j\omega_{q(\boldsymbol{x}_i)}+\frac{1}{2}(H_j+\lambda)\omega_{q(\boldsymbol{x}_i)}^2\right]+\gamma J\end{aligned} \tag{7-36}$$

假设已经求得决策树的结构$q(\boldsymbol{x})$，为使$\widetilde{L}_t$最小，则可令$\widetilde{L}_t$对每个叶节点的值ω_j的偏导为0，即$\dfrac{\partial \widetilde{L}_t}{\partial \omega_j}$，解得

$$\omega_j^* = -\frac{G_j}{H_j+\lambda} \tag{7-37}$$

求得的最小损失函数为

$$\widetilde{L}^* = -\frac{1}{2}\sum_{j=1}^{J}\frac{G_j^2}{H_j+\lambda}+\gamma J \tag{7-38}$$

至此，就只剩下求解$q(\boldsymbol{x})$，采用暴力法枚举所有可能的树结构，无疑是一个NP难的问题。XGBoost使用CART决策树构建算法来构建决策树。决策树中关键是如何选取特征的划分方式。观察式(7-38)，其中$\dfrac{G_j^2}{H_j}+\lambda$表示的是每个叶子节点下的损失，将其分成两个节点后带来的增益为

$$\text{Gain} = \left[\frac{G_L^2}{H_L+\lambda}+\frac{G_R^2}{H_R+\lambda}-\frac{(G_L+G_R)^2}{H_L+H_R+\lambda}\right]-\gamma \tag{7-39}$$

其中，G_L，H_L 分别为左子树样本一阶导数和二阶导数之和，G_R，H_R 的定义类似。这样就得到了 XGBoost 中构建 CART 决策树的特征选择的方法。

7.5 Stacking

Stacking 的思想是，用不同的子模型对输入提取不同的特征，然后拼接成一个特征向量，得到原始样本在特征空间的表示，然后在特征空间再训练一个学习器进行预测。

7.6 实例：基于梯度下降树实现波士顿房价预测

本节使用 GBDT 模型实现波士顿房价预测。完整代码见代码清单 7-1。

代码清单 7-1 使用 GBDT 模型预测波士顿房价

```
from sklearn.datasets import load_boston
from sklearn.ensemble import GradientBoostingRegressor as GBDT
from sklearn.model_selection import train_test_split
if __name__ == '__main__':
    boston = load_boston()
    x_train, x_test, y_train, y_test = train_test_split(boston.data, boston.target)
    model = GBDT(n_estimators = 50)
    model.fit(x_train, y_train)
    train_score = model.score(x_train, y_train)
    test_score = model.score(x_test, y_test)
print(train_score, test_score)
```

sklearn 定义了 GradientBoostingRegressor 类作为 GBDT 回归模型。其构造函数的 n_estimators 参数决定了集成模型中包含的决策树的个数，默认值为 100。这里我们取 n_estimators 为 50，可以得到模型在训练集和测试集的准确率分别为 0.96 和 0.93。当决策树过多时，集成模型整体表现为过拟合，反之则为欠拟合。因此在使用 GBDT 模型时，n_estimators 是一个非常重要的超参数。

为了方便搜索超参数，sklearn 还提供了一个辅助函数 validation_curve。这个函数可以帮助我们看到 n_estimators 的取值是如何影响模型准确性的。具体代码如代码清单 7-2 所示。

代码清单 7-2 使用 validation_curve 确定 n_estimators 的取值

```
from sklearn.datasets import load_boston
from sklearn.ensemble import GradientBoostingRegressor as GBDT
from sklearn.model_selection import validation_curve
import matplotlib.pyplot as plt
```

```
if __name__ == '__main__':
    boston = load_boston()
    param_range = range(20, 150, 5)
    train_scores, val_scores = validation_curve(
        GBDT(max_depth = 3), boston.data, boston.target,
        param_name = 'n_estimators',
        param_range = param_range,
        cv = 5,
        )
```

代码清单 7-3 对 validation_curve 的输出进行了可视化，得到如图 7-3 所示的结果。

代码清单 7-3　validation_curve 的可视化

```
    train_mean = train_scores.mean(axis = -1)
    train_std = train_scores.std(axis = -1)
    val_mean = val_scores.mean(axis = -1)
    val_std = val_scores.std(axis = -1)

    _, ax = plt.subplots(1, 2)
    ax[0].plot(param_range, train_mean)
    ax[1].plot(param_range, val_mean)
    ax[0].fill_between(param_range, train_mean - train_std, train_mean + train_std, alpha
= 0.2)
    ax[1].fill_between(param_range, val_mean - val_std, val_mean + val_std, alpha = 0.2)
    plt.show()
```

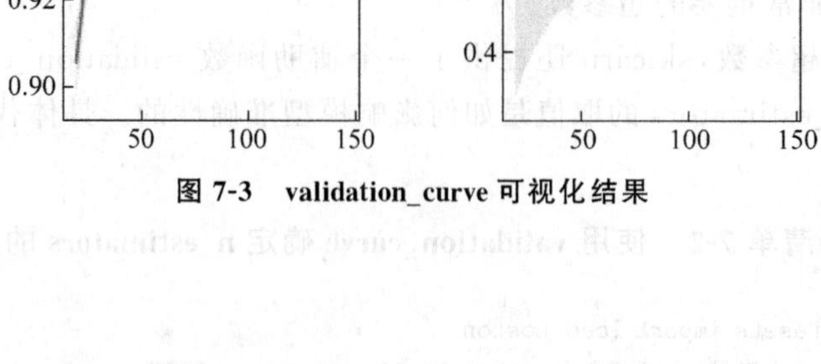

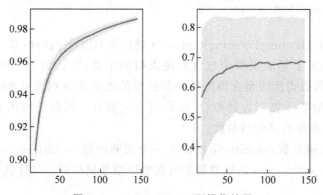

图 7-3　validation_curve 可视化结果

第 8 章

CHAPTER 8

EM 算法及其应用

EM 算法是一种迭代优化算法。主要用于含有隐变量模型的参数估计。含有隐变量的模型往往用于对不完全数据进行建模。EM 算法是一种参数估计的思想，典型的 EM 算法有高斯混合模型、隐马尔可夫模型和 K-均值聚类等。本节主要介绍 EM 算法及其在高斯混合模型和隐马尔可夫模型中的应用。K-均值聚类将在第 10 章中进行描述。

8.1 Jensen 不等式

设 x 是一个随机变量，f 是作用于随机变量 x 上的下凸函数，则有

$$E[f(x)] \geqslant f(E[x]) \tag{8-1}$$

式(8-1)为 Jensen 不等式，在 $f(x)$为常数时取等号。如图 8-1 所示，设 $f(x)$是一个二维空间中的下凸函数，$E[x]$是 x_1 和 x_2 之间的任意一点，即

$$E[x] = px_1 + (1-p)x_2, \quad p \in [0,1] \tag{8-2}$$

容易看出 Jensen 不等式成立。

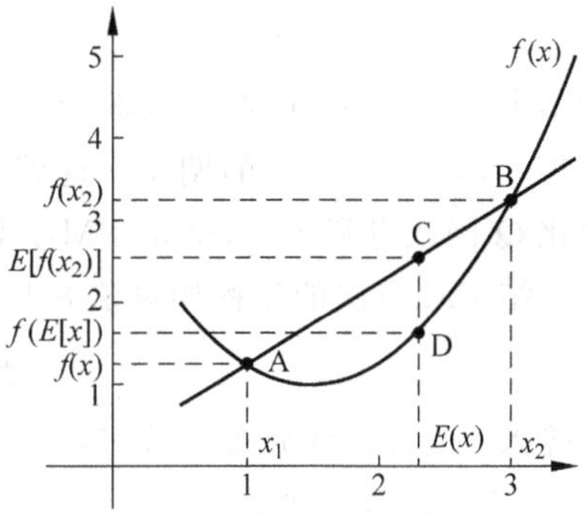

图 8-1　Jensen 不等式

8.2 EM 算法

在含有隐变量的模型中，给定观测数据 x，设其对应的隐变量为 z，称(x,z)为完全数据。产生观测数据的模型记为 $P(x;\theta)$

$$P(x;\theta) = \sum_z P(x,z;\theta) \tag{8-3}$$

其中，θ 为参数，$P(x,z;\theta)$为完全数据的联合概率分布。

假设经过 t 轮迭代后，模型参数的估计值为 θ_t。此时，根据参数 θ_t 可以得到当前时刻隐变量的分布为

$$Q(z) = P(z \mid x;\theta_t) = \frac{P(x,z;\theta_t)}{P(x;\theta_t)} = \frac{P(x,z;\theta_t)}{\sum_z P(x,z;\theta_t)} \tag{8-4}$$

根据极大似然估计原理，模型 $P(x;\theta)$ 的对数似然函数为

$$
\begin{aligned}
l(\theta) &= \log P(x;\theta) \\
&= \log \sum_z P(x,z;\theta) \\
&= \log \sum_z Q(z)\frac{P(x,z;\theta)}{Q(z)}
\end{aligned} \tag{8-5}
$$

将 $P(x,z;\theta)/Q(z)$ 看作随机变量 z 的函数，则有

$$
l(\theta) = \log E_{Q(z)}\left[\frac{P(x,z;\theta)}{Q(z)}\right] \tag{8-6}
$$

由 Jensen 不等式有

$$
\begin{aligned}
l(\theta) &\geqslant E_{Q(z)}\left[\log\frac{P(x,z;\theta)}{Q(z)}\right] \\
&= E_{Q(z)}[\log P(x,z;\theta)] + E_{Q(z)}\left[\log\frac{1}{Q(z)}\right] \\
&= E_{Q(z)}[\log P(x,z;\theta)] + H(Q(z))
\end{aligned} \tag{8-7}
$$

其中，$E_{Q(z)}[\log P(x,z;\theta)]$ 为随机变量 $\log P(x,z;\theta)$ 关于隐变量分布 $Q(z)$ 的期望，$H(Q(z))$ 是隐变量分布的熵。式(8-7)给出了对数似然函数 $L(\theta)$ 的一个下界，EM 算法的思想就是通过最大化这个下界，使得 $L(\theta)$ 最大。因为 $H(Q(z))$ 与 θ 无关，所以只考虑优化 $E_{Q(z)}[\log P(x,z;\theta)]$ 即可，称式(8-7)为 Q 函数(与上面的 $Q(z)$ 无关)

$$
Q(\theta,\theta_t) = E_{Q(z)}[\log P(x,z;\theta)] = E_{z|x;\theta_t}[\log P(x,z;\theta)] \tag{8-8}
$$

对于多个样本，可以定义 Q 函数为每个样本 (x,z) 的 Q 函数之和，即似然函数 $l(\theta)$ 关于隐变量集 $(z_1,z_2,\cdots,z_m)$ 的期望。这就是 EM 算法中 E(Expectation) 的由来。接下来，关于 θ 极大化 Q 函数得到 θ_{t+1}，就是 EM 算法中 M(Maximization) 的过程。

总结 EM 算法的流程如算法 8-1 所示。

算法 8-1 EM 算法

输入：联合概率分布函数 $P(x,z;\theta)$；观察数据 $(x_1,x_2,\cdots,x_m)$；隐变量 $(z_1,z_2,\cdots,z_m)$；EM 算法迭代次数 M

输出：模型 $P(x;\theta^M)$

1. 初始化模型参数 θ_0

for each t in 0,1, ⋯ ,$M-1$

2. 根据当前参数 θ_t，计算 Q 函数

$$
Q(\theta,\theta_t) = \sum_{i=1}^{m} E_{z_i|x_i;\theta_t}[\log P(x_i,z_i;\theta)]
$$

3. 极大化 Q 函数得到 θ_{t+1}

$$
\theta_{t+1} = \arg\max_{\theta} Q(\theta,\theta_t)
$$

end for

return $P(x;\theta_M)$

8.3 高斯混合模型 GMM

高斯混合模型(Gaussian Mixture Model，GMM)是 EM 算法的一个典型应用。下面以高斯混合聚类来阐述高斯混合模型。根据大数定律，人群中的身高分布应呈高斯分布。现给定一个随机采样得到的学生身高的样本集合 $D=\{\boldsymbol{x}_1,\boldsymbol{x}_2,\cdots,\boldsymbol{x}_m\}$，设身高服从的高斯分布为 $x\sim\mathcal{N}(\mu,\sigma^2)$，其中 $\theta=(\mu,\sigma^2)$ 为待估计的参数。高斯分布的概率密度函数为

$$f(x;\theta)=\frac{1}{\sqrt{2\pi}\sigma}\exp\left(-\frac{(x-\mu)^2}{2\sigma^2}\right) \tag{8-9}$$

根据极大似然估计原理，身高分布的对数似然函数为

$$l(\theta)=\sum_{i=1}^{m}\log f(x_i;\theta)=\sum_{i=1}^{m}\log\frac{1}{\sqrt{2\pi}}-\frac{1}{2}\log\sigma^2-\frac{1}{2\sigma^2}(x_i-\mu)^2 \tag{8-10}$$

令对数似然函数对 μ 和 σ^2 的导数为 0，即可求得 μ 和 σ^2 的估计值 $\hat{\mu}$ 和 $\hat{\sigma}^2$：

$$\begin{cases}\hat{\mu}=\sum_{i=1}^{m}x_i=\bar{x}\\ \hat{\sigma}^2=\frac{1}{m}\sum_{i=1}^{m}(x_i-\bar{x})^2\end{cases} \tag{8-11}$$

现在，假设我们需要对全部的样本进行聚类，分成男人和女人两个类别。根据大数定律，男人和女人的身高分别服从高斯分布，设其参数分别为 $\theta_1=(\mu_1,\sigma_1^2)$ 和 $\theta_2=(\mu_2,\sigma_2^2)$。估计出这两个分布的参数，即可估计出任意样本属于这两个分布的概率。高斯混合模型就是基于这样的思想完成聚类任务的。

高斯混合模型是由若干个高斯模型的加权求和得到，其形式为

$$P(x;\theta)=\sum_{i=1}^{K}\alpha_i f(x;\theta^k) \tag{8-12}$$

其中，α_i 为第 i 个子模型的权重，$\theta=(\theta^1,\theta^2,\cdots,\theta^K)$ 为混合模型的参数。高斯混合模型假设数据的产生过程分为两步：

(1) 以概率 $\alpha_1,\alpha_2,\cdots,\alpha_K$ 采样选取一个高斯分布 $P(x;\theta^k)$；

(2) 在 $P(x;\theta^k)$ 中进行 m 次采样后获得观测数据集合 $\{\boldsymbol{x}_1,\boldsymbol{x}_2,\cdots,\boldsymbol{x}_m\}$。

然而，我们最终看到的只有数据集 $\{\boldsymbol{x}_1,\boldsymbol{x}_2,\cdots,\boldsymbol{x}_m\}$，实际的采样过程是无法观测的，即无法观测到每个观测是从那个子模型采样的。记随机变量 $z_i\in\{1,2,\cdots,K\}$ 第 i 次采样过程中选择的高斯分布编号。由于 z_i 不可观测，所以称 z_i 为隐变量。

以人群身高的聚类问题为例，可以认为采样获得学生身高数据集的过程为

(1) 以概率 α_1,α_2 随机选择一个性别 z_i，设这个性别的身高服从高斯分布 $P(x;\theta^k)$；

(2) 在 $P(x;\theta^k)$ 中进行采样获得一个身高数据 x_i。

估计两种性别对应的高斯分布参数的过程是：对于每个样本，计算性别分布 $P(z_i=k\mid x_i)$，并假设性别为 $\max\limits_{k}P(z_i=k\mid x_i)$，直到将所有样本都归类完为止。$P(z_i=k\mid x_i)$ 称为 z_i 的后验概率分布，表示 x_i 来自第 k 个高斯分布的概率。根据贝叶斯定理有

$$P(z_i=k \mid x_i)=\frac{P(z_i=k)P(x_i \mid z_i=k)}{\sum_{j=1}^{K}P(z_i=j)P(x_i \mid z_i=j)}=\frac{\alpha_k f(x_k;\theta^k)}{\sum_{j=1}^{K}\alpha_j f(x_j;\theta^j)} \tag{8-13}$$

记 θ_t 为 t 次迭代后的模型参数。当 θ_t 给定时，记 $\gamma_t^{ik}=P(z_i=k|x_i;\theta_t)$，此时 γ_t^{ik} 为常数。根据式(8-9)写出Q函数，即EM算法的E步。

$$\begin{aligned}Q(\theta,\theta_t)&=\sum_{i=1}^{m}\sum_{k=1}^{K}P(z_i=k \mid x_i;\theta_t^k)\log(\alpha_k f(x_i;\theta^k))\\&=\sum_{i=1}^{m}\sum_{k=1}^{K}\gamma_t^{ik}\log(\alpha_k f(x_i;\theta^k))\end{aligned} \tag{8-14}$$

极大化 Q 函数，即EM算法的M步。令 Q 函数对 $\mu^k,(\sigma^k)^2$ 的导数为0可得

$$\begin{cases}\hat{\mu}^k=\left(\sum_{i=1}^{m}\gamma_{ik}\right)^{-1}\sum_{i=1}^{m}\gamma_{ik}x_i\\(\hat{\sigma}^k)^2=\left(\sum_{i=1}^{m}\gamma_{ik}\right)^{-1}\sum_{i=1}^{m}\gamma_{ik}(y_i-\hat{\mu}^k)^2\end{cases} \tag{8-15}$$

最后考虑参数 α_k。在满足 $\sum_{k=1}^{K}\alpha_k=1$ 且 $\alpha_k \geqslant 0$ 的条件下极大化 Q 函数，这是一个带有约束条件的最优化问题，可通过拉格朗日乘子法求解。构造拉格朗日函数为

$$\mathrm{Lag}(\alpha)=Q(\theta,\theta_t)+\lambda\left(\sum_{j=1}^{K}\alpha_j-1\right) \tag{8-16}$$

令拉格朗日函数对 α_k 的导数为0，有

$$\frac{\partial \mathrm{Lag}}{\alpha_k}=\sum_{i=1}^{m}\frac{\gamma_{ik}^t}{\alpha_k}+\lambda=0 \tag{8-17}$$

可得

$$\lambda\alpha_k=-\sum_{i=1}^{m}\gamma_{ik}^t \Rightarrow \sum_{k=1}^{K}\lambda\alpha_k=-\sum_{k=1}^{K}\sum_{i=1}^{m}\gamma_{ik}^t \Rightarrow \lambda=-m \tag{8-18}$$

于是

$$\alpha_k=\frac{1}{m}\sum_{i=1}^{m}\gamma_{ik}^t \tag{8-19}$$

对于前述人群分类的例子，假设以毫米(mm)为单位的男女身高对应高斯分布分别为

$$\begin{cases}\mathcal{N}_m(\mu_m=1693.0,\sigma_m=56.6)\\\mathcal{N}_f(\mu_f=1586.0,\sigma_f=51.8)\end{cases} \tag{8-20}$$

使用计算机模拟采样得到10000个男性身高样本和10000个女性身高样本，共20000个样本。采样的频数分布直方图如图8-2所示。

现对其利用高斯混合模型聚类，可以估计出男女的高斯分布为

$$\begin{cases}\mathcal{N}_m^*(\mu_m^*=1698.2,\sigma_m^*=53.0)\\\mathcal{N}_f^*(\mu_m^*=1587.0,\sigma_m^*=51.0)\end{cases} \tag{8-21}$$

其中，对应的模型权重分别为

$$\begin{cases}\alpha_m = 0.467 \\ \alpha_f = 0.533\end{cases} \tag{8-22}$$

从图 8-3 中可以看到,通过高斯混合模型得到的高斯分布与采样用的高斯分布非常接近。高斯聚类的分类准确率约为 83.2%。本例中两个高斯分布有较大面积的重叠,如果高斯混合模型的各个子模型均值之间距离更大、方差更小,则聚类准确率会更高。

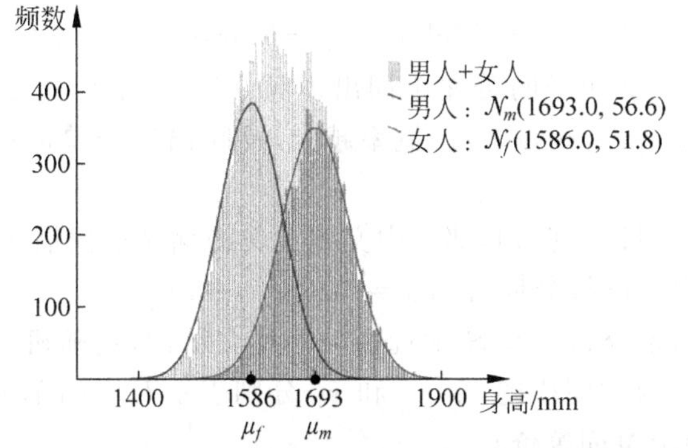

图 8-2 身高频数分布直方图(见彩插)

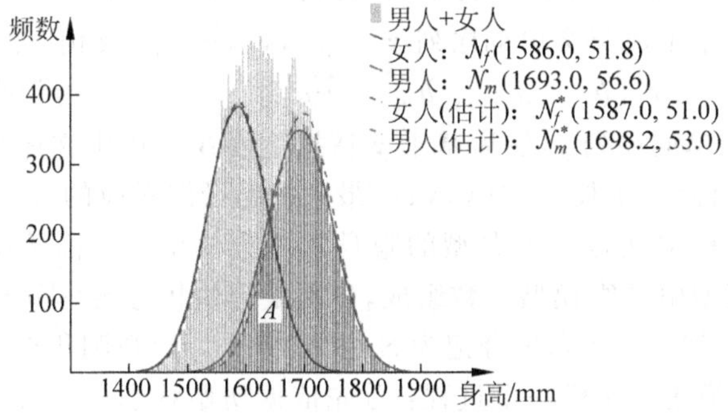

图 8-3 身高频数分布估计图(见彩插)

8.4 隐马尔可夫模型

EM 算法的另一个典型应用就是隐马尔可夫模型。隐马尔可夫模型是经典的序列建模算法,在语音识别、词性标注、机器翻译等领域有着广泛的应用。下面以一个朴素的机器翻译任务为例,引出隐马尔可夫模型。假定中文句子与其对应的英文翻译中单词数相同,中英文的单词词库分别为

$$\begin{cases}O = \{o_1, o_2, \cdots, o_N\} \\ S = \{s_1, s_2, \cdots, s_M\}\end{cases} \tag{8-23}$$

现要进行中文到英文的翻译。对于一个中文句子 $\boldsymbol{x} = \{x_1, x_2, \cdots, x_T\}$ 和英文句子 $\boldsymbol{y} = \{y_1, y_2, \cdots, y_T\}$,其中 $x_t \in O$ 和 $y_t \in S$ 分别表示中英文句子中的第 t 个单词。假定第 t 个英文单词为 $y_t = s_i$ 时,其对应的中文单词的概率分布为 $b_{ij} = P(x_t = o_j \mid y_t = s_i)$,构成矩阵 $B = \{b_{ij}\}_{M \times N}$。举例来说,可能有

$$
\begin{cases}
P(x_t = \text{我的} \mid y_t = \text{My}) = 0.9995 \\
P(x_t = \text{你的} \mid y_t = \text{My}) = 0.0001
\end{cases}
\tag{8-24}
$$

再假定第 t 个英文单词为 s_i 时，下一个英文单词为 s_j 的概率为 $a_{ij} = P(y_{t+1} = s_j \mid y_t = s_i)$，构成矩阵 $\boldsymbol{A} = \{a_{ij}\}_{M \times M}$。举例来说，可能有

$$
\begin{cases}
P(y_{t+1} = \text{Model} \mid y_t = \text{Markov}) = 0.997 \\
P(y_{t+1} = \text{Melon} \mid y_t = \text{Markov}) = 0.002
\end{cases}
\tag{8-25}
$$

此外，根据对所有英文句子的英文单词出现频率进行统计，可以估算出 S 中每个单词的初始概率分布 $\pi = \{\pi_1, \pi_2, \cdots, \pi_M\}$。概率越大，反映出这个单词在英文表达中使用的频率越高。

令 $\lambda = (\boldsymbol{A}, \boldsymbol{B}, \pi)$。假设 λ 已知，那么中文到英文的翻译过程描述如下。

(1) 将一个中文句子进行分词得到 $\boldsymbol{x} = \{x_1, x_2, \cdots, x_T\}$。

(2) 依据单词的初始分布 π 从 S 中选择一个英文单词，用随机变量 y_1 表示，计算其输出为 x_1 的概率 b_{y_1, x_1}（为方便描述，令 y_t 和 x_t 分别表示对应的单词在英文或者中文词库中的索引，这与直接表示单词等价）。

(3) 然后按照矩阵 $\boldsymbol{A}$，依据当前英文单词 y_1 选择下一个单词 y_2，选择概率为 a_{y_1, y_2}，计算 y_2 输出 x_2 的概率 b_{y_2, x_2}。依次进行下去，直到计算 y_T 输出 x_T 的概率 b_{y_T, x_T} 为止。整个过程描述的就是一个生成英文单词序列 $\boldsymbol{y} = \{y_1, y_2, \cdots y_T\}$ 及相应的中文序列 $\boldsymbol{x}$ 的过程。

(4) 记 $P(\boldsymbol{y}, \boldsymbol{x}; \lambda) = \pi_{y_1} b_{y_1, x_1} a_{y_1, y_2} b_{y_2, x_2} \cdots a_{y_{T-1}, y_T} b_{y_T, x_T}$ 为依据初始分布 π 及单词转移矩阵 $\boldsymbol{A}$ 生成英文单词序列 $\boldsymbol{y}$，然后基于 $\boldsymbol{y}$ 依据矩阵 $\boldsymbol{B}$ 生成中文序列 $\boldsymbol{x}$ 的概率。称 $\boldsymbol{y}$ 为一条路径，计算出所有路径中概率 $P(\boldsymbol{y}, \boldsymbol{x}; \lambda)$ 最大的路径即对应的英文翻译。

上面描述的翻译模型就是一个典型的隐马尔可夫模型。下面给出马尔可夫模型的定义。一个马尔可夫模型由 3 组模型参数组成，分别是初始状态概率分布 λ、状态转移概率矩阵 $\boldsymbol{A}$ 以及观测概率矩阵 $\boldsymbol{B}$。状态集合记为 $S = \{s_1, \cdots, s_M\}$，观测集合记为 $O = \{o_1, o_2, \cdots, o_N\}$。马尔可夫模型描述了这样一个过程：首先依据初始状态概率分布 λ 选择一个初始状态；然后依据状态概率转移矩阵 $\boldsymbol{A}$ 不断进行状态转移，最终生成一个状态序列 $\boldsymbol{y} = \{y_1, y_2, \cdots, y_T\}$；在序列 $\boldsymbol{y}$ 中的每个状态 y_t 上，通过 $\boldsymbol{B}$ 生成一个观测值 x_t，形成一个观测序列 $\boldsymbol{x} = \{x_1, x_2, \cdots, x_T\}$。一般情况下，状态序列不能直接观察，这样的马尔可夫模型称为隐马尔可夫模型。

马尔可夫模型假设：在给定当前状态的条件下，下一个时刻的状态与之前的所有状态条件独立，即

$$
P(y_{t+1} \mid y_t) = P(y_{t+1} \mid y_t, y_{t-1}, \cdots, y_1) \tag{8-26}
$$

这一假设被称为马尔可夫性。

对于上面描述的翻译模型，状态集合为英文单词词库，观测集合为中文单词词库，初始状态分布为英文单词的概率分布，状态转移概率矩阵为从当前英文单词跳转到下一个英文单词的概率矩阵，观测矩阵为每个英文单词对应的中文翻译的概率分布。中文句子的单词序列是可观测的，而对应的英文单词（状态）则不可观测，需要我们进行估计，这就是隐马尔可夫模型中，“隐”的由来。

隐马尔可夫模型在实际应用中往往对应着 3 个基本问题，分别是

(1) 计算观测序列的输出概率。即给定模型参数 $\lambda = (\boldsymbol{A}, \boldsymbol{B}, \pi)$ 及观测序列 $\boldsymbol{x}$，求从模型

产生当前观测的概率 $P(\boldsymbol{x};\lambda)$。

(2) 估计隐马尔可夫模型的参数。给定一个观测序列集合 $D=\{\boldsymbol{x}^1,\boldsymbol{x}^2,\cdots,\boldsymbol{x}^K\}$,其中 K 为集合的大小,估计隐马尔可夫模型的参数 $\lambda=(\boldsymbol{A},\boldsymbol{B},\pi)$。

(3) 隐变量序列预测。给定隐马尔可夫模型的参数 $\lambda=(\boldsymbol{A},\boldsymbol{B},\pi)$ 及观测序列 $\boldsymbol{x}$,求观测序列最有可能对应的状态序列 $\boldsymbol{y}$。

其中,问题(2)是核心问题。

假设中英文单词词库分别为{西瓜,爸爸,是,我的,警察}和{police, watermelon, father, is, my}。为简化描述,假设初始概率 π_i 均为20%或者近似相等。图8-4展示了一个机器翻译状态转移图,节点之间的连线表示两个单词之间的转移概率。假设句子的长度为4,从图8-4中可以用看出 $t=1$ 到 $t=4$ 之间有无数条路径。图8-5列出了每个状态下对应每个中文单词的概率。

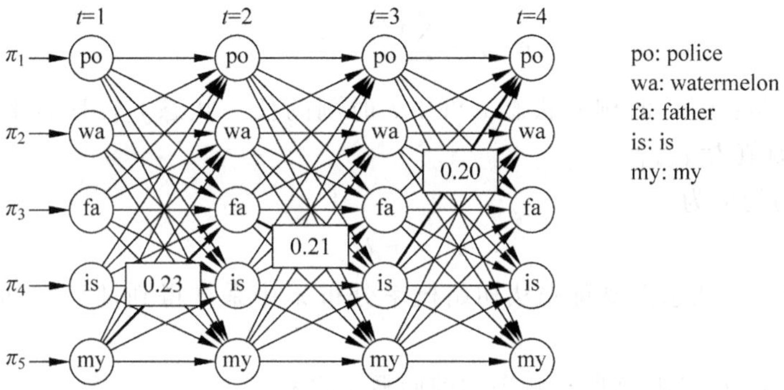

图8-4 隐马尔可夫链(见彩插)

对于一个中文句子,例如"我的～爸爸～是～警察"。通过计算图8-4中每条路径上输出"我的～爸爸～是～警察"的概率。假设路径"My～father～is～police"(图8-4中标红色的路径)输出的概率最大,那么就认为"我的～爸爸～是～警察"的英文翻译是"My～father～is～police",且输出概率为

$$\pi_5\times 97.0\%\times 0.23\times 95.0\%\times 0.21\times 90.0\%\times 0.20\times 98.8\%=0.79\%\pi_5 \tag{8-27}$$

在使用计算机求解时,往往会通过对数转化成加法运算。

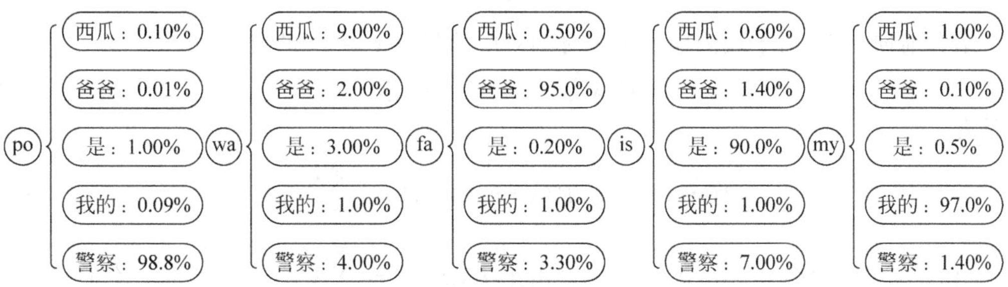

图8-5 观测概率输出

8.4.1 计算观测概率的输出

给定模型参数 $\lambda=(\boldsymbol{A},\boldsymbol{B},\pi)$ 及观测序列 $\boldsymbol{x}=\{x_1,x_2,\cdots,x_T\}$,要计算模型产生当前观

测的概率 $P(\boldsymbol{x};\lambda)$。一个朴素的想法就是枚举状态序列 $\boldsymbol{y}$ 的所有可能取值，计算 $P(\boldsymbol{y},\boldsymbol{x};\lambda)$ 的和为

$$P(\boldsymbol{x};\vec{\lambda})=\sum_{\boldsymbol{y}}P(\boldsymbol{y},\boldsymbol{x};\vec{\lambda})=\sum_{\boldsymbol{y}}\pi_{y_1}b_{y_1,x_1}a_{y_1,y_2}b_{y_2,x_2}\cdots a_{y_{T-1},y_T}b_{y_T,x_T} \tag{8-28}$$

可以估算，式(8-28)计算的时间复杂度是 $O(TN^T)$，在计算上不可行。下面介绍三种算法。

(1) 前后向算法。可以发现，朴素计算方法当中存在大量的冗余计算，因此可以使用动态规划来进行优化。隐马尔可夫模型中称为前后向算法。

(2) 前向算法。定义 α_t^i 为 t 时刻状态为 $y_t=s_i$ 的前向概率

$$\alpha_t^i=P(\boldsymbol{x}_{[1:t]},s_t=y_i;\lambda) \tag{8-29}$$

其中，$\boldsymbol{x}_{[1:t]}=\{x_1,x_2,\cdots,x_t\}$为包含 t 时刻在内的部分观测序列。可以归纳得到

$$\alpha_{t+1}^i=\sum_{j=1}^{M}\alpha_t^j a_{ji}b_{i,x_{t+1}} \tag{8-30}$$

式(8-30)的含义是：$t+1$ 时刻的状态 i 可由 t 时刻的任一状态 j 转移而来，但是需要满足 $t+1$ 时刻的观测值为 x_{t+1}。

前向概率的初值为

$$\alpha_1^i=\pi_i b_{i,x_1} \tag{8-31}$$

式(8-31)的含义是：状态需要首先从初始概率分布 π 中采样得到，同时保证生成正确的观测值 x_1。

最终，$P(\boldsymbol{x};\lambda)$为 T 时刻所有状态的前向概率之和。

$$P(\boldsymbol{x};\lambda)=\sum_{i=1}^{M}\alpha_T^i \tag{8-32}$$

(3) 后向算法。后向算法中，t 时刻状态为 $y_t=s_i$ 的后向概率与前向概率互补，定义为不包含 t 时刻观测在内的后面部分的观测序列 $\boldsymbol{x}_{[t+1:T]}$ 的概率。即

$$\beta_t^i=P(\boldsymbol{x}_{[t+1:T]},y_t=s_i;\lambda) \tag{8-33}$$

可以归纳得到

$$\beta_{t-1}^i=\sum_{j=1}^{M}a_{ij}b_{j,x_t}\beta_t^j \tag{8-34}$$

结合前向概率，对于观测序列 $\boldsymbol{x}$，t 时刻对应的状态 $y_t=s_i$ 的概率为

$$P(\boldsymbol{x},y_t=s_i;\lambda)=\alpha_t^i\beta_t^i \tag{8-35}$$

于是有

$$P(\boldsymbol{x};\lambda)=\sum_{i=1}^{M}P(\boldsymbol{x},y_t=s_i;\lambda)=\sum_{i=1}^{M}\alpha_t^i\beta_t^i \tag{8-36}$$

当 $t=T$ 时，$P(\boldsymbol{x};\lambda)=\sum_{i=1}^{M}\alpha_T^i\beta_T^i$，又由于 $P(\boldsymbol{x};\lambda)=\sum_{i=1}^{M}\alpha_T^i$，所以后向概率的初值为

$$\beta_T^i=1 \tag{8-37}$$

8.4.2 估计隐马尔可夫模型的参数

可以看到，估计隐马尔可夫模型的参数就是带有隐变量的极大似然估计问题，所以可以

用 EM 算法进行参数估计。假设观测序列的样本集合为 $D=\{\boldsymbol{x}^k\}_{k=1}^K$。假设经过 l 轮迭代得到的参数为 $\lambda^l=(A^l,B^l,\pi^l)$，令随机变量$\boldsymbol{v}$ 表示可能的状态序列，则 Q 函数为

$$\begin{aligned}Q(\lambda,\lambda^l)&=\sum_{k=1}^K\sum_{\boldsymbol{v}}P(\boldsymbol{y}^k=\boldsymbol{v}\mid\boldsymbol{x}^k;\lambda^l)\log P(\boldsymbol{x}^k,\boldsymbol{y}^k=\boldsymbol{v};\lambda)\\&=\sum_{k=1}^K\sum_{\boldsymbol{v}}P(\boldsymbol{y}^k=\boldsymbol{v}\mid\boldsymbol{x}^k;\lambda^l)\left(\log\pi_{v_1}+\sum_{t=1}^T\log b_{v_t,x_t^k}+\sum_{t=1}^{T-1}\log a_{v_t,v_{t+1}}\right)\end{aligned}\tag{8-38}$$

因为参数 λ^l 已知，所以 $P(\boldsymbol{x}^k;\lambda^l)$为常数。于是有隐变量的概率分布

$$P(\boldsymbol{y}^k=\boldsymbol{v}\mid\boldsymbol{x}^k;\lambda^l)=\frac{P(\boldsymbol{x}^k,\boldsymbol{y}^k=\boldsymbol{v};\lambda^l)}{P(\boldsymbol{x}^k;\lambda^l)}\propto P(\boldsymbol{x}^k,\boldsymbol{y}^k=\boldsymbol{v};\lambda^l)\tag{8-39}$$

因此 Q 函数可以写作

$$Q(\lambda,\lambda^l)=\sum_{k=1}^K\sum_{\boldsymbol{v}}P(\boldsymbol{x}^k,\boldsymbol{y}^k=\boldsymbol{v};\lambda^l)\left(\log\pi_{v_1}+\sum_{t=1}^T\log b_{v_t,x_t^k}+\sum_{t=1}^{T-1}\log a_{v_t,v_{t+1}}\right)\tag{8-40}$$

首先通过拉格朗日乘子法求 π_i。由于 $\sum_{i=1}^M\pi_i=1$，所以拉格朗日函数为

$$\mathrm{Lag}(\lambda)=Q(\lambda,\lambda^l)+\gamma\left(\sum_{i=1}^M\pi_i-1\right)\tag{8-41}$$

令拉格朗日函数对 π_i 的导数为 0，有

$$\frac{\partial\mathrm{Lag}}{\partial\pi_i}=\sum_{k=1}^K P(\boldsymbol{y}_1^k=s_j,\boldsymbol{x}^k;\lambda^l)\frac{1}{\pi_i}+\gamma=0\tag{8-42}$$

可得

$$\begin{aligned}&-\sum_{k=1}^K P(\boldsymbol{x}^k,\boldsymbol{y}_1^k=s_j;\lambda^l)=\gamma\pi_i\\&\Rightarrow-\sum_{k=1}^K\sum_{j=1}^M P(\boldsymbol{x}^k,\boldsymbol{y}_1^k=s_j;\lambda^l)=\sum_{j=1}^M\gamma\pi_i\\&\Rightarrow-\sum_{k=1}^K P(\boldsymbol{x}^k;\lambda^l)=\gamma\end{aligned}\tag{8-43}$$

于是

$$\pi_i=\frac{\sum_{k=1}^K P(\boldsymbol{x}^k,\boldsymbol{y}_1^k=s_j;\lambda^l)}{\sum_{k=1}^K P(\boldsymbol{x}^k;\lambda^l)}=\frac{\sum_{k=1}^K\alpha_1^j\beta_1^j}{\sum_{k=1}^K P(\boldsymbol{x}^k;\lambda^l)}\tag{8-44}$$

下面通过拉格朗日乘子法求 a_{ij}。由于 $\sum_{i=j}^M a_{ij}=1$，所以拉格朗日函数为

$$\mathrm{Lag}(\lambda)=Q(\lambda,\lambda^l)+\gamma\left(\sum_{j=1}^M a_{ij}-1\right)\tag{8-45}$$

令拉格朗日函数对 a_{ij} 的导数为 0，有

$$\frac{\partial\mathrm{Lag}}{\partial a_{ij}}=\sum_{k=1}^K\sum_{t=1}^{T-1}P(\boldsymbol{x}^k,\boldsymbol{y}_t^k=s_i,\boldsymbol{y}_{t+1}^k=s_j;\lambda^l)\frac{1}{a_{ij}}+\gamma=0\tag{8-46}$$

可得

$$-\sum_{k=1}^{K}\sum_{t=1}^{T-1}P(\boldsymbol{x}^k,\boldsymbol{y}_t^k=s_i,\boldsymbol{y}_{t+1}^k=s_j;\lambda^l)=\gamma a_{ij}$$

$$\Rightarrow-\sum_{k=1}^{K}\sum_{t=1}^{T-1}\sum_{j=1}^{M}P(\boldsymbol{x}^k,\boldsymbol{y}_t^k=s_i,\boldsymbol{y}_{t+1}^k=s_j;\lambda^l)=\gamma\sum_{j=1}^{M}a_{ij}$$

$$\Rightarrow-\sum_{k=1}^{K}\sum_{t=1}^{T-1}P(\boldsymbol{x}^k,\boldsymbol{y}_t^k=s_i;\lambda^l)=\gamma \tag{8-47}$$

于是

$$a_{ij}=\frac{\sum_{k=1}^{K}\sum_{t=1}^{T-1}P(\boldsymbol{x}^k,\boldsymbol{y}_t^k=s_i,\boldsymbol{y}_{t+1}^k=s_j;\lambda^l)}{\sum_{k=1}^{K}\sum_{t=1}^{T-1}P(\boldsymbol{x}^k,\boldsymbol{y}_t^k=s_i;\lambda^l)}$$

$$=\frac{\sum_{k=1}^{K}\sum_{t=1}^{T-1}\alpha_t^i a_{ij}^l b_{j,x_{t+1}}^l\beta_{t+1}^j}{\sum_{k=1}^{K}\sum_{t=1}^{T-1}\alpha_t^j\beta_t^j} \tag{8-48}$$

最后通过拉格朗日乘子法求 b_{ij}。由于 $\sum_{j=1}^{N}b_{ij}=1$，所以拉格朗日函数为

$$\mathrm{Lag}(\lambda)=Q(\lambda,\lambda^l)+\gamma\left(\sum_{j=1}^{N}b_{ij}-1\right) \tag{8-49}$$

令拉格朗日函数对 b_{ij} 的导数为0，有

$$\frac{\partial\mathrm{Lag}}{\partial b_{ij}}=\sum_{k=1}^{K}\sum_{t=1}^{T}P(\boldsymbol{x}^k,\boldsymbol{y}_t^k=s_j;\lambda^l)I(x_t^k=o_j)\frac{1}{b_{ij}}+\gamma=0 \tag{8-50}$$

可得

$$-\sum_{k=1}^{K}\sum_{t=1}^{T}P(\boldsymbol{x}^k,\boldsymbol{y}_t^k=s_j;\lambda^l)I(x_t^k=o_j)=\gamma b_{ij}$$

$$\Rightarrow-\sum_{k=1}^{K}\sum_{t=1}^{T}\sum_{j=1}^{N}P(\boldsymbol{x}^k,\boldsymbol{y}_t^k=s_j;\lambda^l)I(x_t^k=o_j)=\gamma\sum_{j=1}^{N}b_{ij}$$

$$\Rightarrow-\sum_{k=1}^{K}\sum_{t=1}^{T}P(\boldsymbol{x}^k,\boldsymbol{y}_t^k=s_i;\lambda^l)=\gamma \tag{8-51}$$

于是

$$b_{ij}=\frac{\sum_{k=1}^{K}\sum_{t=1}^{T}P(\boldsymbol{x}^k,\boldsymbol{y}_t^k=s_j;\lambda^l)I(x_t^k=o_j)}{\sum_{k=1}^{K}\sum_{t=1}^{T}P(\boldsymbol{x}^k,\boldsymbol{y}_t^k=s_i;\lambda^l)}$$

$$=\frac{\sum_{k=1}^{K}\sum_{t=1}^{T-1}\alpha_t^i\beta_t^j I(x_t^k=o_j)}{\sum_{k=1}^{K}\sum_{t=1}^{T}\alpha_t^j\beta_t^j} \tag{8-52}$$

至此，我们解出了隐马尔可夫模型中所有的参数。该方法称为 Baum-Welch 算法。

8.4.3 隐变量序列预测

给定隐马尔可夫模型的参数 $\lambda=(\boldsymbol{A},\boldsymbol{B},\pi)$ 及观测序列 $\boldsymbol{x}=\{x_1,x_2,\cdots,x_T\}$，求观测序列最有可能对应的状态序列 $\boldsymbol{y}=\{y_1,y_2,\cdots,y_T\}$。从中文到英文的翻译问题就属于这个问题。其思想很简单，就是求 $\arg\max\limits_{\boldsymbol{y}} P(\boldsymbol{x},\boldsymbol{y};\lambda)$。

使用枚举法求解该问题的时间复杂度为 $O(TM^T)$。可以通过动态规划进行求解，称为 Viterbi 算法。求解出来的状态序列称为最优路径。记 t 时刻状态为 s_i 的最优路径的观测概率为 h_t^i。

$$h_t^i=\max_{\boldsymbol{y}_{[1:t-1]}} P(y_t=s_i,\boldsymbol{y}_{[1:t-1]},\boldsymbol{x}_{[1:t]};\lambda) \tag{8-53}$$

h_t^i 递推公式为

$$h_{t+1}^i=\max_j(h_t^j a_{ji} b_{i,x_{t+1}}) \tag{8-54}$$

初始值为

$$h_1^i=\pi_i b_{1,x_1} \tag{8-55}$$

记最优路径为 $\boldsymbol{l}=[l_1,l_2,\cdots,l_T]$。对于第 T 个时刻 $l_T=\arg\max\limits_i(h_T^i)$；对于第 $t=1,2,\cdots,T-1$ 个时刻，通过回溯法可得，$l_t=\arg\max\limits_j(h_t^j a_{j,l_{t+1}})$。

8.5 实例：基于高斯混合模型实现鸢尾花分类

本节使用 GMM 模型对鸢尾花数据集进行聚类。模型的构造与训练如代码清单 8-1 所示。

代码清单 8-1 GMM 模型的构造与训练

```
from scipy import stats
from sklearn.datasets import load_iris
from sklearn.mixture import GaussianMixture as GMM
import matplotlib.pyplot as plt
if __name__ == '__main__':
    iris = load_iris()
    model = GMM(n_components = 3)
    pred = model.fit_predict(iris.data)
    print(score(pred, iris.target))
```

代码中使用的 Score 函数如代码清单 8-2 所示，该函数给出聚类模型的 Purity 评分。假设某个聚类由 48 个 Setosa 样本、1 个 Versicolour 样本和 1 个 Virginica 样本组成，那么就认为该聚类对应的类别为 Setosa，Purity 评分为 48/50=0.96。每个聚类 Purity 评分的加权均值即为聚类模型的 Purity 评分。根据程序输出，GMM 模型的 Purity 评分为 0.97。

代码清单 8-2　purity 评分函数

```
from scipy import stats
def score(pred, gt):
    assert len(pred) == len(gt)
    m = len(pred)

    map_ = {}
    for c in set(pred):
        map_[c] = stats.mode(gt[pred == c])[0]
    score = sum([map_[pred[i]] == gt[i] for i in range(m)])
    return score[0] / m
```

代码清单 8-3 对模型输出进行了可视化，得到图 8-6，其中左图表示数据集中提供的标签信息，右图为模型预测的类别信息。

代码清单 8-3　聚类结果可视化

```
_, axes = plt.subplots(1, 2)
axes[0].set_title("ground truth")
axes[1].set_title("prediction")
for target in range(3):
    axes[0].scatter(
        iris.data[iris.target == target, 1],
        iris.data[iris.target == target, 3],
        )
    axes[1].scatter(
        iris.data[pred == target, 1],
        iris.data[pred == target, 3],
        )
plt.show()
```

从图 8-6 可以看出，GMM 模型正确区分了大部分样本。只有 Versicolour 和 Virginica 交界处的几个样本被错分。

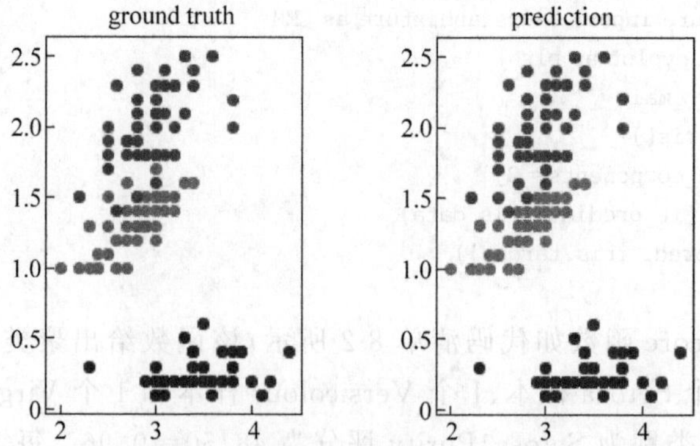

图 8-6　聚类结果可视化（见彩插）

第9章 降维

CHAPTER 9

给定一个数据集 $D=\{\boldsymbol{x}_1,\boldsymbol{x}_2,\cdots,\boldsymbol{x}_m\}$，其中 $\boldsymbol{x}_i=(x_{i1},x_{i2},\cdots,x_{in})$。当 n 非常大时，$\boldsymbol{x}_i$ 是一个高维的数据。降维的目的就是降低数据的维度从而方便后续对数据的存储、可视化、建模等操作。

降维对数据的处理主要包含特征筛选和特征提取。特征筛选是指过滤掉数据中无用或冗余的特征，例如相对于年龄，出生年月就是冗余特征。特征提取是指对现有特征进行重新组合产生新的特征，例如用质量特征除以体积特征就可以得到密度特征。

如果将每个特征看作是坐标系中的一个轴，降维的最终结果是将原始数据用轴数更少的新坐标系来表示，这样也方便了后续机器学习算法对数据建模。生产实践中直接得到的数据往往需要首先进行降维处理，然后才会用机器学习算法进行数据建模分析。

常用降维方法有主成分分析、奇异值分解、线性判别分析、T-SNE 等。本节仅介绍主成分分析、奇异值分解。

9.1 主成分分析

主成分分析(Principal Components Analysis，PCA)是一种经典的线性降维分析算法。给定一个 n 维的特征变量 $\boldsymbol{x}=\{x_1,x_2,\cdots,x_n\}$，主成分分析希望能够通过旋转坐标系将数据在新的坐标系下表示，如果新的坐标系下某些轴包含的信息太少，则可以将其省略，从而达到降维的目的。例如，如果二维空间中数据点的分布在一条直线周围，那么可以旋转坐标系，将 x 轴旋转到该直线的位置，此时每个数据点在 y 轴方向上的取值基本接近于零。也即 y 方向上数据的方差极小，携带信息量极少，可以将 y 轴略去。这样就相当于在一维空间对数据进行了表示，也相当于将原始数据投影到了该直线上。

对于 n 维特征变量中的每个子变量，主成分分析使用样本集合中对应子变量上取值的方差来表示该特征的重要程度。方差越大，特征的重要程度越高；方差越小，特征的重要程度越低。直观上，方差越大，样本集合中的数据在该轴上的取值分散得越开，混乱度越大，携带信息量越大；反之分布越集中，混乱度越小，携带信息量越小。上面的例子中，样本集合中的数据在旋转过后的新的 y 轴上的方差接近于 0，几乎不携带任何信息量，故可将其省去，达到降维的目的。

对坐标系进行旋转后，数据的坐标可以用正交变换来描述。假设原始 n 维空间中的数

据用特征变量 $\boldsymbol{x}=\{x_1,x_2,\cdots,x_n\}$ 表示，旋转过后新的坐标系下的数据用特征变量 $\boldsymbol{y}=\{y_1,y_2,\cdots,y_n\}$，正交变换的矩阵记为 $\boldsymbol{A}=(\boldsymbol{a}_1,\boldsymbol{a}_2,\cdots,\boldsymbol{a}_n)$，矩阵 $\boldsymbol{A}$ 当中的向量是一组标准正交基，则正交变换过程可写为

$$\boldsymbol{y}=\boldsymbol{A}^{\mathrm{T}}\boldsymbol{x} \tag{9-1}$$

记特征变量 $\boldsymbol{x}=\{x_1,x_2,\cdots,x_n\}$ 的均值为 $\boldsymbol{\mu}=\{\mu_1,\mu_2,\cdots,\mu_n\}$，协方差矩阵为 $\boldsymbol{\Sigma}$。主成分分析即迭代求解 $\boldsymbol{A}$ 的过程。首先求旋转过后新坐标系的第一个轴，要求在新的坐标表示下，样本集合的数据在该轴上取值的方差尽可能大。样本集合在该轴上的取值用随机变量 y_1 表示，$y_1=\boldsymbol{a}_1^{\mathrm{T}}\boldsymbol{x}$。此时求解过程可描述为

$$\begin{aligned}&\max_{\boldsymbol{a}_1}\quad \mathrm{var}(y_1)=\boldsymbol{a}_1^{\mathrm{T}}\boldsymbol{\Sigma}\boldsymbol{a}_1\\&\text{s.t.}\quad \boldsymbol{a}_1^{\mathrm{T}}\boldsymbol{a}_1=1\end{aligned} \tag{9-2}$$

求解该问题可使用拉格朗日乘子法，拉格朗日函数为

$$\mathrm{Lag}(\boldsymbol{a}_1)=\boldsymbol{a}_1^{\mathrm{T}}\boldsymbol{\Sigma}\boldsymbol{a}_1-\lambda_1(\boldsymbol{a}_1^{\mathrm{T}}\boldsymbol{a}_1-1) \tag{9-3}$$

其中，λ_1 为拉格朗日乘子，令 $\mathrm{Lag}(\boldsymbol{a}_1)$ 对 $\boldsymbol{a}_1$ 的导数为 0 可得

$$\boldsymbol{\Sigma}\boldsymbol{a}_1=\lambda_1\boldsymbol{a}_1 \tag{9-4}$$

可以发现拉格朗日乘子 λ_1 为协方差矩阵 $\boldsymbol{\Sigma}$ 的特征值，而 $\boldsymbol{a}_1$ 则为对应的特征向量，则有

$$\mathrm{var}(y_1)=\boldsymbol{a}_1^{\mathrm{T}}\boldsymbol{\Sigma}\boldsymbol{a}_1=\boldsymbol{a}_1^{\mathrm{T}}\lambda_1\boldsymbol{a}_1=\lambda_1\boldsymbol{a}_1^{T}\boldsymbol{a}_1=\lambda_1 \tag{9-5}$$

求解 $\mathrm{var}(y_1)$ 的最大就转化成了求 $\boldsymbol{\Sigma}$ 的最大特征值。对 $\boldsymbol{\Sigma}$ 进行特征值分解，选择其中最大的特征值作为 λ_1，对应的特征向量即要求解的 $\boldsymbol{a}_1$，这样就确定了第一个坐标轴，称 $y_1=\boldsymbol{a}_1^{\mathrm{T}}\boldsymbol{x}$ 为第一主成分。

接下来固定上述第一步确定下来的坐标轴，继续对坐标系进行旋转以确定第二个坐标轴。求解过程可描述为

$$\begin{aligned}&\max_{\boldsymbol{a}_2}\quad \mathrm{var}(y_2)=\boldsymbol{a}_2^{\mathrm{T}}\boldsymbol{\Sigma}\boldsymbol{a}_2\\&\text{s.t.}\quad \boldsymbol{a}_1^{\mathrm{T}}\boldsymbol{a}_2=0\\&\qquad\ \ \boldsymbol{a}_2^{\mathrm{T}}\boldsymbol{a}_2=1\end{aligned} \tag{9-6}$$

同样可以使用拉格朗日乘子法求解，拉格朗日函数为

$$\mathrm{Lag}(\boldsymbol{a}_2)=\boldsymbol{a}_2^{\mathrm{T}}\boldsymbol{\Sigma}\boldsymbol{a}_2-\lambda_2(\boldsymbol{a}_2^{\mathrm{T}}\boldsymbol{a}_2-1)-\theta(\boldsymbol{a}_1^{\mathrm{T}}\boldsymbol{a}_2-0) \tag{9-7}$$

其中，λ_2,θ 为拉格朗日乘子。令 $\mathrm{Lag}(\boldsymbol{a}_2)$ 对 $\boldsymbol{a}_2$ 的导数为 0 可得

$$2\boldsymbol{\Sigma}\boldsymbol{a}_2-\theta\boldsymbol{a}_1=2\lambda_2\boldsymbol{a}_2 \tag{9-8}$$

等式两边同时乘以 $\boldsymbol{a}_1^{\mathrm{T}}$，可得

$$\boldsymbol{\Sigma}\boldsymbol{a}_2=\lambda_2\boldsymbol{a}_2 \tag{9-9}$$

可以发现拉格朗日乘子 λ_2 为协方差矩阵 $\boldsymbol{\Sigma}$ 的另一个特征值，而 $\boldsymbol{a}_2$ 则为对应的特征向量。则有

$$\mathrm{var}(y_2)=\boldsymbol{a}_2^{\mathrm{T}}\boldsymbol{\Sigma}\boldsymbol{a}_2=\boldsymbol{a}_2^{\mathrm{T}}\lambda_2\boldsymbol{a}_2=\lambda_2\boldsymbol{a}_2^{\mathrm{T}}\boldsymbol{a}_2=\lambda_2 \tag{9-10}$$

求解 $\mathrm{var}(y_2)$ 的最大值就转化成了求 $\boldsymbol{\Sigma}$ 的除 λ_1 之外的最大特征值。对 $\boldsymbol{\Sigma}$ 进行特征值分解，选择第二最大的特征值作为 λ_2，对应的特征向量即要求解的 $\boldsymbol{a}_2$，这样就确定了第二个坐标轴，称 $y_2=\boldsymbol{a}_2^{\mathrm{T}}\boldsymbol{x}$ 为第二主成分。

以此类推直到所有的主成分 $\boldsymbol{y}=(\boldsymbol{a}_1^{\mathrm{T}}\boldsymbol{x},\boldsymbol{a}_2^{\mathrm{T}}\boldsymbol{x},\cdots,\boldsymbol{a}_n^{\mathrm{T}}\boldsymbol{x})$ 都被确定为止，可以发现 $\boldsymbol{A}$ 即协方差矩阵 $\boldsymbol{\Sigma}$ 对应的特征向量组，相应的特征值为 $\lambda_1,\lambda_2,\cdots,\lambda_n$ 即为新坐标系下每个轴上的方差，且 $\lambda_1\geqslant\lambda_2\geqslant\cdots\geqslant\lambda_n$。

根据矩阵与其特征值之间的关系有 $\sum_{i=1}^{n}\lambda_i=\sum_{i=1}^{n}\sigma_{ii}^2$，其中 σ_{ii}^2 为协方差矩阵 $\boldsymbol{\Sigma}$ 对角线上的元素，即原始坐标系中第 i 个特征的方差。可以发现将矩阵旋转后，方差的和未发生改变，即信息量没发生改变，改变的是每个轴上携带信息量的大小，越重要的轴携带的信息量越大，反之越小。同时新坐标系下，特征之间线性无关。

生成实践中，数据的维度往往非常高，进行主成分分析后，特征值越小的组成分(方差越小的轴)基本不携带任何信息，这样就可将特征值最小的几个主成分省略，只保留特征值较大的几个主成分。具体量化保留几个主成分，往往根据实际情况通过计算累计方差贡献率来决定。这个过程其实就是将新坐标系中的样本投影到了一个低维的空间中。

方差 λ_i 的方差贡献率又称为解释方差(Explained Variance)，定义为

$$\varepsilon_i=\frac{\lambda_i}{\sum_{j=1}^{n}\lambda_j} \tag{9-11}$$

则累计方差贡献率 e_k 为

$$e_k=\sum_{i=1}^{k}\varepsilon_i \tag{9-12}$$

为累计方差贡献率设定一个阈值 t，一般选择 $t=80\%$ 左右，则要保留的主成分的个数 k^* 为

$$k^*=\arg\max_k(e_k>t) \tag{9-13}$$

这样就可以将正交矩阵 $\boldsymbol{A}=(\boldsymbol{a}_1,\boldsymbol{a}_2,\cdots,\boldsymbol{a}_n)$ 压缩为 $\boldsymbol{A}_{[1:k^*]}=(\boldsymbol{a}_1,\boldsymbol{a}_2,\cdots,\boldsymbol{a}_{k^*})$，原始的数据用一个 n 维的向量 $\boldsymbol{x}$ 进行表示，在经过正交变换后，新的数据 $\boldsymbol{y}=\boldsymbol{A}_{[1:k^*]}^{\mathrm{T}}\boldsymbol{x}$ 用一个 k^* 维的向量表示，达到降维的目的。

主成分分析的过程当中用到了总体的协方差矩阵 $\boldsymbol{\Sigma}$，生产实际中需要我们根据样本集合对总体的方差进行估计。通常情况下，用样本集合对总体的协方差矩阵进行估计时，使用的是协方差矩阵的无偏估计量。

9.1.1 方差即协方差的无偏估计

在概率统计中，设总体 X 的均值和方差分别为

$$\begin{cases}E(X)=\mu\\ \operatorname{var}(X)=\sigma^2\end{cases} \tag{9-14}$$

设 $X_1,X_2,\cdots,X_m$ 是来自总体的样本，则每个样本也是随机变量。每个样本之间独立同分布，且与整体具有相同的分布，即 $\operatorname{var}(X_i)=\operatorname{var}(X)=\sigma^2$。对于整体，有

$$\sigma^2=E[(X-EX)^2]=E[X^2-2XEX+(EX)^2]=E[X^2]-\mu^2 \tag{9-15}$$

则

$$E[X_i^2]=E[X^2]=\mu^2+\sigma^2 \tag{9-16}$$

用统计量 $\bar{X}=\frac{1}{m}\sum_{i=1}^{m}X_i$ 表示样本的均值，则样本均值的期望为

$$E[\bar{X}]=E\left[\frac{1}{m}\sum_{i=1}^{m}X_i\right]=\frac{1}{m}\sum_{i=1}^{m}E[X_i]=\mu \tag{9-17}$$

用统计量 $S^2=\frac{1}{m-1}\sum_{i=1}^{m}(X_i-\bar{X})^2$ 表示样本的方差，则样本方差的期望为

$$\begin{aligned}
E[S^2]&=\frac{1}{m-1}E\left[\sum_{i=1}^{m}(X_i-\bar{X})^2\right]\\
&=\frac{1}{m-1}E\left[\sum_{i=1}^{m}X_i^2-m\bar{X}^2\right]\\
&=\frac{1}{m-1}E\left[\sum_{i=1}^{m}X_i^2-\frac{1}{m}\sum_{i=1}^{m}\sum_{j=1}^{m}X_iX_j\right]\\
&=\frac{1}{m-1}E\left[\frac{m-1}{m}\sum_{i=1}^{m}X_i^2+\sum_{i=1}^{m}\sum_{j=1,j\neq i}^{m}X_iX_j\right]\\
&=\frac{1}{m-1}\left(\frac{m-1}{m}\sum_{i=1}^{m}E[X_i^2]+\sum_{i=1}^{m}\sum_{j=1,j\neq i}^{m}E[X_i]E[X_j]\right)\\
&=\frac{1}{m-1}\left(\frac{m-1}{m}m(\mu^2+\sigma^2)-\frac{m(m-1)}{m}\mu^2\right)\\
&=\sigma^2
\end{aligned} \tag{9-18}$$

称样本统计量 $\bar{X}$ 和 S^2 为总体均值 μ 和方差 σ^2 的无偏估计量。

将方差的估计量推广到主成分分析中，估计协方差矩阵$\boldsymbol{\Sigma}$时有着类似的形式，记协方差矩阵中的元素为 s_{ij}，则有

$$s_{ij}=\frac{1}{n-1}\sum_{k=1}^{n}(x_{ik}-\bar{x}_i)(x_{jk}-\bar{x}_j) \tag{9-19}$$

此外，在主成分分析中，用于描述样本的 n 维特征向量中，每一维的量刚可能不同，这会对方差的估计造成较大的影响，从而影响主成分分析的过程。比如假设其中的一维的特征身高用米来描述，而另一维特征体重用克来描述。这样计算下来身高的方差往往会远小于体重的方差。所以，在进行主成分分析前，一般需要对样本集合中的所有数据在每一维特征进行规范化，即

$$x_{ij}=\frac{x_{ij}-\mu_j}{\sqrt{\sigma_j^2}}=\frac{x_{ij}-\bar{x}_j}{S_j} \tag{9-20}$$

现将主成分分析的过程描述如算法 9-1 所示。

算法 9-1 主成分分析(PCA)算法

输入：样本集合 $D=\{\boldsymbol{x}_1,\boldsymbol{x}_2,\cdots,\boldsymbol{x}_m\}$，其中 $\boldsymbol{x}_i=(x_{i1},x_{i2},\cdots,x_{in})$；$n$ 为描述每个样本的特征的个数；用于确定主成分个数的阈值 t

输出：样本集合的 k 个主成分表示

1. 对样本集合进行规范化，为方便描述，规范化后的样本仍用 x_{ij} 表示.

$$x_{ij}=\frac{x_{ij}-\mu_j}{\sqrt{\sigma_j^2}}=\frac{x_{ij}-\bar{x}_j}{S_j}$$

2. 用规范化后的样本集合估计出特征变量的协方差矩阵$\boldsymbol{\Sigma}$

$$\boldsymbol{\Sigma}=\{s_{ij}\}_{m\times m}$$

其中

$$s_{ij}=\frac{1}{n-1}\sum_{k=1}^{n}(x_{ik}-\bar{x}_i)(x_{jk}-\bar{x}_j)$$

3. 对协方差矩阵$\boldsymbol{\Sigma}$进行特征值分解，将特征值按照从到大到小的顺序排序，得到 n 个特征值 $\lambda_1,\lambda_2,\cdots,\lambda_n$ 及对应的特征向量 $\boldsymbol{a}_1,\boldsymbol{a}_2,\cdots,\boldsymbol{a}_n$

4. 根据 t，计算累计方差贡献率确定要返回的特征向量的个数 k^*

$$k^*=\arg\max_k\sum_{i=1}^{k}\lambda_i\Big/\sum_{j=1}^{n}\lambda_j\geqslant t$$

return $\boldsymbol{Y}=A^{\mathrm{T}}\boldsymbol{X}$, $A=(\boldsymbol{a}_1,\boldsymbol{a}_2,\cdots,\boldsymbol{a}_{k^*})$ //返回样本集合的 k^* 个主成分表示

9.1.2 实例：基于主成分分析实现鸢尾花数据降维

本节以鸢尾花数据集的分类来直观理解 *PCA*。如代码清单 9-1 所示，首先加载鸢尾花数据集并对每一个属性维度的数据进行标准化处理。经过 scale 函数处理的数据，均值为 0，方差为 1。

代码清单 9-1 鸢尾花数据集加载与归一化

```
from sklearn.datasets import load_iris
from sklearn.preprocessing import scale
iris = load_iris()
data, targets = scale(iris.data), iris.target
```

鸢尾花数据集中的每个样本有四个特征。对于四维数据，我们无法对其进行可视化处理，故我们使用 PCA 降维：选择两个主成分将四维数据降低到二维，然后再进行数据可视化处理，如代码清单 9-2 所示。

代码清单 9-2 PCA 降维鸢尾花数据集

```
from sklearn.decomposition import PCA
pca = PCA(n_components = 2)
y = pca.fit_transform(data)
```

降维后的第一个主成分的方差贡献率为 0.7296，第二个主成分的方差贡献率为 0.2285。两者的累计方差贡献率为 0.9581。如图 9-1 所示，只用第一个主成分和第二个主成分就能较好地在二维空间表示原始数据。

为直观上理解主成分分析中坐标轴旋转的过程，本例只挑选出花瓣长度和花瓣宽度两个属性进行阐述。通过计算，第一主成分轴的方向为$\left(\frac{\sqrt{2}}{2},\frac{\sqrt{2}}{2}\right)$，主成分分析相当于将原始

坐标系绕原点逆时针旋转了45°后旋转到红色的坐标轴，如图9-2所示。

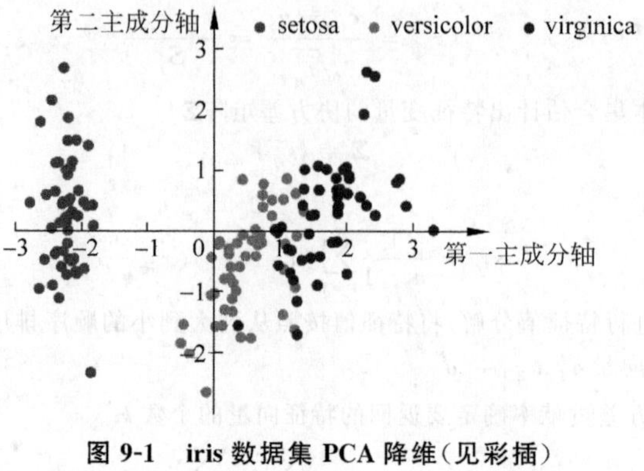

图 9-1 iris 数据集 PCA 降维(见彩插)

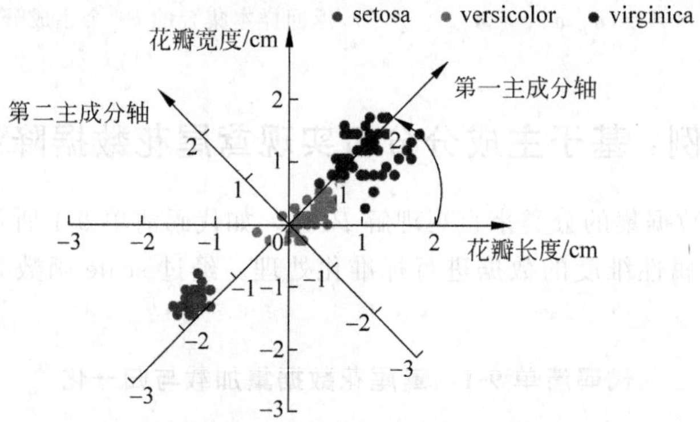

图 9-2 iris 数据集花瓣长度和花瓣宽度(见彩插)

将图9-2中红色坐标轴摆正，得到数据集的主成分表示，如图9-3所示。该坐标系中，第一主成分的贡献率为0.9814，第二主成分的贡献率为0.0186。可见第一主成分贡献了绝大部分信息。从图9-3中也可以看出，第一主成分上样本的取值分散程度要远大于第二个主成分。

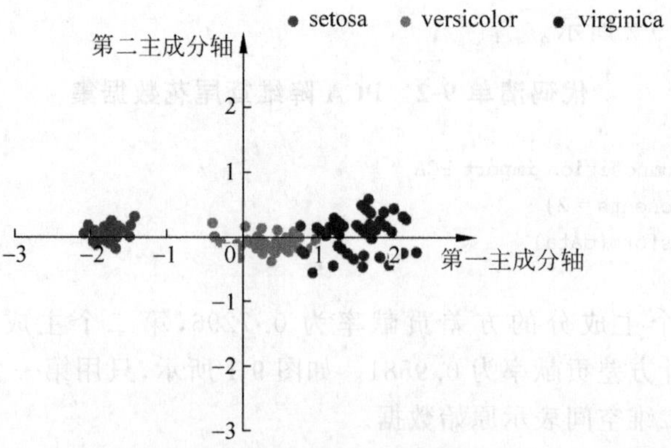

图 9-3 主成分(见彩插)

9.2 奇异值分解

奇异值分解(Singular Value Decomposition, SVD)是一种机器学习中的常用算法,被广泛应用于数据降维、数据压缩等。奇异值分解是指,对于任意一个矩阵 $\boldsymbol{A}_{m\times n}$,我们都可以将其分解为三个矩阵乘积的形式,即

$$\boldsymbol{A}_{m\times n}=\boldsymbol{U\Sigma V}^{\mathrm{T}} \tag{9-21}$$

其中,$\boldsymbol{U}=(\boldsymbol{u}_1,\boldsymbol{u}_2,\cdots,\boldsymbol{u}_m)$和$\boldsymbol{V}=(\boldsymbol{v}_1,\boldsymbol{v}_2,\cdots,\boldsymbol{v}_n)$分别为 m 阶和 n 阶正交方阵,称 $\boldsymbol{U}$ 为左奇异矩阵,$\boldsymbol{V}$ 为右奇异矩阵;$\boldsymbol{\Sigma}=\mathrm{diag}(\sigma_1,\sigma_2,\cdots,\sigma_{\min(m,n)})$是大小为 $m\times n$ 的对角阵,且对角上的元素从大到小排列。称$\boldsymbol{\Sigma}$ 为奇异值矩阵。

9.2.1 奇异值分解的构造

根据 $\boldsymbol{A}$ 可以构造一个实对称矩阵 $\boldsymbol{AA}^{\mathrm{T}}$,且有 $\mathrm{rank}(\boldsymbol{A}^{\mathrm{T}}\boldsymbol{A})=\mathrm{rank}(\boldsymbol{A})=r$。对 $\boldsymbol{AA}^{\mathrm{T}}$ 进行特征值分解并按照从大到小的顺序对特征值进行排列可以得到 n 个单位特征值,记为

$$\lambda_1\geqslant\lambda_2\geqslant\cdots\geqslant\lambda_r>\lambda_{r+1}=\lambda_{r+1}=\cdots=\lambda_n=0 \tag{9-22}$$

其中,包含 r 个非 0 的特征值,以及 $n-r$ 个 0 特征值,对应的单位特征向量记为 $\boldsymbol{V}=\{\boldsymbol{v}_1,\boldsymbol{v}_2,\cdots,\boldsymbol{v}_r,\boldsymbol{v}_{r+1},\cdots,\boldsymbol{v}_n\}$,其中前 r 个单位特征向量固定,后 $n-r$ 个特征向量可以是齐次线性方程组 $\boldsymbol{A}^{\mathrm{T}}\boldsymbol{Ax}=0$ 的任意单位基础解系。可以证明

$$\|\boldsymbol{Av}_i\|^2=(\boldsymbol{A}\,\boldsymbol{v}_i)^{\mathrm{T}}(\boldsymbol{Av}_i)=\boldsymbol{v}_i^{\mathrm{T}}\boldsymbol{A}^{\mathrm{T}}\boldsymbol{Av}_i=\boldsymbol{v}_i^{\mathrm{T}}\lambda_i\boldsymbol{v}_i=\lambda_i\|\boldsymbol{v}_i\|^2=\lambda_i \tag{9-23}$$

将 $\boldsymbol{A}^{\mathrm{T}}\boldsymbol{Av}_i=\lambda_i\boldsymbol{v}_i$ 等式两端同时乘以 $\boldsymbol{A}$ 得到 $\boldsymbol{AA}^{\mathrm{T}}(\boldsymbol{Av}_i)=\lambda_i(\boldsymbol{Av}_i)$,可以看到 λ_i 同时也是方阵 $\boldsymbol{AA}^{\mathrm{T}}$ 的特征值,其对应的特征向量为 $\boldsymbol{Av}_i$。记 $\sigma_i=\sqrt{\lambda_i}$,$\boldsymbol{u}_i=\dfrac{\boldsymbol{A}\,\boldsymbol{v}_i}{|\boldsymbol{A}\,\boldsymbol{v}_i|}=\dfrac{\boldsymbol{A}\,\boldsymbol{v}_i}{\sigma_i}$,则

$$\begin{aligned}\boldsymbol{AV}_r&=(\boldsymbol{Av}_1,\boldsymbol{Av}_2,\cdots,\boldsymbol{Av}_r)\\&=(\sigma_i\boldsymbol{u}_1,\sigma_i\boldsymbol{u}_2,\cdots,\sigma_i\boldsymbol{u}_r)\\&=\boldsymbol{U}_r\boldsymbol{\Sigma}_r\end{aligned} \tag{9-24}$$

其中,$\boldsymbol{U}_r=\{\boldsymbol{u}_1,\boldsymbol{u}_2,\cdots,\boldsymbol{u}_r\}$,$\boldsymbol{\Sigma}_{r\times r}=\mathrm{diag}(\sigma_1,\sigma_2,\cdots,\sigma_r)$。则有

$$\boldsymbol{A}=\boldsymbol{U}_r\boldsymbol{\Sigma}_r\boldsymbol{V}_r^{\mathrm{T}} \tag{9-25}$$

这样就通过构造法构造了矩阵 $\boldsymbol{A}$ 的一个奇异值分解。同时也间接证明了奇异值分解的存在性。$\boldsymbol{U}_r\boldsymbol{\Sigma}_r\boldsymbol{V}_r^{\mathrm{T}}$ 又称为矩阵的满秩分解。

若将$\boldsymbol{\Sigma}$ 通过增加全 0 行或全 0 列的方式表示成 $m\times n$ 阶矩阵$\boldsymbol{\Sigma}_{m\times n}$ 的形式,并计算齐次线性方程组 $\boldsymbol{AA}^{\mathrm{T}}\boldsymbol{x}=0$ 的任意一个单位基础解系,表示为 $\boldsymbol{U}_{r+1:m}=\{\boldsymbol{u}_{r+1},\boldsymbol{u}_{r+2},\boldsymbol{u}_m\}$,计算齐次线性方程组 $\boldsymbol{A}^{\mathrm{T}}\boldsymbol{Ax}=0$ 的任意一个单位基础解系,表示为 $\boldsymbol{V}_{r+1:n}=\{\boldsymbol{v}_{r+1},\boldsymbol{v}_{r+2},\cdots,\boldsymbol{v}_n\}$,令 $\boldsymbol{U}_{m\times m}=(\boldsymbol{U}_r,\boldsymbol{U}_{r+1:m})$,$\boldsymbol{V}_{n\times n}=(\boldsymbol{V}_r,\boldsymbol{V}_{r+1:n})$,则有

$$\boldsymbol{A}=\boldsymbol{U\Sigma V}=(\boldsymbol{U}_r,\boldsymbol{U}_{r+1:m})\begin{pmatrix}\boldsymbol{\Sigma}_r&0\\0&0\end{pmatrix}\begin{pmatrix}\boldsymbol{V}_r\\\boldsymbol{V}_{r+1:n}\end{pmatrix}=\boldsymbol{U}_r\boldsymbol{\Sigma}_r\boldsymbol{V}_r^{\mathrm{T}} \tag{9-26}$$

当矩阵 $\boldsymbol{AA}^{\mathrm{T}}$ 或者 $\boldsymbol{A}^{\mathrm{T}}\boldsymbol{A}$ 不是满秩矩阵时,由于 $\boldsymbol{AA}^{\mathrm{T}}\boldsymbol{x}=\lambda\boldsymbol{x}=\boldsymbol{O}$ 及 $\boldsymbol{A}^{\mathrm{T}}\boldsymbol{Ax}=\boldsymbol{O}$ 存在多个基础解系,可以看出矩阵的奇异值分解可能有不止一种表示,当且仅当 $\boldsymbol{AA}^{\mathrm{T}}$ 为满秩矩阵时,矩阵

$\boldsymbol{A}$ 的奇异值分解存在唯一解。

9.2.2 奇异值分解用于数据压缩

矩阵的F-范数 定义矩阵 $\boldsymbol{A}_{m\times n}$ 的F-范数(Frobenius 范数)为矩阵中所有元素的平方和的再开方

$$\|\boldsymbol{A}\|_{\mathrm{F}}=\left(\sum_{i=1}^{m}\sum_{j=1}^{n}a_{ij}^{2}\right)^{\frac{1}{2}} \tag{9-27}$$

根据矩阵加法的性质,矩阵的奇异值分解还可以表示成如下形式。

$$\boldsymbol{A}=\boldsymbol{U\Sigma V}^{\mathrm{T}}=\sum_{i=1}^{r}\sigma_{i}\boldsymbol{u}_{i}\boldsymbol{v}_{i}^{\mathrm{T}} \tag{9-28}$$

其中,每个 $\boldsymbol{u}_i\boldsymbol{v}_i^{\mathrm{T}}$ 是秩为1的 $m\times n$ 阶矩阵,σ_i 是其对应的权重。从这个角度上讲,任何一个矩阵都可以写成是若干个子矩阵加权求和的形式。

$$\|\boldsymbol{A}\|_{\mathrm{F}}^{2}=(\boldsymbol{U\Sigma V}^{\mathrm{T}})^{2}=\left(\sum_{i=1}^{r}\sigma_{i}\boldsymbol{u}_{i}\boldsymbol{v}_{i}^{\mathrm{T}}\right)^{2}=\sum_{i=1}^{r}\sigma_{i}^{2}\boldsymbol{u}_{i}\boldsymbol{v}_{i}^{\mathrm{T}}\boldsymbol{v}_{i}\boldsymbol{u}_{i}^{\mathrm{T}}=\sum_{i=1}^{r}\sigma_{i}^{2} \tag{9-29}$$

可以证明,从集合$\{1,2,\cdots,r\}$中任选 k 个不同的元素$\{p_1,p_2,\cdots,p_k\}$,有

$$\operatorname{rank}\left(\sum_{i=1}^{k}\sigma_{p_i}\boldsymbol{u}_{p_i}\boldsymbol{v}_{p_i}^{T}\right)=k \tag{9-30}$$

对于式(9-29)的展开式,记其前 j 项累加和为 $\boldsymbol{B}_j$,即

$$\boldsymbol{B}_{j}=\sum_{i=1}^{j}\sigma_{i}\boldsymbol{u}_{i}\boldsymbol{v}_{i}^{\mathrm{T}} \tag{9-31}$$

有 $\operatorname{rank}(\boldsymbol{B}_j)=j$。可以证明 $\boldsymbol{B}_j$ 是所有秩为 j 的矩阵中,能使 $\boldsymbol{A}-\boldsymbol{B}_j$ 的F-范数 $\|\boldsymbol{A}-\boldsymbol{B}_j\|_{\mathrm{F}}$ 达到最小的,即L2损失函数最小,且损失值为 $\sum\limits_{i=j+1}^{p}\sigma_i^2$。据此,可以对矩阵在L2损失指导下进行压缩,压缩后的矩阵是在L2损失为 $\sum\limits_{i=j+1}^{r}\sigma_i\boldsymbol{u}_i\boldsymbol{v}_i^{\mathrm{T}}$ 情况下的近似。可以参考主成分分析中的累计方差贡献率,只保留 σ 最大的前 k 项,完成数据压缩。压缩后的数据表示为

$$\boldsymbol{A}=\boldsymbol{U}_{k}\boldsymbol{\Sigma}_{k}\boldsymbol{V}_{k}^{\mathrm{T}} \tag{9-32}$$

式(9-32)称为矩阵 $\boldsymbol{A}$ 的截断奇异值分解。

在进行数据压缩时,原始数据需要的存储空间记为 $s=m\times n$。压缩后需要的存储空间是存储三个矩阵需要的空间大小,记为 $t=m\times k+k+n\times k$。要想达到数据压缩的目的,需要满足 $t<s$,即 $k<\dfrac{mn}{m+n+1}$。实际应用中往往有 $k\ll m$ 使得该式成立。

9.2.3 SVD与PCA的关系

实际上,如果将矩阵 $\boldsymbol{A}_{m\times n}$ 看作是一个样本集合,其中的行看作特征随机变量,列看作每一个样本。当对数据集进行规范化后,矩阵 $\boldsymbol{A}^{\mathrm{T}}\boldsymbol{A}$ 就是样本集合的协方差矩阵。这样,SVD分解后的右奇异矩阵 $\boldsymbol{V}^{\mathrm{T}}$ 就是PCA分析中的特征向量组成的矩阵。

9.2.4 奇异值分解的几何解释

在标准坐标系中，一个 n 维的向量 $\boldsymbol{x}$ 可以用如下形式表示。

$$\boldsymbol{x}=x_1\boldsymbol{e}_1+x_2\boldsymbol{e}_2+\cdots+x_n\boldsymbol{e}_n=\sum_{i=1}^{n}x_i\boldsymbol{e}_i=(\boldsymbol{e}_1,\boldsymbol{e}_2,\cdots,\boldsymbol{e}_n)\begin{pmatrix}x_1 & & & \\ & x_2 & & \\ & & \ddots & \\ & & & x_n\end{pmatrix} \tag{9-33}$$

其中，$E=(\boldsymbol{e}_1,\boldsymbol{e}_2,\cdots,\boldsymbol{e}_n)$为 n 维空间的一个基或一组坐标轴。$(x_1,x_2,\cdots,x_n)$是在每个坐标轴上的取值，称为 $\boldsymbol{x}$ 在基 E 下的描述。

对向量 $\boldsymbol{x}$ 使用矩阵 $\boldsymbol{A}$ 进行线性变换得到向量 $\boldsymbol{z}$，有

$$\boldsymbol{z}=\boldsymbol{A}\boldsymbol{x}=\boldsymbol{U}\boldsymbol{\Sigma}\boldsymbol{V}^{\mathrm{T}}\boldsymbol{x} \tag{9-34}$$

由 9.2.3 节的 PCA 分析，式(9-34)中 $\boldsymbol{V}^{\mathrm{T}}\boldsymbol{x}$ 表示旋转坐标系，将 $\boldsymbol{x}$ 转化为新坐标系下的表述的过程，记为 $\boldsymbol{y}=\boldsymbol{V}^{\mathrm{T}}\boldsymbol{x}=(y_1,y_2,\cdots,y_n)^{\mathrm{T}}$。假设 $\boldsymbol{A}$ 用满秩奇异值分解表示(即 $\boldsymbol{A}=\boldsymbol{U}_r\boldsymbol{\Sigma}_r\boldsymbol{V}_r^{\mathrm{T}}$)，这样 $\boldsymbol{A}\boldsymbol{x}$ 可以写作

$$\boldsymbol{z}=\boldsymbol{A}\boldsymbol{x}=\boldsymbol{U}\boldsymbol{\Sigma}\boldsymbol{V}^{\mathrm{T}}\boldsymbol{x}=\boldsymbol{U}\boldsymbol{\Sigma}\boldsymbol{y}=(\boldsymbol{u}_1,\boldsymbol{u}_2,\cdots,\boldsymbol{u}_r)\begin{pmatrix}\sigma_1 y_1 & & & \\ & \sigma_2 y_2 & & \\ & & \ddots & \\ & & & \sigma_r y_r\end{pmatrix} \tag{9-35}$$

可以发现$(\sigma_1 y_1,\sigma_2 y_2,\cdots,\sigma_r y_r)$相当于是在基 $\boldsymbol{U}=(\boldsymbol{u}_1,\boldsymbol{u}_2,\cdots,\boldsymbol{u}_r)$下对向量 $\boldsymbol{z}$ 的描述，即$(y_1,y_2,\cdots,y_r)$是基 $\boldsymbol{U}'=\left(\frac{\boldsymbol{u}_1}{\sigma_1},\frac{\boldsymbol{u}_2}{\sigma_2},\cdots,\frac{\boldsymbol{u}_r}{\sigma_r}\right)$下的描述。那么 $\boldsymbol{U}'$ 即为将 $\boldsymbol{x}$ 所在的坐标系经过 $\boldsymbol{V}^{\mathrm{T}}$ 旋转得到的坐标系。

所以 $\boldsymbol{z}=\boldsymbol{A}\boldsymbol{x}$ 可以描述为，首先对 $\boldsymbol{x}$ 所在的坐标系进行旋转，并将 $\boldsymbol{x}$ 表示为新坐标系 $\boldsymbol{U}'$ 下的表示 $\boldsymbol{y}$，然后再将 y_i 沿新坐标系下的第 i 个轴 $\boldsymbol{u}_{i'}$ 伸缩为原来的 σ_i 倍。如果在原始坐标系 $\boldsymbol{E}=(\boldsymbol{e}_1,\boldsymbol{e}_2,\cdots,\boldsymbol{e}_n)$中，随机变量 $\boldsymbol{x}$ 分布在一个半径为 R 的超球面上，那么 $\boldsymbol{z}$ 将会是新坐标系 $\boldsymbol{U}$ 下的一个超椭圆，且第 i 个轴上的半径为 $R\sigma_i$。

9.2.5 实例：基于奇异值分解实现图片压缩

Lenna 图①是计算机图形学中广为使用的示例图片，如图 9-4 所示。

图 9-4 Lenna 图

本节使用 SVD 对 Lenna 图进行压缩。压缩使用的核心代码如代码清单 9-3 所示。在 SVD 类的构造函数中，会根据传入的 img_path 参数读取 Lenna 图并进行 SVD 分解。相反的过程被封装在 compress_img 中。假设在压缩图片时使用了 k 个奇异值，compress_img 可以根据这些数据恢复原始图像。

---

① 图片来源：http://www.lenna.org/full/l_hires.jpg。

代码清单 9-3 使用 SVD 压缩图片

```
import numpy as np
from PIL import Image

class SVD:
    def __init__(self, img_path):
        with Image.open(img_path) as img:
            img = np.asarray(img.convert('L'))
        self.U, self.Sigma, self.VT = np.linalg.svd(img)

    def compress_img(self, k: "# singular value") -> "img":
        return self.U[:, :k] @ np.diag(self.Sigma[:k]) @ self.VT[:k, :]
```

调用代码如代码清单 9-4 所示。

代码清单 9-4 调用 SVD

```
model = SVD('lenna.jpg')
result = [
    Image.fromarray(model.compress_img(i))
    for i in [1, 10, 20, 50, 100, 500]
]
```

代码运行结果如图 9-5 所示，其中每个子图为 Lenna 图在不同 k 值下的压缩效果。可以看到当 $k \approx 100$ 时，就已经能够很好地表示原始图像。

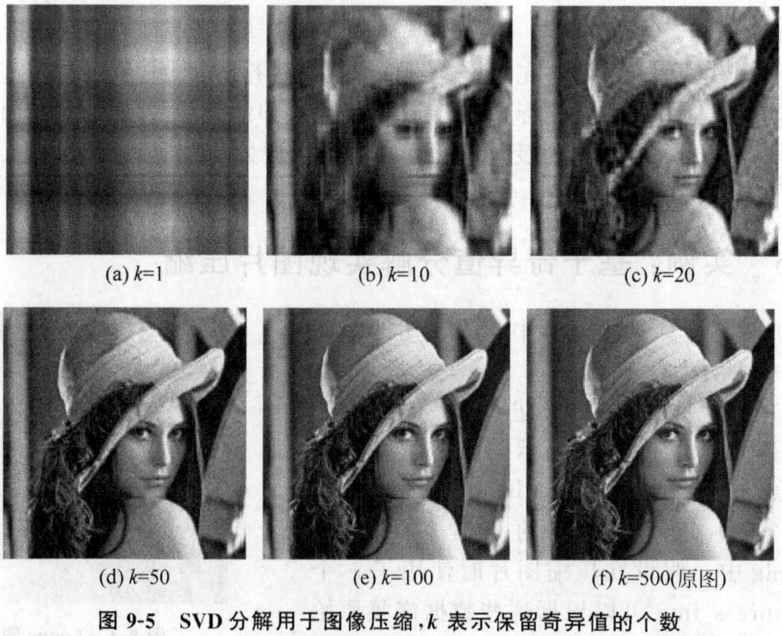

(a) k=1 (b) k=10 (c) k=20

(d) k=50 (e) k=100 (f) k=500(原图)

图 9-5 SVD 分解用于图像压缩，k 表示保留奇异值的个数

第 10 章 聚 类

CHAPTER 10

聚类的目的是对样本集合进行自动分类，以发掘数据中隐藏的信息、结构，从而发现可能的商业价值。聚类时，相似的样本被划分到相同的类别，不同的样本被划分到不同的类别。聚类的宗旨是：类内距离最小化，类间距离最大化。同一个类别中的样本应该尽可能靠拢，不同类别的样本应该尽可能分离，以避免误分类的发生。

聚类任务的形式化描述为：给定样本集合 $D=\{\boldsymbol{x}_1,\boldsymbol{x}_2,\cdots,\boldsymbol{x}_m\}$，通过聚类算法将样本划分到不同的类别，使得特征相似的样本被划分到同一个簇，不相似的样本划分到不同的簇，最终形成 k 个簇 $C=\{C_1,C_2,\cdots,C_k\}$。聚类分为硬聚类和软聚类。对于硬聚类，聚类之后形成的簇互不相交，即对任意的两个簇 C_i 和 C_j，有 $C_i\cap C_j=\varnothing$。对于软聚类，同一个样本可能同时属于多个类别。

10.1 距离度量

聚类过程中需要计算样本之间的相似程度，即样本之间距离的度量。常用的距离度量方式有：闵可夫斯基距离、余弦相似度、马氏距离、汉明距离等。

10.1.1 闵可夫斯基距离

闵可夫斯基距离将样本看作高维空间中的点来进行距离的度量。设给定样本点的集合 D，对于其中任意的 n 维向量 $\boldsymbol{x}_i=(x_i^1,x_i^2,\cdots,x_i^n)^{\mathrm{T}}$ 和 $\boldsymbol{x}_j=(x_j^1,x_j^2,\cdots,x_j^n)^{\mathrm{T}}$，闵可夫斯基距离(Minkowski Distance)定义为

$$m_{ij}=\left(\sum_{k=1}^{n}|x_i^k-x_j^k|^p\right)^{\frac{1}{p}} \tag{10-1}$$

其中，$p\geqslant 1$，$|x_i^k-x_j^k|^p$ 为 $x_i^k-x_j^k$ 的 p 范数。当 $p=1$ 时，有

$$m_{ij}=\sum_{k=1}^{n}|x_i^k-x_j^k| \tag{10-2}$$

此时又称为曼哈顿距离(Manhattan Distance)，即绝对值之和。直观上，当 $n=2$ 时，曼哈顿距离表示从 $\boldsymbol{x}_i$ 出发，只能沿水平或竖直方向前进到达 $\boldsymbol{x}_j$ 的最短距离。

当 $p=2$ 时，有

$$m_{ij}=\left(\sum_{k=1}^{n}|x_i^k-x_j^k|^2\right)^{\frac{1}{2}} \tag{10-3}$$

此时，又称为欧几里得距离或者欧氏距离(Euclidean Distance)。直观上，当 $n=2$ 时，欧氏距离表示二维空间上两点之间的直线距离。

当 $p=\infty$ 时，有

$$m_{ij}=\max_k |x_i^k-x_j^k| \tag{10-4}$$

此时，又称为切比雪夫距离(Chebyshev Distance)。直观上，当 $n=2$ 时，切比雪夫距离表示横坐标和纵坐标方向上分量之差的绝对值的最大值。

不同种类的闵可夫斯基距离比较如图 10-1 所示。

使用闵可夫斯基距离作为距离度量时，两个样本之间的距离越小，相似度越大；两个样本点之间的距离越大，相似度越小。

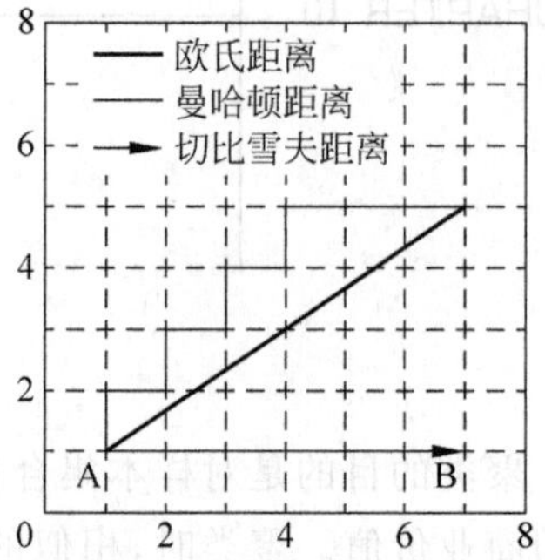

图 10-1 闵可夫斯基距离(见彩插)

10.1.2 余弦相似度

余弦相似度通过将样本看作是高维空间的向量进行度量。给定样本向量 $\boldsymbol{x}_i$ 和 $\boldsymbol{x}_j$，两者之间的余弦相似度(Cosine Similarity)定义为

$$c_{ij}=\frac{\sum_{k=1}^{n}x_i^k x_j^k}{\sqrt{\sum_{k=1}^{n}x_i^k\sum_{k=1}^{n}x_j^k}} \tag{10-5}$$

直观上，当 $n=2$ 时，余弦相似度表示二维空间中两条直线之间的夹角的余弦值。使用余弦相似度进行距离度量时，两个样本之间的夹角越小，相似度越大；夹角越大，相似度越小。

10.1.3 马氏距离

马哈拉诺比斯距离(Mahalanobis Distance)，又称马氏距离。生产环境中，变量之间往往存在一定的相关性，比如人的身高和体重，马氏距离能够同时考虑变量之间的相关性且又独立于尺度。

给定用矩阵表示的样本集合 $\boldsymbol{X}=(x_{ij})_{m\times n}$，矩阵中的每一列表示样本的一个特征分量，每行表示一个样本。样本集合的协方差矩阵记为$\boldsymbol{\Sigma}$，则对于任意给定样本 $\boldsymbol{x}_i$ 和 $\boldsymbol{x}_j$，两者之间的马氏定义为

$$m_{ij}=\sqrt{(\boldsymbol{x}_i-\boldsymbol{x}_j)^{\mathrm{T}}\boldsymbol{\Sigma}^{-1}(\boldsymbol{x}_i-\boldsymbol{x}_j)} \tag{10-6}$$

可以看到，当样本的各个特征分量两两无关，即矩阵 $\boldsymbol{x}$ 的协方差矩阵为单位阵时，马氏距离退化为欧氏距离，即欧氏距离是马氏距离的特例。使用马氏距离作为度量时，两个样本之间的距离越小，相似度越大；距离越大，相似度越小。

10.1.4 汉明距离

令样本各分量的取值只能为0或1时，即 $x_i^k \in \{0,1\}$，则样本 $\boldsymbol{x}_i$ 和 $\boldsymbol{x}_j$ 之间的汉明距离定义为

$$h_{ij} = \sum_{k=1}^{n} I\{x_i^k \neq x_j^k\} \tag{10-7}$$

汉明距离规定样本各分量的取值只能为0或者1，通过比较两个样本的每个特征分量是否相同来进行距离度量。使用汉明距离进行度量时，距离越小，相似度越大；距离越大，相似度越小。

不同的距离度量方式有着各自不同的适用场景，比如欧氏距离计算的是高维空间中两点之间的距离，而余弦相似度则计算的是两个高维向量之间的余弦夹角。假设表示两个样本的向量 $\boldsymbol{x}_i$ 和 $\boldsymbol{x}_j$ 线性相关，即 $\boldsymbol{x}_i = \lambda \boldsymbol{x}_j$，则他们的余弦相似度为1，表示两者完全相同，而欧氏距离则不一定为0(欧氏距离为0时，两者完全相同)。

10.2 层次聚类

层次聚类是一种按照不同的尺度逐层进行聚类的一种聚类方法，聚类后的模型呈树状结构，每个样本处于树中叶子节点的部分，非叶子节点表示不同尺度下的类别。特别地，树的根节点表示将所有的样本都划分到同一个类别。聚类后，依据预先设定的类别数目，在相应的尺度上对树进行"剪枝"，"剪枝"下来的每棵子树中的所有节点形成一个类，用该类中所有节点的均值作为类的中心点 C_i^*，即该类的标记。在预测时，对于新的样本点，可以计算样本点与每个类别中心的相似度，将其划分到距离最小的类别。考虑到不同的类别规模可能不同，在距离度量方式使用欧氏距离的时候，也可以在欧氏距离的基础上减去每个类的半径后再进行分类。类的半径定义为类中距类的中心点距离最远的样本到类的中心点的距离，即

$$r_i = \max_{c=1,2,\cdots,|C_k|} d_{ic} \tag{10-8}$$

其中，d_{ic} 表示第 i 个类别的中心点与类中第 c 个样本之间的相似度，$|C_k|$ 表示类别 C_k 中样本的数目。

层次聚类可自底向上进行也可自顶向下进行。在自顶向下进行时，首先将所有的样本都划分到同一个类别作为树的根节点，然后再依据一定的距离度量方式将根节点划分成两棵子树，在子树上递归进行划分直到子树中只剩一个样本为止，此时的子树为叶节点。在自底向上进行时，首先将每一个样本都划分到一个单独的类，然后依据一定的距离度量方式每次将距离最近的两个类别进行合并，直到所有的样本都合并为一个类别为止。

定义两个类别 C_i 和 C_j 之间的最小距离函数为两个类别中距离最小的两个样本之间的距离，即

$$d_{\min}(C_i, C_j) = \min\{d(\boldsymbol{x}_p, \boldsymbol{x}_q) \mid \boldsymbol{x}_p \in C_i, \boldsymbol{x}_q \in C_j\} \tag{10-9}$$

定义两个类别 C_i 和 C_j 之间的最大距离函数为两个类别中距离最大的两个样本之间的距离，即

$$d_{\max}(C_i,C_j)=\max\{d(\boldsymbol{x}_p,\boldsymbol{x}_q)\mid \boldsymbol{x}_p\in C_i,\boldsymbol{x}_q\in C_j\} \tag{10-10}$$

定义两个类别 C_i 和 C_j 之间的平均距离函数为两个类别中所有样本之间距离的平均距离，即

$$d_{\mathrm{avg}}(C_i,C_j)=\frac{1}{|C_i\|C_j|}\sum_{\boldsymbol{x}_p\in C_i}\sum_{\boldsymbol{x}_q\in C_j}d(\boldsymbol{x}_p,\boldsymbol{x}_q) \tag{10-11}$$

定义两个类别 C_i 和 C_j 之间的中心距离为两个类别中心点$\bar{\boldsymbol{x}}_i$ 和$\bar{\boldsymbol{x}}_j$ 之间的距离，即

$$d_{cen}(C_i,C_j)=d(\bar{\boldsymbol{x}}_i,\bar{\boldsymbol{x}}_j) \tag{10-12}$$

其中

$$\begin{cases}\bar{\boldsymbol{x}}_i=\dfrac{1}{|C_i|}\displaystyle\sum_{\boldsymbol{x}_p\in C_i}\boldsymbol{x}_p\\ \bar{\boldsymbol{x}}_j=\dfrac{1}{|C_j|}\displaystyle\sum_{\boldsymbol{x}_q\in C_j}\boldsymbol{x}_q\end{cases} \tag{10-13}$$

层次聚类一般使用类间的最小距离作为距离的度量。自下而上的层次算法的描述如算法 10-1 所示。

算法 10-1　层次聚类

输入：样本集合 $D=\{\boldsymbol{x}_1,\boldsymbol{x}_2,\cdots,\boldsymbol{x}_m\}$；聚类的类别数目 K

输出：层次化聚类形成的簇的集合

1\. 初始化过程：将每个样本初始化为一个类

$$C_i=\{x_i\},\quad i\in\{1,2,\cdots,m\}$$

返回结果的集合的初始化

$$A_1=\bigcup_{i=1}^{m}\{C_i\}$$

初始化类别索引集合

$$I=\{1,2,\cdots,m\}$$

并计算两两之间的距离

$$D(i,j)=d(C_i,C_j),\quad i,j\in\{1,2,\cdots,m\}$$

2\. 不断合并距离最小的类别，形成新类，直到所有的样本都合并为 1 个类别

for $k=1,2,\cdots,m-1$　　//记录迭代次数

　$p,q=\arg\min\limits_{i,j\in I,i\neq j}D(i,j)$　　//找到距离最近的两个类的索引

　$C_{m+k}=C_p\cup C_q$

　$I=(I\setminus\{p,q\})\cup\{m+k\}$　　//更新类的索引集合

　$D_{i,m+k}=d(C_i,C_{m+k}),\quad i\in I-\{m+k\}$

　$A_{k+1}=(A_k\setminus\{C_p,C_q\})\cup C_{m+k}$

end for

Return A_{m+1-K}　　//对任意给定的聚类数目 K，返回聚类形成的簇的集合

上面介绍的算法需要用所有的样本建立一棵完整的树，实际建立树的过程中，如果预先指定了聚类的数目 K，则在整个样本集合被分成 K 个类别时即可停止建树的过程。

10.3 *K*-Means 聚类

K-Means 聚类又称 *K*-均值聚类。对于给定的欧式空间中的样本集合，*K*-Means 聚类将样本集合划分为不同的子集，每个样本只属于其中的一个子集。*K*-Means 算法是典型的 EM 算法，通过不断迭代更新每个类别的中心，直到每个类别的中心不再改变或者满足指定的条件为止。

K-Means 聚类需要指定聚类的类别数目 K。首先，任意初始化 K 个不同的点，当作每个类别的中心点，然后将样本集合中的每个样本划分到距离其最近的类。然后对每个类别，以其中样本的均值作为新的类别中心，继续将每个样本划分到距离其最近的类别，直到类别中心不再发生显著变化为止。*K*-Means 的算法过程描述如算法 10-2 所示。

算法 10-2 *K*-Means 聚类

输入： 样本集合 $D=\{\boldsymbol{x}_1,\boldsymbol{x}_2,\cdots,\boldsymbol{x}_m\}$；聚类的类别数目 K；阈值 ε

输出： *K*-Means 聚类形成的簇的中心

1\. 从 D 中抽取 K 个不同的样本作为每个类别的中心点，每个类别的中心用 C_i^* 表示.

$$C_i^* = \text{Random}(D), \quad i \in \{1,2,\cdots,K\}$$

while 每个类别中心的变化 $\Delta C_i^* > \varepsilon, i \in \{1,2,\cdots,K\}$

2\. 将每个样本划分到与其距离最近的样本

$$C_i = \{x_j \mid i = \underset{k\in\{1,2,\cdots,K\}}{\arg\min}\ d(x_j, C_k^*)\}$$

3\. 更新每个类别的中心

$$C_i^* = \frac{1}{|C_i|}\sum_{x\in C_i} x$$

end while

return $\{C_i^* \mid i=1,2,\cdots,K\}$ //返回聚类形成的每个类别的中心

可以证明，*K*-Means 聚类是一个收敛的算法，本书略。*K*-Means 聚类不能保证收敛到全局最优解，所以每次随机选取的类别中心不同，聚类的结果也会不同。关于 K 值的选取，一般需要根据实际问题指定，也可以多次尝试不同的 K 值，选取其中效果最佳的。

K-Means 聚类是一个广泛使用的聚类算法，以人脸聚类聚类为例。假定现有一片杂乱无章的照片，需要将同一个人的照片都划分到相同的类别。首先通过人脸识别算法为每张照片中的人脸提取特征向量，然后使用 *K*-Means 聚类算法对人脸特征向量进行聚类，这样就能够实现一个智能相册。

10.4 *K*-Medoids 聚类

K-Medoids 聚类算法与 *K*-Means 聚类的原理相似，不同的是，*K*-Means 聚类可以用不在样本集合中的点表示每个类别的中心，而 *K*-Medoids 聚类则要求每个类别的中心必须是样本中的点。*K*-Medoids 的算法描述如算法 10-3 所示。

算法 10-3 *K*-Medoids 聚类

输入：样本集合 $D=\{\boldsymbol{x}_1,\boldsymbol{x}_2,\cdots,\boldsymbol{x}_m\}$；聚类的类别数目 K

输出：K-Medoids 聚类形成的簇的中心

1. 从 D 中抽取 K 个不同的样本作为每个类别的中心点，每个类别的中心用 C_i^* 表示.

$$C_i^* = \text{Random}(\{1,2,\cdots,m\}), \quad i\in\{1,2,\cdots,K\}$$

缓存每个样本点之间的距离 d_{ij}

$$d_{ij}=d_{ji}=d(\boldsymbol{x}_i,\boldsymbol{x}_j), \quad i,j\in\{1,2,\cdots,m\}$$

repeat

2. 将每个样本划分到与其距离最近的样本

$$C_i=\{x_j \mid i=\underset{k\in\{1,2,\cdots,K\}}{\arg\min}\ d_{j,C_k^*}\}$$

3. 更新每个类别的中心

$$C_i^* = \underset{j\in C_i}{\arg\min}\sum_{p\in C_i} d_{pj}$$

until $\{C_i^* \mid i=1,2,\cdots,K\}$不再发生变化

return $\{C_i^* \mid i=1,2,\cdots,K\}$　　//返回聚类形成的每个类别的中心

10.5 DBSCAN

基于密度的聚类方法通过空间中样本分布的密度进行聚类，能够对任意形状的簇进行聚类，而基于距离的聚类方法(如K-Means)形成的簇则呈球状。直观上，在二维空间中，K-Means 聚类的结果是，每个簇都是一个圆形，而基于密度的聚类方法则能够实现对任意形状的簇的聚类。

DBSCAN 是一种典型的基于密度的聚类方法。该方法由两个参数确定，ε 表示半径，MinPts 表示点的数目阈值，通常参数使用一个二元组(ε，MinPts)表示。在描述 DBSCAN 算法之前，首先进行如下定义。

(1) ε-邻域：样本集合 D 中任意一点 $\boldsymbol{x}_i$ 的 ε-邻域，表示以 $\boldsymbol{x}_i$ 为中心，到 $\boldsymbol{x}_i$ 的半径不超过 ε 的样本点组成的集合，记为 $N_\varepsilon(\boldsymbol{x}_i)=\{\boldsymbol{x}_j \mid d(\boldsymbol{x}_i,\boldsymbol{x}_j)\leqslant\varepsilon\}$。

(2) 核心点(core point)：对任意的样本点 $\boldsymbol{x}_i$，如果 $\boldsymbol{x}_i$ 的 ε-邻域内包含的点的数目大于等于 MinPts，即 $N_\varepsilon(\boldsymbol{x}_i)\geqslant$MinPts，则称 $\boldsymbol{x}_i$ 为一个核心点。

(3) 边界点(border point)，如果样本 $\boldsymbol{x}_i$ 不是核心点，但是它被包含在至少一个其它核心点的 ε-邻域内，则称 $\boldsymbol{x}_i$ 为边界点。

(4) 噪声点(noise point)：如果样本 $\boldsymbol{x}_i$ 即不是核心点也不是边界点，则该样本为噪声点，聚类时将被忽略。可见 DBSCAN 聚类具有一定的抗干扰能力。

(5) 密度直达(directly density-reachable)：如果样本 $\boldsymbol{x}_j$ 位于样本 $\boldsymbol{x}_i$ 的 ε-邻域内，则称由 $\boldsymbol{x}_i$ 到 $\boldsymbol{x}_j$ 可密度直达。

(6) 密度可达(density-reachable)：对于样本 $\boldsymbol{x}_i$ 和样本 $\boldsymbol{x}_j$，如果存在一个密度直达样本序列 $\boldsymbol{x}_i,\boldsymbol{p}_1,\boldsymbol{p}_2,\cdots,\boldsymbol{p}_n,\boldsymbol{x}_j$，则称由 $\boldsymbol{x}_i$ 到 $\boldsymbol{x}_j$ 密度可达。

(7) 密度相连(density-connected)：对于样本 $\boldsymbol{x}_i$ 和样本 $\boldsymbol{x}_j$，如果存在一个样本点 $\boldsymbol{p}$，使

得 $\boldsymbol{x}_i$ 和 $\boldsymbol{x}_j$ 都由 $\boldsymbol{p}$ 密度可达,则称样本 $\boldsymbol{x}_i$ 和样本 $\boldsymbol{x}_j$ 密度相连。

DBSCAN 算法的过程描述如算法 10-4 所示。

算法 10-4 DBSCAN 聚类

输入:样本集合 D,聚类参数二元组(ε,MinPts)

输出:DBSCAN 聚类形成的簇的集合

```
初始化核心对象的集合
Ω = ⋃_{N_ε(x_i)≥MinPts} {x_i}
C = ∅        //聚类形成的簇的集合
while Ω≠∅
    从 Ω 中取出一个样本 x,即 Ω = Ω - {x},并初始化一个队列 Q = {x}.
    C_k = {x}
    while Q≠∅
        从 Q 中取出队首元素 q
        C_k = C_k ∪ (N_ε(q) ∩ Ω)
        Q = Q ∪ (N_ε(q) ∩ Ω)
        Ω = Ω - N_ε(q)
    end while
    C = C ∪ {C_k}
end while
return C
```

DBSCAN 聚类的聚类过程可描述为:给定参数 ε 和 MinPts,任选一个核心点作为种子,并以此为基础,依据密度可达的标准形成一个簇。之后不断选择未被使用的核心点作为新的种子形成新的簇,直到所有的核心点都被使用完毕,聚类结束。可以看到 DBSCAN 聚类算法不需要指定聚类的数目。对于密度太低的点,DBSCAN 具有一定的抗干扰能力。

图 10-2 是通过数据采样工具随机生成的两个月牙形的簇和一个圆形的簇。现分别在其上运行 K-Means 聚类和 DBSCAN 聚类算法进行对比。如图 10-3(a)所示,当指定聚类个数 $K=3$ 时,K-Means 聚类结果显然不符合数据的实际分布。如图 10-3(b)所示,当指定 DBSCAN 聚类的参数为 $\varepsilon=0.25$,MinPts=10 时,可以自动聚类得到 4 个类别,其中 ε 为 DBSCAN 识别出来的噪声点,显示了 DBSCAN 聚类算法的抗干扰能力。除此之外,DBSCAN 将剩余的点正确聚为 3 个类别,与样本真实分布整体接近。

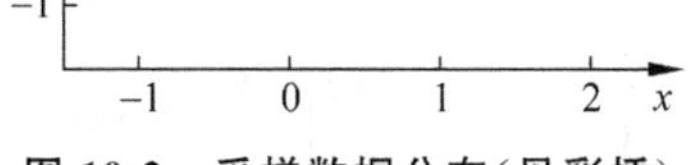

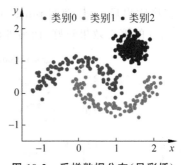

图 10-2 采样数据分布(见彩插)

对于 DBSCAN 聚类,若 ε 太大,则可能会导致聚类数目较少,若干相邻的簇可能会被合并为一个,极端情况下,会将所有样本聚为一个簇。若 MinPts 太大,同样可能会导致聚类数目较少。因此,选择合适的参数非常重要。

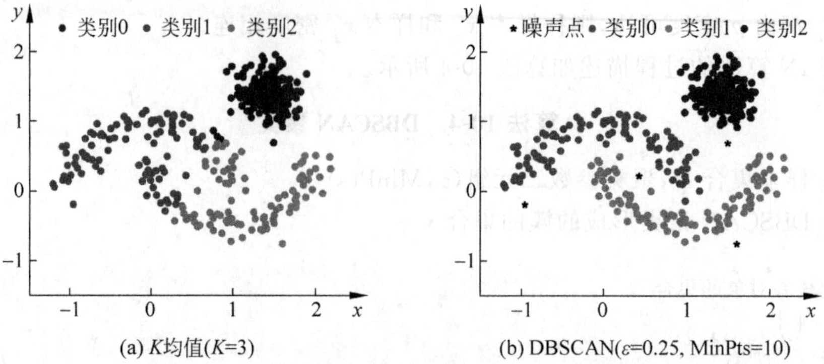

图 10-3 *K*-Means 聚类对比 DBSCAN 聚类(见彩插)

10.6 实例：基于 *K*-Means 实现鸢花聚类

本节基于鸢尾花数据集实现 K-Means 聚类，整体流程与 8.5 节类似。模型训练与测试代码如代码清单 10-1 所示。

代码清单 10-1 *K*-Means 模型的训练与评估

```
from sklearn.cluster import KMeans
from sklearn.datasets import load_iris
import matplotlib.pyplot as plt
if __name__ == '__main__':
    iris = load_iris()
    model = KMeans(n_clusters = 3)
    pred = model.fit_predict(iris.data)
    print(score(pred, iris.target))
```

程序输出显示，模型的 purity 评分为 0.893。图 10-4 展示了模型的聚类结果。可以发现 Setosa 的聚类效果较好，而另外两类样本由于本身差别不明显，所以聚类效果较差。

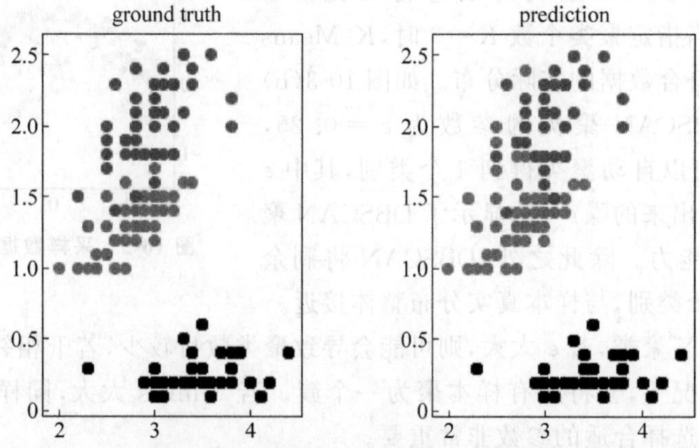

图 10-4 聚类结果可视化(见彩插)

第 11 章 神经网络与深度学习

CHAPTER 11

近些年来神经网络在计算机视觉、自然语言处理、语音识别等领域产生了突破性的进展，成功应用于生产实践并引发了新一轮人工智能的科技变革。人工智能逐渐在各行各业赋能，如智能交通、自动驾驶、智能制造、智慧医疗、智能客服、智能物流等。人们正在进入人工智能时代。

11.1 神经元模型

神经网络的基本组成单位是神经元模型，用于模拟生物神经网络中的神经元。生物神经网络中，神经元的功能是感受刺激传递兴奋。每个神经元通过树突接受来自其他被激活神经元的，通过轴突释放出来的化学递质，改变当前神经元内的电位，然后将其汇总。当神经元内的电位累计到一个水平时就会被激活，产生动作电位，然后通过轴突释放化学物质。

机器学习中的神经元模型类似于生物神经元模型，由一个线性模型和一个激活函数组成。表示为

$$y=f(\boldsymbol{\omega}^{\mathrm{T}}\boldsymbol{x}+b) \tag{11-1}$$

其中，$\boldsymbol{x}$ 为上一层神经元的输出，$\boldsymbol{\omega}^{\mathrm{T}}$ 为当前神经元与上一层神经元的连接权重，b 为偏置，f 为激活函数。激活函数的作用是进行非线性化，这是因为现实世界中的数据仅通过线性化建模往往不能够反应其规律。

常用的激活函数有 Sigmoid、ReLU、PReLU、Tanh、Softmax 等。下面对这些激活函数的介绍。

1. Sigmoid 函数

$$\mathrm{Sigmoid}(x)=\frac{1}{1+\mathrm{e}^{-x}} \tag{11-2}$$

如图 11-1 所示，Sigmoid 函数的输出介于 0～1 之间。到 $x=0$ 时，y 接近于 0.5；当 x 远离原点 0 时，y 快速向左逼近 0 或者向右逼近 1。Sigmoid 函数的优点有易于求导 $\frac{\mathrm{d}y}{\mathrm{d}x}=y(1-y)$；输出区间固定，训练过程不易发散；可作为二分类问题的概率输出函数。当一个输入 x 有多个输出时，可以在神经网络的输出层使用多个 Sigmoid 函数计算其属于或不属于某个类别的概率。Sigmoid 函数的缺点在于当 x 远离原点时，Sigmoid 导数快速趋于 0，

当神经网络层数较深时容易造成梯度消失，这种现象称为饱和。

2. ReLU 函数

$$\mathrm{ReLU}(x)=\max(0,x) \tag{11-3}$$

ReLU(Rectified Linear Unit)函数是目前广泛使用的一种激活函数。如图 11-2 所示，ReLU 函数在 $x>0$ 时导数值恒为 1，所以不存在梯度消失的问题。对比 Sigmoid 函数，ReLU 函数还有运算简单、求导简单等优点。此外，ReLU 还能起到很好的稀疏化作用，对 $x\geqslant 0$ 的特征进行保留，对 $x<0$ 的特征则进行裁剪。ReLU 的缺点在于其会导致一些神经元无法激活，且输出分布不以 0 为中心。LeakyReLU 在 $x<0$ 时的输出值为 σx，其中 σ 是一个极小值，在保证能起到非线性化作用的情况下，使得神经元在 $x<0$ 时仍然能够被激活。

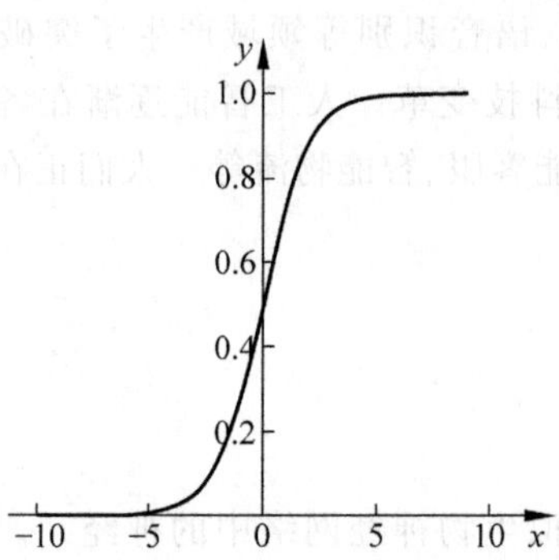

图 11-1　Sigmoid

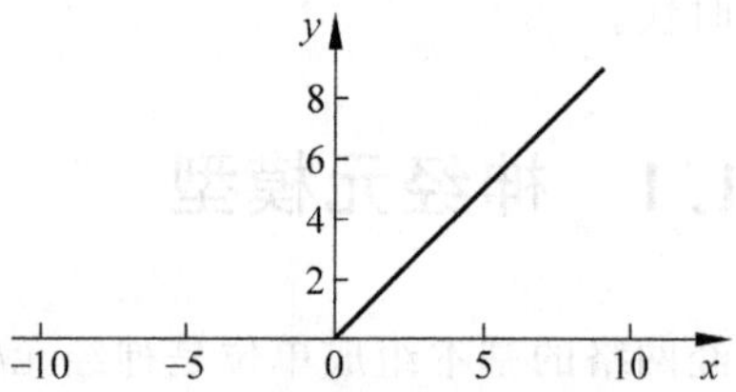

图 11-2　ReLU

3. tanh 函数

$$y=\tanh x=\frac{\mathrm{e}^{x}-\mathrm{e}^{-x}}{\mathrm{e}^{x}+\mathrm{e}^{-x}} \tag{11-4}$$

如图 11-3 所示，tanh 的取值范围在(−1，1)之间，其函数曲线与 Sigmoid 函数类似。tanh 的导数为$\frac{\mathrm{d}y}{\mathrm{d}x}=1-y^{2}$。tanh 的值域要大于 Sigmoid，梯度更大，所以使用 tanh 的神经网络往往收敛更快。

4. Softmax 函数

$$y_i=\mathrm{Softmax}(\boldsymbol{x},i)=\frac{\mathrm{e}^{x_i}}{\sum_{j=1}^{n}\mathrm{e}^{x_j}} \tag{11-5}$$

Softmax 函数常用于将函数的输出转化为概率分布。例如，多分类问题中使用 Softmax 函数将模型的输出转化为每个类别的概率分布，如图 11-4 所示。直观上，当我们对一个样本进行分类时，使用 arg max 是最佳的选择。但是由于 arg max 不可导，所以需要用一个“软”的 max 来近似，这就是 Softmax 中 Soft 的由来。Softmax 可以看作是 arg max 的一个平滑近似。

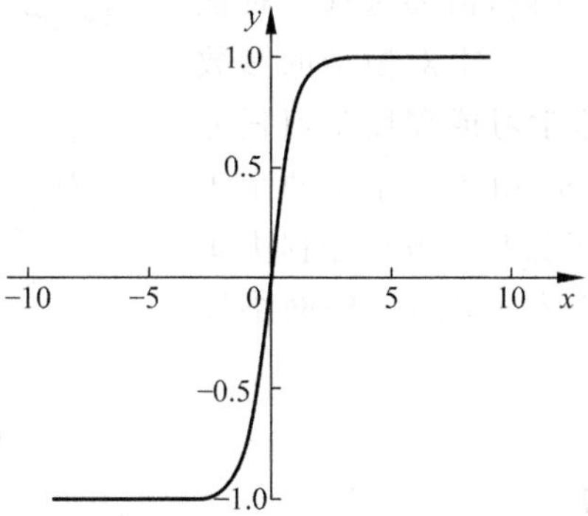

图 11-3 tanh

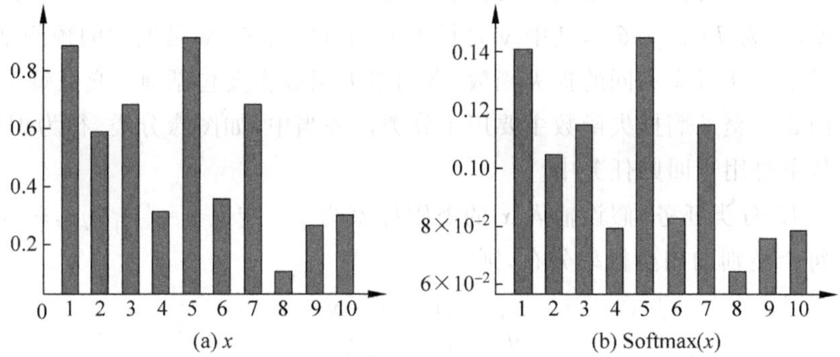

图 11-4 Softmax

11.2 多层感知机

多层感知机通过堆叠多个神经元模型组成，是最简单的神经网络模型。这里以一个3层的二分类感知机为例。图11-5中 $\boldsymbol{x}=(x_1,x_2)$ 称为输入层，包含两个节点，对应数据的两个特征；$\boldsymbol{y}=(y_1,y_2)$ 称为输出层，包含两个节点；除输入层 $\boldsymbol{x}$ 和输出层 $\boldsymbol{y}$ 之外的层称为隐藏层，图中只有一个隐藏层 $\boldsymbol{h}$，神经元节点个数为4。输入层与隐藏层、隐藏层与输出层之间的神经元节点两两都有连接。输入层 $\boldsymbol{x}$ 没有激活函数，假设隐藏层 $\boldsymbol{h}$ 的激活函数为Sigmoid，输出层的激活函数为Softmax函数。记输入层到隐藏层的参数为 $\boldsymbol{\alpha}^{\mathrm{T}}=(\boldsymbol{\alpha}_1^{\mathrm{T}},\boldsymbol{\alpha}_2^{\mathrm{T}},\cdots,\boldsymbol{\alpha}_4^{\mathrm{T}})$。其中 $\boldsymbol{\alpha}_i=(\alpha_{i1},\alpha_{i2})$；记隐藏层到输出层的参数为 $\boldsymbol{\beta}^{\mathrm{T}}=(\boldsymbol{\beta}_1^{\mathrm{T}},\boldsymbol{\beta}_2^{\mathrm{T}})$，其中 $\boldsymbol{\beta}_i=(\beta_{i1},\beta_{i2},\cdots,\beta_{i4})$。则整个多层感知机神经网络 $\boldsymbol{y}=f(\boldsymbol{x})$ 可以描述为

$$\begin{cases}\boldsymbol{a}=\boldsymbol{\alpha}^{\mathrm{T}}\boldsymbol{x}\\ \boldsymbol{h}=\mathrm{Sigmoid}(\boldsymbol{a})\\ \boldsymbol{z}=\boldsymbol{\beta}^{\mathrm{T}}\boldsymbol{h}\\ \boldsymbol{y}=\mathrm{Softmax}(\boldsymbol{z})\end{cases} \tag{11-6}$$

即 $\boldsymbol{y}=f(\boldsymbol{x})=\mathrm{Softmax}(\boldsymbol{\beta}^{\mathrm{T}}\mathrm{Sigmoid}(\boldsymbol{\alpha}^{\mathrm{T}}\boldsymbol{x}))$。这样就得到了一个简单的二分类多层感知机模型，该模型的输入是原始数据的特征 $\boldsymbol{x}$，输出是 $\boldsymbol{x}$ 属于每个类别的概率分布。

目前模型 f 的参数是未知的，需要选择一种优化算法、一个损失函数通过大量样本对模型的参数进行估计。整体上，任何机器学习或深度学习任务都可归结为分类或者回归任务，由此产生了两个主要的损失函数：交叉熵损失函数和平方误差损失函数。反向传播算法是一种广泛使用的神经网络模型训练算法。

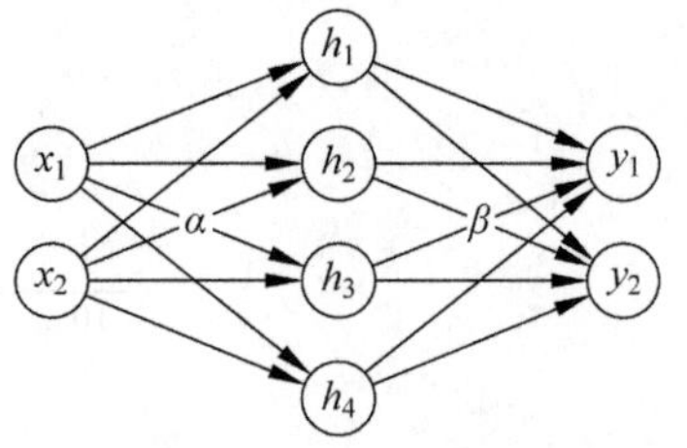

图 11-5 多层感知机

11.3 损失函数

损失函数被用于对神经网络模型的性能进行度量，其评价的是模型预测值与真实值之间的差异程度，记为 $J(\hat{y},y;\boldsymbol{\theta})$，其中 y 是样本 $\boldsymbol{x}$ 的真实标签，$\hat{y}$ 是模型的预测结果。

不同的任务往往对应不同的损失函数，常用损失函数主要包括有：交叉熵损失函数、平方误差损失函数。交叉熵损失函数主要用于分类任务当中，如图像分类、行为识别等；平方误差损失函数主要用于回归任务中。

对于一个 K-分类任务，假设输入 $\boldsymbol{x}$ 的类别标签为 y。定义 $\boldsymbol{q}=[q_1,q_2,\cdots,q_y,\cdots,q_K]$ 表示 $\boldsymbol{x}$ 属于每个类别的期望概率分布，则

$$q_i=\begin{cases}1, & i=y\\ 0, & \text{其他}\end{cases} \tag{11-7}$$

记神经网络模型的输出

$$f(\boldsymbol{x})=\boldsymbol{p}=[p_1,p_2,\cdots,p_y,\cdots,p_K] \tag{11-8}$$

交叉熵损失函数用于衡量两个分布 $\boldsymbol{q}$ 和 $\boldsymbol{p}$ 之间的差异性，值越小越好

$$J(\boldsymbol{x};\boldsymbol{\theta})=-\sum_{i=1}^{K}q_i\log p_i=-\log p_y \tag{11-9}$$

对于一个回归任务，假设输入 $\boldsymbol{x}$ 的标签为 y。$f(\boldsymbol{x})$是模型的预测值，平方误差损失函数用于描述模型的预测值与真实标签之间的欧氏距离，距离越小越好

$$J(\boldsymbol{x};\boldsymbol{\theta})=\frac{1}{2}(y-f(\boldsymbol{x}))^2 \tag{11-10}$$

11.4 反向传播算法

反向传播算法[9]即梯度下降法。之所以称为反向传播，是由于在深层神经网络中，需要通过链式法则将梯度逐层传递到底层。

11.4.1 梯度下降法

梯度下降法是一种迭代优化算法。假设函数 $l(x)$是下凸函数，我们要求解函数 $l(x)$的最小值。根据泰勒公式将 $l(x)$进行展开，得到

$$l(x)=l(x_0)+l'(x_0)(x-x_0)+\frac{l''(x_0)}{2!}(x-x_0)^2+\cdots+\frac{l^{(n)}(x_0)}{n!}+R_n(x) \tag{11-11}$$

根据函数的数学性质，函数值沿着梯度的反方向下降最快。假设迭代开始时，数据点位于 x_0 处，则其向梯度指向的方向更新能够最快接近最优解，更新幅度称为学习率(记为 η)，则梯度下降法中 x 的更新公式为

$$x=x-\eta l'(x) \tag{11-12}$$

经过若干次迭代，就能近似得到模型的最小值及其对应的 $\boldsymbol{x}^*$。

当模型 f 为深度网络，其中包含多个参数时，需要使用链式法则进行求导，这就是反向传播算法。为简化描述，以样本$(\boldsymbol{x},y)$的一次迭代为例描述反向传播算法的计算过程，如算法 11-1 所示。

算法 11-1 反向传播算法

输入：输入样本及其标签$(\boldsymbol{x},y)$，神经网络模型 $f(\boldsymbol{x};\boldsymbol{\theta})$，损失函数 J。

输出：更新模型后的模型 $f(\boldsymbol{x};\theta^*)$

1. 将 $\boldsymbol{x}$ 输入模型，进行前向计算得到预测值 $\hat{y}$

$$\hat{y}=f(\boldsymbol{x})$$

2. 将模型的预测值 $\hat{y}$ 和真实标签 y 输入到损失函数 J，计算损失

$$J(\hat{y},y;\boldsymbol{\theta})$$

3. 使用链式法则从后向前，计算每一层的参数的梯度，并更新有参数的层的参数值(假设每种计算都视作一个层，如 $f=\mathrm{ReLU}(\boldsymbol{\omega}^{\mathrm{T}}\boldsymbol{x})+b$ 视作一个线性层和一个激活函数层)

for $l=L,L-1,\cdots,1$

$$\nabla_{f^l}J=\nabla_{f^L}J\odot\nabla_{f^{L-1}}f^L\cdots\nabla_{f^l}f^{l+1}$$

4. 如果 l 层有参数，则计算该层参数并更新，否则进入下一轮计算

  if f^l 层包含参数 θ^l

$$\nabla_{\boldsymbol{\theta}_l}J=\nabla_{f^l}J\odot\nabla_{\boldsymbol{\theta}_l}f^l$$

$$\boldsymbol{\theta}_l^*=\boldsymbol{\theta}_l-\eta\nabla_{\boldsymbol{\theta}_l}J$$

  end if

end for

return $f(\boldsymbol{x};\theta^*)$ //返回更新参数后的模型

对于前述多层感知机的例子，以参数 α_{11} 为例来说明模型的更新过程。假设输入 $\boldsymbol{x}$ 的类别标签为 1，则有

$$\begin{aligned}\frac{\partial J}{\partial\alpha_{11}}&=\frac{\partial J}{\partial\hat{y}_1}\frac{\partial\hat{y}_1}{\partial h_1}\frac{\partial h_1}{\partial a_1}\frac{\partial a_1}{\partial\alpha_{11}}\\&=-\frac{1}{\hat{y}_1}\left(\frac{\partial\hat{y}_1}{\partial z_1}\frac{\partial z_1}{\partial h_1}\frac{\partial h_1}{\partial a_1}\frac{\partial a_1}{\partial\alpha_{11}}+\frac{\partial\hat{y}_1}{\partial z_2}\frac{\partial z_2}{\partial h_1}\frac{\partial h_1}{\partial a_1}\frac{\partial a_1}{\partial\alpha_{11}}\right)\\&=-\frac{1}{\hat{y}_1}(\hat{y}_1(1-\hat{y}_1)\beta_{11}h_1(1-h_1)x_1-\hat{y}_1\hat{y}_2\beta_{21}h_1(1-h_1)x_1)\end{aligned} \tag{11-13}$$

之后使用学习率 η 对参数进行更新即可。

$$\alpha_{11} = \alpha_{11} - \eta \frac{\partial J}{\partial \alpha_{11}} \tag{11-14}$$

实际训练神经网络的过程中，往往需要进行很多轮迭代才能让神经网络参数达到收敛。对于多个样本的情形，假设样本集合的容量为 m，则损失函数为 $\sum_{i=1}^{m} J(\hat{y}_i, y_i; \boldsymbol{\theta})$。反向传播算法优化的也是这个损失函数，称为批梯度下降(Batch Gradient Descent，BGD)。实际优化神经网络参数的过程中，由于计算机硬件内存的限制，往往选择小批次梯度下降法(Mini Batch Gradient Descent)，每次只将一部分样本送入到模型中，用这一部分样本对模型进行一次迭代优化。相比批梯度下降算法，小批次梯度下降算法的优点有：可以将少部分样本都放入内存中；每次用不同的样本训练模型，模型不易陷入局部最优解。其缺点在于：需要耗费的时间较长，批梯度下降法可以通过增量的方式将所有样本都送入网络并迭代更新每层输出的均值及损失函数，最终只进行一次梯度反传及参数更新，而小批次梯度下降法则需要每次都进行梯度反传及参数更新。当小批次梯度下降法输入样本的个数为1时，称其为随机梯度下降法(Stochastic Gradient Descent，SGD)，此时参数更新的过程会发生较剧烈的震荡。神经网络的训练中最常用的优化算法是小批梯度下降法。一般的深度学习框架不对三者进行区分，统一称为随机梯度下降法 SGD。

除了原始的梯度下降算法，为提高神经网络的收敛速度，提高模型的准确率。人们还发明了其他梯度下降法的变种，其中带有动量的随机梯度下降法(Stochastic Gradient Descent with Momentum，SGDM)最为常用。SGDM 更新梯度时使用的是先前每个小批次值的滑动平均，梯度计算及参数更新过程如下。

$$\begin{cases} \nabla_{\boldsymbol{\theta}_l} J = \nabla_{f^l} J \ \nabla_{\boldsymbol{\theta}_l} f^l \\ \boldsymbol{v} = \lambda \boldsymbol{v} + (1-\lambda) \nabla_{\boldsymbol{\theta}_l} J \\ \boldsymbol{\theta}_l^* = \boldsymbol{\theta}_l - \eta \boldsymbol{v} \end{cases} \tag{11-15}$$

其中，$\boldsymbol{v}$ 为累积梯度，其初始值为0；λ 为滑动平均系数，控制当前梯度及先前累计梯度之间的比例。由于使用累计梯度进行参数更新，SGDM 能够很好地防止模型训练过程中梯度方向的剧烈震荡，从而提高神经网络的收敛速度。

由于 SGD 中，每次只将一个小批次的数据送入到模型中去训练，所以每个批次的损失函数都不一样，不易作图。图 11-6 中是一个含有两个参数的模型参数的优化过程，图中的 SGD 及 SGDM 分别表示批梯度下降和动量批梯度下降(即每次都使用全部样本训练)。可以看到，SGD 能够直接收敛到最优解附近，速度较慢，而 SGDM 优化速度较快，但是由于惯性，不易直接收敛到最优解。对于小批次梯度下降法，使用动量法可以很好地避免由于每次输入样本的不同而造成的梯度震荡。

11.4.2 梯度消失及梯度爆炸

神经网络的优化过程中，梯度消失及梯度爆炸是两个较为常见的问题。其中梯度消失问题尤为常见。

梯度消失问题是指，在反向传播算法中使用链式法则进行连乘时，靠近输入层的参数梯度几乎为0，即几乎消失。例如，如果深层神经网络的激活函数都选用 Sigmoid，因为 Sigmoid 函数极容易饱和(梯度为0)，所以越靠近输入层的参数在经过网络中夹杂的连续若

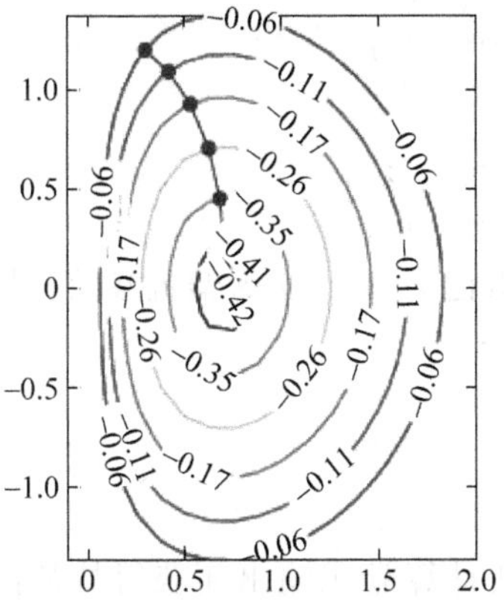

(a) SGD

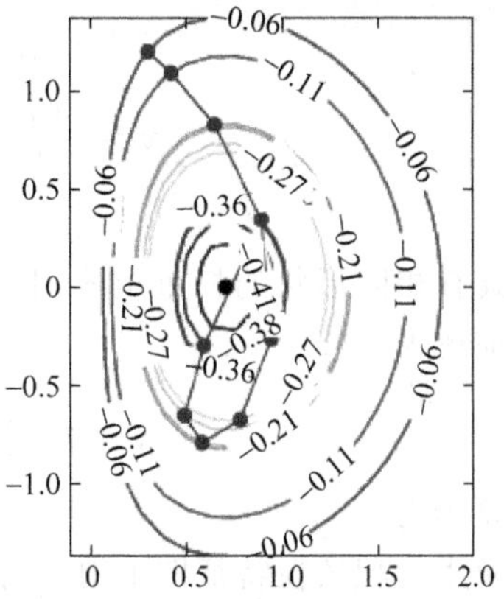

(b) SGDM

图 11-6 批梯度下降法和带动量的随机梯度下降法(见彩插)

干个 Sigmoid 的导数连乘后，梯度将几乎接近于 0。这样进行参数更新时，参数将几乎不发生变化，就会使得神经网络难以收敛。缓解梯度消失问题的主要方法有：更换激活函数，如选择 ReLU 这种梯度不易饱和的函数；调整神经网络的结构，减少神经网络的层数等。

梯度爆炸问题与梯度消失问题正好相反。如果神经网络的中参数的初始化不合理，由于每层的梯度与其函数形式、参数、输入均有关系，当连乘的梯度均大于 1 时，就会造成底层参数的梯度过大，导致更新时参数无限增大，直到超出计算机所能表示的数的范围。模型不稳定且不收敛。实际情况中，人们一般都将输入进行规范化，初始化权重往往分布在原点周围，所以梯度爆炸发生的频率一般要低于梯度消失。缓解梯度消失问题的主要方法有：①对模型参数进行合适的初始化，一般可以通过在其他大型数据集上对模型进行预训练以完成初始化，例如图像分类任务中人们往往会将在 ImageNet 数据集上训练好的模型参数迁移到自己的任务当中；②进行梯度裁剪，即当梯度超过一定阈值时就将梯度进行截断，这样就能够控制模型参数不会无限增长，从而限制了梯度不至于太大；③参数正则化，正则化能够对参数的大小进行约束，使得参数不至于太大等。

11.5 卷积神经网络

卷积神经网络(Convolutional Neural Network, CNN)是深度神经网络中的一种，受生物视觉认知机制启发而来，神经元之间使用类似动物视觉皮层组织的连接方式，大多数情况下用于处理计算机视觉相关的任务，例如分类、分割、检测等。与传统方法相比较，卷积神经网络不需要利用先验知识进行特征设计，预处理步骤较少，在大多数视觉相关任务上获得了不错的效果。卷积神经网络最先出现于 20 世纪 80 到 90 年代，LeCun 提出了 LeNet 用于解决手写数字识别的问题。随着深度学习理论的不断完善，计算机硬件水平的提高，卷积神经网络也随之快速发展。

11.5.1 卷积

介绍卷积神经网络之前，首先介绍卷积的概念。由于卷积神经网络主要用于计算机视觉相关的任务中，我们在这里仅讨论二维卷积，对于高维卷积，情况类似。

给定一张大小为 $m \times n$ 的图像，设 $\boldsymbol{x}$ 是图像上的一个 $k \times k$ 的区域，即

$$\boldsymbol{x}=\begin{bmatrix} x_{11} & x_{12} & \cdots & x_{1k} \\ x_{21} & x_{22} & \cdots & x_{2k} \\ \vdots & \vdots & \ddots & \vdots \\ x_{k1} & x_{k2} & \cdots & x_{kk} \end{bmatrix} \tag{11-16}$$

设$\boldsymbol{\omega}$ 是与 $\boldsymbol{x}$ 具有相同形状的权重矩阵,其中的元素记为 ω_{ij}；b 为偏置参数。则卷积神经元的计算可以描述为

$$y=f\left(\sum_{i=1}^{n}\sum_{j=1}^{n}\omega_{ij}x_{ij}+b\right) \tag{11-17}$$

其中 f 为激活函数。

卷积层使用卷积核在特征图上滑动,同时不断计算卷积输出而获得特征图每层卷积的计算结果。卷积核可以视为一个特征提取算子。卷积神经网络的每一层往往拥有多个卷积核用于从上一层的特征图中提取特征,组成当前层的特征图,每个卷积核只提取一种特征。为保证相邻层的特征图具有相同的长宽尺度,有时还需要对上一层的输出补齐(padding)后再计算当前层的特征图,常用的补齐方式是补零。记上一层的特征图的大小为 $W_{l-1}\times H_{l-1}\times C_{l-1}$,其中 C_{l-1} 为特征图的通道数,补齐零的宽度和高度分别为 P_{l-1}^{w} 和 P_{l-1}^{h},当前层用于提取特征的卷积核个数为 C_l 个,每个卷积核的尺度是 $K_l^w\times K_l^l$,则当前层的特征图大小为 $W_l\times H_l\times C_l$,其中

$$W_l=\left\lfloor\frac{W_{l-1}+2P_{l-1}^{w}-K_l^w}{S_l^w}\right\rfloor+1$$
$$H_l=\left\lfloor\frac{H_{l-1}+2P_{l-1}^{h}-K_l^h}{S_l^h}\right\rfloor+1 \tag{11-18}$$

S 称为步长,表示在卷积核滑动过程中,每 S 步执行一次卷积操作。

单通道的卷积过程如图 11-7 所示,x_{11} 所在的行列的白色区域表示补齐零。

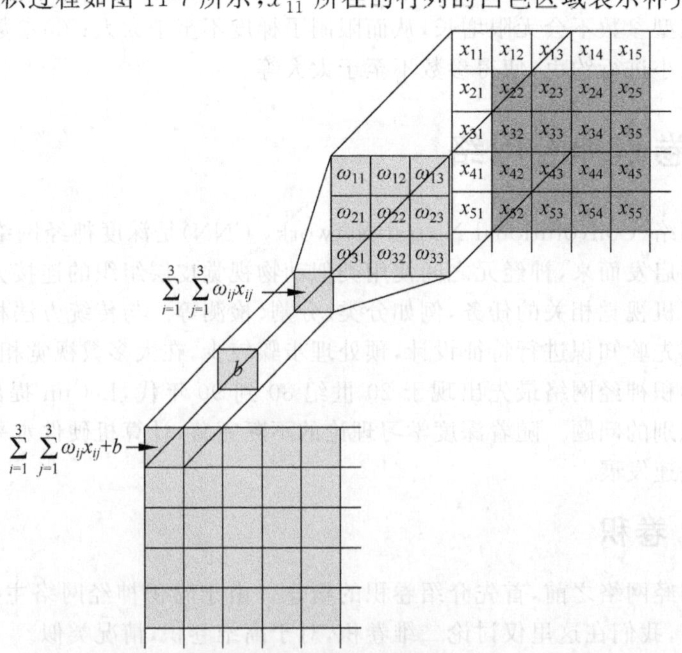

图 11-7 卷积(见彩插)

11.5.2 池化

池化(Pooling)的目的在于降低当前特征图的维度，常见的池化方式有最大池化(Max Pooling)和平均池化。池化需要一个池化核，池化核的概念类似于卷积核。对于最大池化，在每个通道上，选择池化核中的最大值作为输出。对于平均池化，在每个通道上，对池化核中的均值进行输出。图 11-8 是一个单通道的最大池化的例子，其中池化核大小为 2×2。

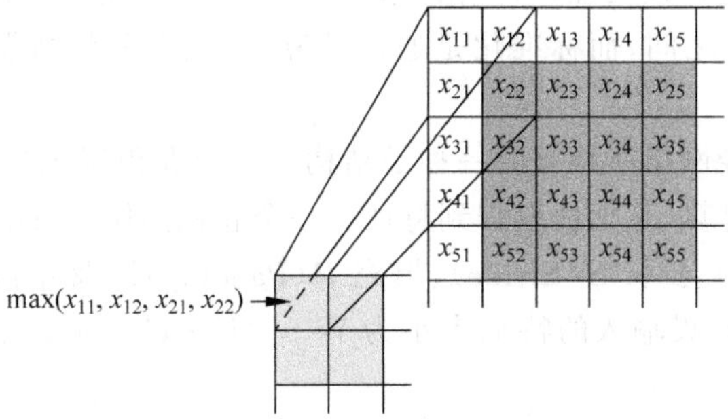

图 11-8 最大池化(见彩插)

相比多层感知机网络，卷积神经网络的特点是局部连接、参数共享。在多层感知机模型中，当前层的所有节点与上一层的每一个节点都有连接，这样就会产生大量的参数。而在卷积神经网络中，当前层的每个神经元节点仅与上一层的局部神经元节点有连接。当前层中，每个通道的所有神经元共享一个卷积核参数，提取同一种特征，通过共享参数的形式大大降低了模型的复杂度，防止了参数冗余。

11.5.3 网络架构

卷积神经网络通常由一个输入层(Input Layer)和一个输出层(Output Layer)以及多个隐藏层组成。隐藏层包括卷积层(Convolutional Layer)、激活层(Activation Layer)、池化层(Pooling Layer)以及全连接层(Fully-connected Layer)等。如图 11-9 所示为一个 LeNet 神经网络的结构。目前许多研究者针对不同任务对层结构或网络结构进行设置，从而获得更优的效果。

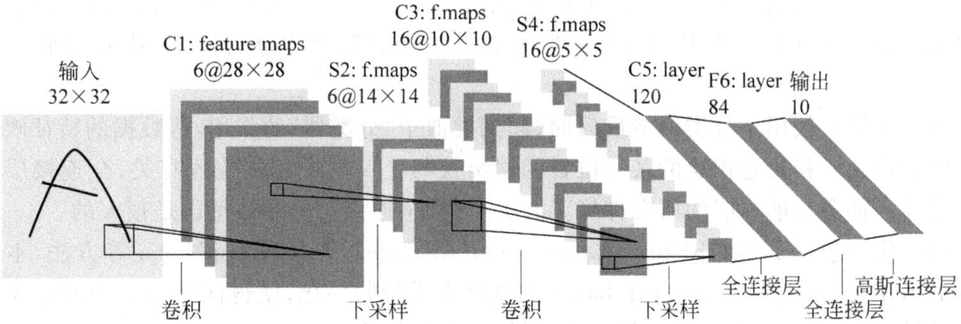

图 11-9 LeNet 卷积神经网络

卷积神经网络的输入层可以对多维数据进行处理，常见的二维卷积神经网络可以接受二维或三维数据作为输入。对于图片类任务，一张RGB图片作为输入的大小可写为 $H\times W\times C$，其中 C 为通道数，H 为长度，W 为宽度。对于视频识别类任务，一段视频作为输入的大小可写为 $T\times H\times W\times C$，其中 T 为视频帧的数目。对于三维重建任务，一个三维体素模型，其作为输入的大小可写为 $1\times H\times L\times W$，其中 H、L、W 分别为模型的高、长、宽。与其他神经网络算法相似，在训练时会使用梯度下降法对参数进行更新，因此所有的输入都需要在通道或时间维度进行预处理(归一化、标准化等)。归一化是通过计算极值将所有样本的特征值映射到[0, 1]之间，而标准化是通过计算均值、方差将数据分布转化为标准正态分布。

卷积层是卷积神经网络所特有的一种子结构。一个卷积层包含多个卷积核，卷积核在输入数据上进行卷积计算，从而提取得到特征。一个卷积操作一般由四个超参数组成，卷积核大小 K(Kernel Size)、步长 S(Stride)、填充 P(Padding)以及卷积核数目 C(Number of Kernels)。具体来说，假设输入的特征大小为 $W'\times H'\times C'$，则输出特征的维度 $W\times H\times C$ 为

$$W=\left\lfloor\frac{W'+2P-F}{S}\right\rfloor+1$$

$$H=\left\lfloor\frac{H'+2P-F}{S}\right\rfloor+1 \tag{11-19}$$

激活层在前几章中已经进行了介绍，如图11-10所示，有Sigmoid、ReLU、tanh等常用的激活函数可供使用。

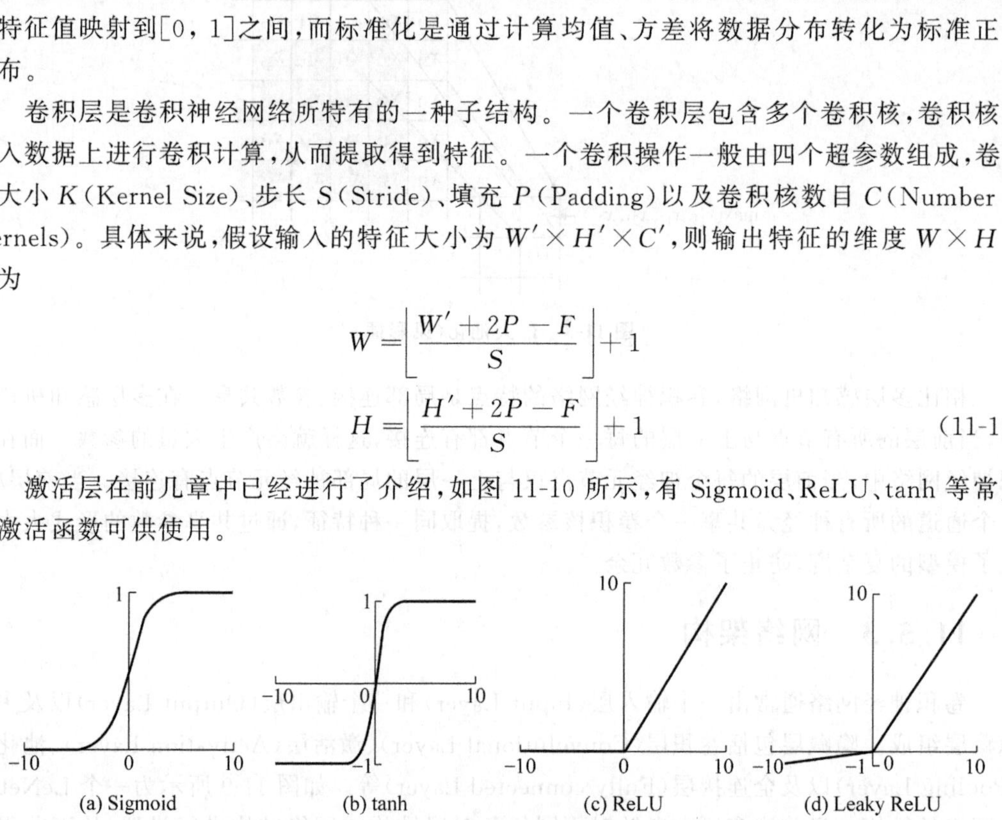

图 11-10 常用激活函数

池化层一般包括两种，一种是平均池化层(Average Pooling)，另一种是最大值池化。池化层可以起到保留主要特征、减少下一层的参数量和计算量的作用，从而降低过拟合风险。

全连接层一般用于分类网络最后面，起到类似于“分类器”的作用，将数据的特征映射到样本标记特征。相比卷积层的某一位置的输出仅与上一层中相邻位置有关，全连接层中每一个神经元都会与前一层的所有神经元有关，因此全连接层的参数量也是很大的。

归一化层包括了BatchNorm、LayerNorm、InstanceNorm、GroupNorm等方法，本节仅介绍BatchNorm。BatchNorm在batch的维度上进行归一化，使得深度网络中间卷积的结果也满足正态分布，整个训练过程更快，网络更容易收敛。

前面介绍的这些部件组合起来就能构成一个深度学习的分类器，基于大量的训练集，从而在某些任务上可以获得与人类相当的准确性。科学家们也在不断实践如何去构建一个深

度学习的网络，如何设计并搭配这些部件，从而获得更优异的分类性能。下面是一些较为经典的网络结构，其中有一些依旧活跃在科研的一线。

LeNet 卷积神经网络由 LeCun 在 1998 年提出，这个网络仅由两个卷积层、两个池化层以及两个全连接层组成，在当时用以解决手写数字识别的任务，也是早期最具有代表性的卷积神经网络之一。同时 LeNet 也奠定了卷积神经网络的基础架构，包含了卷积层、池化层、全连接层。

2012 年，Alex 提出的 AlexNet 在 ImageNet 比赛上取得了冠军，其正确率远超第二名。AlexNet 成功使用 ReLU 作为激活函数，并验证了在较深的网络上，ReLU 效果好于 Sigmoid，同时成功实现在 GPU 上加速卷积神经网络的训练过程。另外 Alex 在训练中使用了 dropout 和数据扩增以防止过拟合的发生。这些处理方法成为后续许多工作的基本流程，从而开启了深度学习在计算机视觉领域的新一轮爆发。

GoogLeNet 是 2014 年 ImageNet 比赛的冠军模型，证明了使用更多的卷积层可以得到更好的结果。其巧妙地在不同的深度增加了两个损失函数来保证梯度在反向传播时不会消失。

VGGNet 是牛津大学计算机视觉组和 Google DeepMind 公司的研究员一起研发的深度卷积神经网络，它探索了卷积神经网络的性能与深度的关系，通过不断叠加 3×3 的卷积核与 2×2 的最大池化层，成功构建了一个 16 到 19 层深的卷积神经网络，并大幅降低了错误率。虽然 VGGNet 简化了卷积神经网络的结构，但训练中需要更新的参数量依旧非常巨大。

卷积深度的不断上升带来了效果的提升，但当深度超过一定数目后梯度消失的现象越来越明显，反而导致无法提升网络的效果。ResNet 提出了残差模块来解决这一问题，允许原始信息直接输入到后面的网络层之中。传统的卷积层或全连接层在进行信息传递时，每一层只能接受其上一层的信息，导致信息丢失的可能。ResNet 在一定程度上缓解了该问题，通过残差的方式，提供了让信息从输入传到输出的途径，保证了信息的完整性。

使用深度模型时需要注意的一点是，由于模型参数较多，因此数据集也不能太小，否则会出现过拟合的现象。还有一种使用深度模型的方法是，使用在 ImageNet 上预训练好的模型，固定除了全连接层外所有的参数，只在当前数据集下训练全连接层参数，这种方式可以大大减少训练的参数量，使深度模型在规模较小的数据集上也能得到应用。

卷积神经网络近些年来在计算机视觉领域取得了重要进展。研究者设计了许多不同的神经网络结构用于提高不同视觉任务的效率及精度。不少智能技术成功从实验室走向生产应用，如人脸识别、目标检测、人脸结构化分析、视频分类、图像文字描述、视频文字描述、光学字符识别等。

11.6 循环神经网络

循环神经网络可以对序列数据进行建模，如处理句子的单词序列数据、语音数据的帧序列、视频的图像序列、基因的脱氧核糖核苷酸序列、蛋白质的氨基酸序列等。

循环神经网络(Recurrent Neural Network, RNN)中每个时刻 t 的输入是原始的输入

数据 $\boldsymbol{x}_t$ 及 $t-1$ 时刻提取的隐藏特征 h_{t-1}。图 11-11 展示了一个由多层感知机表示的简单循环神经网络及其时序展开。$\boldsymbol{W}_I$，$\boldsymbol{W}_O$，$\boldsymbol{W}_H$ 分别表示输入，输出及隐藏层的转化参数矩阵。s_i 为每个时刻的状态。初始时，状态记为 s_0，是一个全 0 的向量。

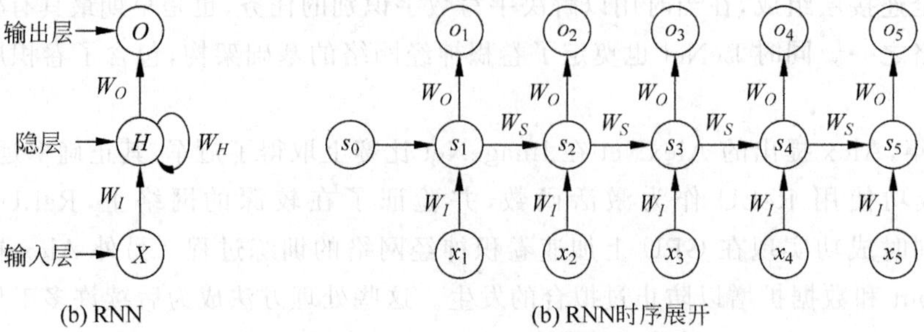

图 11-11 RNN 及其时序展开

循环神经网络中的代表网络结构是长短期记忆网络（Long Short-Term Memory，LSTM）[11]。一个 LSTM 的单元结构如图 11-12 所示。LSTM 的数据流计算如式(11-20)所示。

$$\begin{cases} \boldsymbol{f}_t = \sigma(\boldsymbol{\omega}_f[\boldsymbol{h}_{t-1}, \boldsymbol{x}_t] + \boldsymbol{b}_f) \\ \boldsymbol{i}_t = \sigma(\boldsymbol{\omega}_i[\boldsymbol{h}_{t-1}, \boldsymbol{x}_t] + \boldsymbol{b}_i) \\ \tilde{\boldsymbol{c}} = \tanh(\boldsymbol{\omega}_C[\boldsymbol{h}_{t-1}, \boldsymbol{x}_t] + \boldsymbol{b}_C) \\ \boldsymbol{C}_t = \boldsymbol{f}_t \boldsymbol{C}_{t-1} + \boldsymbol{i}_t \tilde{\boldsymbol{C}}_t \\ \boldsymbol{o}_t = \sigma(\boldsymbol{\omega}_o[\boldsymbol{h}_{t-1}, \boldsymbol{x}_t] + \boldsymbol{b}_o) \\ \boldsymbol{h}_t = \boldsymbol{o}_t \tanh(\boldsymbol{C}_t) \end{cases} \tag{11-20}$$

其中，$\boldsymbol{C}$ 是 LSTM 中的核心，表示信息在 LSTM 中的流动。LSTM 中包含了输入门 $\boldsymbol{i}_t$、输出门 $\boldsymbol{o}_t$、遗忘门 $\boldsymbol{f}_t$。输入门 $\boldsymbol{i}_t$ 表示上个时刻传递下来的隐藏层信息 $\boldsymbol{h}_{t-1}$ 和当前时刻输入的信息 $\boldsymbol{x}_t$，哪些需要被输入，输出门 $\boldsymbol{o}_t$ 表示哪些信息需要被输出，遗忘门 $\boldsymbol{f}_t$ 表示哪些信息需要被遗忘。$\boldsymbol{h}_t$ 是隐藏层，同时也是 t 时刻的输出层 $\boldsymbol{y}_t$。图 11-12 中的"×"表示向量元素级别的乘法，"+"表示向量元素级别的加法。

由于 LSTM 中若干门单元的作用，LSTM 在一定程度上实现对距离当前时刻较远之前的信息的保留，而普通的 RNN 则更倾向于只记住距离当前时刻较近的时刻输入的信息。所以，LSTM 比经典的 RNN 更适合对序列进行上下文建模。

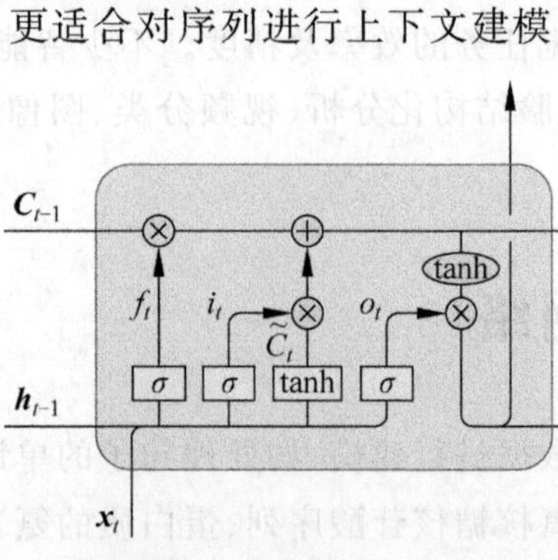

图 11-12 长短时记忆网络

LSTM 在机器翻译、词性标注、情感计算、语音识别、生物信息学等领域有着广泛的应用。将循环神经网络中的全连接特征提取网络替换为提取图像信息的卷积神经网络,可以对视频图像序列进行建模,如视频分类、手语识别等。

11.7 生成对抗网络

生成对抗网络(Generative Adversarial Networks, GAN)[12]是近些年来发展迅速的一种神经网络模型,主要用于图片、文本、语音等数据的生成。生成对抗网络最早在计算机视觉领域中被提出。本节以图像生成为例介绍生成对抗网络。

如图 11-13 所示,生成对抗网络包含两个部分:生成器 G(Generator)和判别器 D(Discriminator)。其中生成器 G 从给定数据分布中进行随机采样并生成一张图片,判别器 D 用来判断生成器生成的数据的真实性。例如:生成器负责生成一张鸟的图片,而判别器的作用就是判断这张生成的图片是否真的像鸟。

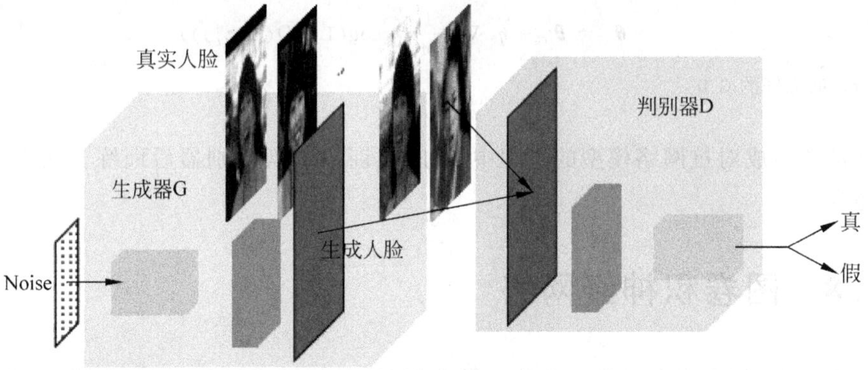

图 11-13 生成对抗网络

给定一个真实样本的数据集,假设其中的样本服从分布 $\boldsymbol{x}\sim P_r(\boldsymbol{x})$。再给定一个噪声分布 $\boldsymbol{z}\sim P_z(\boldsymbol{z})$、一个未训练的生成器 G、一个未训练的判别器 D。训练生成器和判别器的目标是

$$\min_G\max_D V(G,D)=E_{\boldsymbol{x}\sim p_r(\boldsymbol{x})}[\log D(\boldsymbol{x})]+E_{\boldsymbol{z}\sim p_z(\boldsymbol{z})}[\log(1-D(G(\boldsymbol{z})))] \quad (11\text{-}21)$$

首先考察目标函数的第一项 $E_{\boldsymbol{x}\sim p_r(\boldsymbol{x})}[\log D(\boldsymbol{x})]$。对于真实样本 $\boldsymbol{x}$,判别器 D 输出的值越接近 1,该项整体越大。接下来考察第二项 $E_{\boldsymbol{z}\sim p_z(\boldsymbol{z})}[\log(1-D(G(\boldsymbol{z})))]$。对于生成器生成的图像 $G(\boldsymbol{z})$,判别器 D 需要尽量输出 0;而生成器 G 的目标是最小化这一项,所以需要输出一个使判别器 D 输出为 1 的图像 G($\boldsymbol{z}$)。于是,生成器 G 与判别器 D 就构成了对抗的关系,这就是生成对抗网络得名的过程。

GAN 的训练分为两步。第一步是固定生成器 G 的参数训练生成器 D,即 $\max_D V(G,D)$,希望判别器 D 能够尽量区分真实数据 $\boldsymbol{x}$ 和生成 $G(\boldsymbol{x})$,也就是使 $D(\boldsymbol{x})$ 尽可能趋近于 1,$D(G(\boldsymbol{x}))$ 尽可能趋近于 0;第二步是固定判别器 D 的参数,训练生成器 G,即 $\min_G\max_D V(G,D)$,希望生成器 G 能够生成尽量逼真的真实图片。现给出生成对抗网络的一次迭代的训练描述算法,如算法 11-2 所示。

算法 11-2 生成对抗网络的训练过程

输出：真实样本分布 $x \sim P_r(x)$，噪声分布 $z \sim P_z(z)$，生成器模型 G，判别器模型 D

输出：训练好的生成器 G 和判别器 D

1. 小批次数据采样

从真实分布中采样得到 m 个真实样本 $\{x_i\}_{i=1}^m$；

从噪声分布中进行采样得到 m 个噪声样本 $\{z\}_{i=1}^m$.

2. 通过反向传播算法训练判别器 D.

分别将采样得到的真实数据 $\{x_i\}_{i=1}^m$ 和噪声数据 $\{z\}_{i=1}^m$ 送入到判别器和生成器中，计算损失函数，并对判别器 D 的参数 $\boldsymbol{\theta}_D$ 求导，然后以学习率 η_1 进行参数更新.

$$\boldsymbol{\theta}_D = \boldsymbol{\theta}_D + \eta_1 \nabla_{\boldsymbol{\theta}_D} \frac{1}{m} \sum_{i=1}^{m} [\log(D(\boldsymbol{x}_i)) + \log(1 - D(G(\boldsymbol{z}_i)))]$$

3. 通过反向传播算法训练生成器 G

只将采样的噪声数据 $\{z\}_{i=1}^m$ 送入到生成器中，计算损失函数，并对生成器 G 的参数 $\boldsymbol{\theta}_G$ 求导，然后以学习率 η_2 进行参数更新.

$$\boldsymbol{\theta}_G = \boldsymbol{\theta}_G + \eta_2 \nabla_{\boldsymbol{\theta}_G} \frac{1}{m} \sum_{i=1}^{m} \log(1 - D(G(\boldsymbol{z}_i)))$$

return 训练好的 G、D

实际训练生成对抗网络模型的过程中，有时会训练 k 次判别器后训练一次生成器 D，k 是一个超参数。

11.8 图卷积神经网络

生产实践中，我们还会经常碰到的一类数据是图，如社交网络、知识图谱、文献引用等。图卷积神经网络(Graphic Convolutional Network，GCN)[13]被设计用来处理图结构的数据。GCN 能够对图中的节点进行分类、回归，分析连接节点之间的边的关系。

给定一个图 $G(E,V)$，E 表示边的集合，V 表示顶点的集合，记 $N=|V|$ 为图中节点个数，$\widetilde{\boldsymbol{D}}_{N\times N}$ 表示图的度矩阵。每个节点使用一个 n 维的特征向量表示，则所有节点的特征可表示为一个矩阵 $\boldsymbol{X}_{N\times n}$。用图的邻接矩阵 $\boldsymbol{A}_{N\times N}$ 来表示节点之间的连接关系，其中

$$a_{ij} = \boldsymbol{I}\{\text{节点 } v_i \text{ 与节点 } v_j \text{ 相邻}\} \tag{11-22}$$

类似于卷积神经网络，可以使用一个 n 维向量表示卷积核 $\boldsymbol{\omega}_i$ 来提取每个神经元 j 的一种特征，即 $\boldsymbol{x}_j^{\mathrm{T}}\boldsymbol{\omega}_i$，使用 K 个卷积核就可以提取 K 种不同的特征，对所有神经元提取多种不同的特征写成矩阵的乘法形式是 $\boldsymbol{X\omega}$，其中 $\boldsymbol{\omega}=\{\boldsymbol{\omega}_1,\boldsymbol{\omega}_2,\cdots,\boldsymbol{\omega}_K\}$。$\boldsymbol{X\omega}$ 中的每一行表示节点在新特征下的表示。

图卷积中的神经元就是图节点本身，为在节点传递信息，图卷积假设第 j 个节点的特征由其本身及与直接连接的节点通过线性组合而构成。图的邻接矩阵中不包含自身到自身的连接，所以定义

$$\widetilde{\boldsymbol{A}} = \boldsymbol{A} + \boldsymbol{I} \tag{11-23}$$

也就是在邻接矩阵的基础上加上一个表示节点指向自身连接的单位阵 $\boldsymbol{I}$。该矩阵类似于拉

普拉斯矩阵，不同之处在于拉普拉斯矩阵加的是节点的度矩阵 $\boldsymbol{D}$ 而不是单位阵 $\boldsymbol{I}$。这样第 j 个节点的特征更新过程可以描述为 $\widetilde{\boldsymbol{A}}\boldsymbol{X}\boldsymbol{\omega}$。如果 $\widetilde{\boldsymbol{A}}$ 中每一行的和不等于 1，在经过若干轮迭代后，得到的每个特征的表示会逐渐增大，所以需要对 $\widetilde{\boldsymbol{A}}$ 进行标准化。最直接的方式就是除以每一行的和，而每一行的和即为该行表示的节点的度，写成矩阵表达的形式就是 $\widetilde{\boldsymbol{A}}\,\widetilde{\boldsymbol{D}}^{-1}$，其中 $\widetilde{\boldsymbol{D}}$ 表示的是图的度矩阵，为对角阵。$\widetilde{\boldsymbol{A}}\,\widetilde{\boldsymbol{D}}^{-1}$ 又可以写成 $\widetilde{\boldsymbol{D}}^{-\frac{1}{2}}\widetilde{\boldsymbol{A}}\,\widetilde{\boldsymbol{D}}^{-\frac{1}{2}}$ 的形式。$\widetilde{\boldsymbol{D}}^{-\frac{1}{2}}\widetilde{\boldsymbol{A}}\,\widetilde{\boldsymbol{D}}^{-\frac{1}{2}}$ 是一个对称归一化的矩阵，许多图卷积网络都使用这种标准化方式。这样就可以得到图卷积神经网络的特征更新公式

$$H^{l+1}=\sigma(\widetilde{\boldsymbol{D}}^{\frac{1}{2}}\widetilde{\boldsymbol{A}}\widetilde{\boldsymbol{D}}^{\frac{1}{2}}H^{l}\boldsymbol{\omega}^{l}) \tag{11-24}$$

图 11-14 为 GCN 中一个神经元的计算过程。

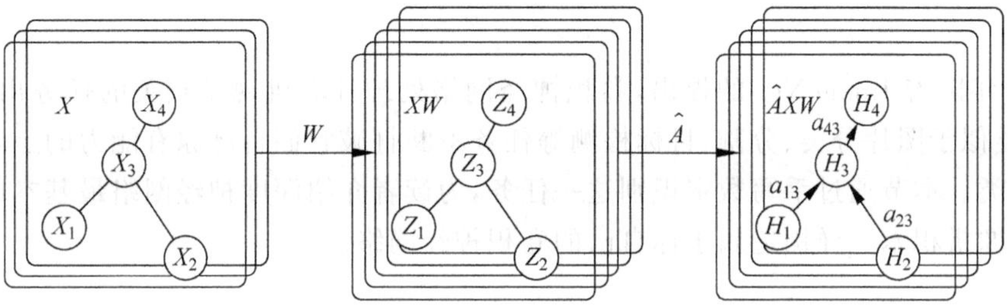

图 11-14　图卷积

可以堆叠多个图卷积层形成一个图卷积网络，图 11-15 是一个简单图卷积神经网络，H^{l+1} 为表示第 $l+1$ 个隐藏层节点的特征，$H^0=X$。σ 为激活函数。$\widetilde{\boldsymbol{D}}^{\frac{1}{2}}\widetilde{\boldsymbol{A}}\,\widetilde{\boldsymbol{D}}^{\frac{1}{2}}$ 为固定值，可预先计算好，记为 $\hat{\boldsymbol{A}}=\widetilde{\boldsymbol{D}}^{\frac{1}{2}}\widetilde{\boldsymbol{A}}\,\widetilde{\boldsymbol{D}}^{\frac{1}{2}}$。

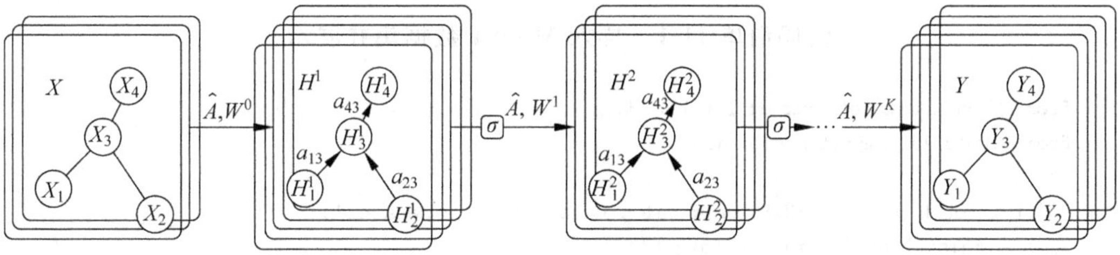

图 11-15　图卷积神经网络

下面以节点分类问题为例对图卷积神经网络的学习过程进行描述。给定一张图，设图中节点集合的输入特征为 $\boldsymbol{x}$，有标记的节点的标记为 $\mathcal{Y}_L$，总共包含 F 个类别，每个标记用一个热独编码表示为 $Y_{lf}=(0,0,\cdots,1,\cdots,0,0)$，其中 l 和 f 分别是有标记样本的索引和其对应的标签的索引。Y_{lf} 中仅在第 f 个位置取值为 1。构造一个两层的图卷积网络，模型可表示为

$$Z=f(X,A)=\mathrm{Softmax}(\hat{\boldsymbol{A}}\,\mathrm{ReLU}(\hat{\boldsymbol{A}}\boldsymbol{X}\boldsymbol{\omega}^{0})\boldsymbol{\omega}^{1}) \tag{11-25}$$

使用交叉熵损失函数作为损失函数训练模型为

$$L=-\sum_{l\in\mathcal{L}}\sum_{f=1}^{F}Y_{lf}\log Z_{lf} \tag{11-26}$$

之后便可以使用批随机梯度下降法对模型进行训练。

11.9 深度学习发展

尽管神经网络近些年来取得了重要进展，但是在理论方面，神经网络目前还缺乏可解释性，主要包括：神经网络提取出来的特征难以理解；如何对特征的表达能力进行评估；如何用理论指导神经网络架构设计、对神经网络进行调参等。对于神经网络的可解释性的研究还有很长的路要走。

11.10 实例：基于卷积神经网络实现手写数字识别

2012年随着ImageNet的提出，卷积神经网络处理计算机视觉相关的任务出现了一轮大爆发，类似于图片分类、分割、目标检测等任务不断打破它们自己原有能力的上限，甚至逐渐超越人类。本节通过手写数字识别这一任务，为读者介绍深度神经网络最基本的组件，读者也可以像搭积木一样构造属于你自己的卷积神经网络。

11.10.1 MNIST数据集

MNIST数据库[①]是机器学习领域非常经典的一个数据集，由Yann提供的手写数字数据集构成，包含了0～9共10类手写数字图片。每张图片都做了尺寸归一化，都是28×28大小的灰度图。每张图片中像素值大小在0～255之间，其中0是黑色背景，255是白色前景。如代码清单11-1所示编写程序导入数据集并展示。

代码清单11-1 导入MNIST数据集并展示

```
from sklearn.datasets import fetch_mldata
from matplotlib import pyplot as plt

mnist = fetch_mldata('MNIST original', data_home = './dataset')
X, y = mnist["data"], mnist["target"]
print("MNIST 数据集大小为：{}".format(X.shape))

for i in range(25):
    digit = X[i * 2500]
    # 将图片重新 resize 到 28 * 28 大小
    digit_image = digit.reshape(28, 28)
    plt.subplot(5, 5, i + 1)
    # 隐藏坐标轴
```

① 数据来源：http://yann.lecun.com/exdb/mnist/。

```
    plt.axis('off')
    # 按灰度图绘制图片
    plt.imshow(digit_image, cmap = 'gray')

plt.show()
```

在控制台可以看到的输出为：MNIST 数据集大小为：(70000，784)。一共有 70000 张数字图片，且 784＝28×28，即每一张手写数字图片存成了一维的数据格式。可视化前 25 张图片以及中间的数据可得如图 11-16 所示。

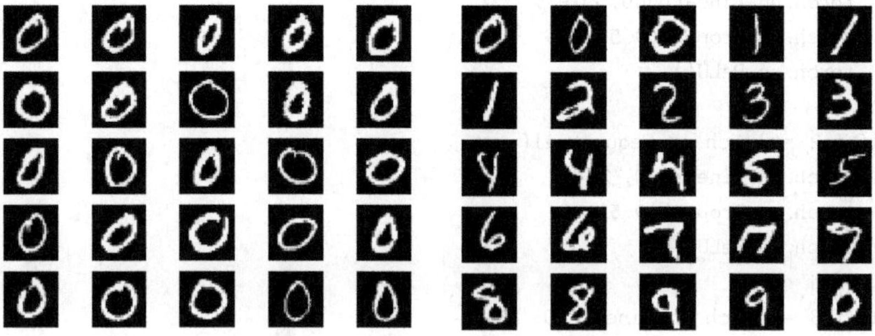

图 11-16 MNIST 数据集可视化效果

手写数字的识别也是一个多分类任务，与前面介绍的分类任务不同之处在于，一张手写数字图片的特征提取任务也需要我们自己实现，将 28×28 的图片直接序列化为 784 维的向量也是一种特征提取的方式，但经过一些处理，可以获得更反映出图片内容的信息，例如在原图中使用 SIFT、SURF 等算子后的特征，或者使用最新的一些深度学习预训练模型来提取特征。MNIST 数据集样例数目较多且为图片信息，近些年随着深度学习技术的发展，对于大多数视觉任务，通过构造并训练卷积神经网络可以获得更高的准确率，本章将基于 PyTorch 框架完成网络的训练以及识别的任务。

11.10.2 基于卷积神经网络的手写数字识别

MNIST 数据集中图片的尺寸仅为 28×28，相比 ImageNet 中 224×224 的图片尺寸显得十分小，因此在模型的选取上，不能选择过于复杂、参数量过多的模型，否则会带来过拟合的风险。本文自定义了一个仅包含 2 个卷积层的卷积神经网络以及经过一些调整的 AlexNet。首先是定义网络的类，该类在 mnist_models.py 内，继承了 torch.nn.Module 类，并需要重新实现 forword 函数，即一张图作为输入，如何通过卷积层得到最后的输出。

代码清单 11-2 定义卷积网络结构

```
class ConvNet(torch.nn.Module):
def __init__(self):
    super(ConvNet, self).__init__()
    self.conv1 = torch.nn.Sequential(
        torch.nn.Conv2d(1, 10, 5, 1, 1),
        torch.nn.MaxPool2d(2),
```

```
            torch.nn.ReLU(),
            torch.nn.BatchNorm2d(10)
        )
        self.conv2 = torch.nn.Sequential(
            torch.nn.Conv2d(10, 20, 5, 1, 1),
            torch.nn.MaxPool2d(2),
            torch.nn.ReLU(),
            torch.nn.BatchNorm2d(20)
        )
        self.fc1 = torch.nn.Sequential(
            torch.nn.Linear(500, 60),
            torch.nn.Dropout(0.5),
            torch.nn.ReLU()
        )
        self.fc2 = torch.nn.Sequential(
            torch.nn.Linear(60, 20),
            torch.nn.Dropout(0.5),
            torch.nn.ReLU()
        )
        self.fc3 = torch.nn.Linear(20, 10)
```

如代码清单 11-2 所示，在构造函数中，定义了网络的结构，主要包含了两个卷积层以及三个全连接层的参数设置。

代码清单 11-3　定义网络前向传播方式

```
    def forward(self, x):
        x = self.conv1(x)
        x = self.conv2(x)
        x = x.view(-1, 500)
        x = self.fc1(x)
        x = self.fc2(x)
        x = self.fc3(x)
        return x
```

代码清单 11-3 中 forward 函数中 x 为该网络的输入，经过前面定义的网络结构按顺序进行计算后，返回结果。

代码清单 11-4　定义 AlexNet 结构

```
class AlexNet(torch.nn.Module):
    def __init__(self, num_classes = 10):
        super(AlexNet, self).__init__()
        self.features = torch.nn.Sequential(
            torch.nn.Conv2d(1, 64, kernel_size = 5, stride = 1, padding = 2),
            torch.nn.ReLU(inplace = True),
            torch.nn.MaxPool2d(kernel_size = 3, stride = 1),
            torch.nn.Conv2d(64, 192, kernel_size = 3, padding = 2),
```

```
            torch.nn.ReLU(inplace=True),
            torch.nn.MaxPool2d(kernel_size=3, stride=2),
            torch.nn.Conv2d(192, 384, kernel_size=3, padding=1),
            torch.nn.ReLU(inplace=True),
            torch.nn.Conv2d(384, 256, kernel_size=3, padding=1),
            torch.nn.ReLU(inplace=True),
            torch.nn.Conv2d(256, 256, kernel_size=3, padding=1),
            torch.nn.ReLU(inplace=True),
            torch.nn.MaxPool2d(kernel_size=3, stride=2),
        )
        self.classifier = torch.nn.Sequential(
            torch.nn.Dropout(),
            torch.nn.Linear(256 * 6 * 6, 4096),
            torch.nn.ReLU(inplace=True),
            torch.nn.Dropout(),
            torch.nn.Linear(4096, 4096),
            torch.nn.ReLU(inplace=True),
            torch.nn.Linear(4096, num_classes),
        )
```

同样，可以定义 AlexNet 的网络结构以及 forword 函数如代码清单 11-4 和代码清单 11-5 所示。

代码清单 11-5 定义 AlexNet 前向传播过程

```
    def forward(self, x):
        x = self.features(x)
        x = x.view(x.size(0), 256 * 6 * 6)
        x = self.classifier(x)
        return x
```

定义完网络结构后，新建一个新的 Python 脚本完成网络训练和预测的过程。一般来说一个 PyTorch 项目主要包含几大模块：数据集加载、模型定义及加载、损失函数以及优化方法设置，训练模型，打印训练中间结果，测试模型。对于 MNIST 这样小型的项目，可以将除了数据集加载和模型定义外所有的代码使用一个函数实现。如代码清单 11-6 所示，首先是加载相应的包以及设置超参数，EPOCHS 指在数据集上训练多少个轮次，而 SAVE_PATH 指中间以及最终模型保存的路径。

代码清单 11-6 设置超参数以及导入相关的包

```
import torch
from torchvision.datasets import mnist
from mnist_models import AlexNet, ConvNet
import torchvision.transforms as transforms
from torch.utils.data import DataLoader
import matplotlib.pyplot as plt
import numpy as np
```

```
from torch.autograd import Variable

#设置模型超参数
EPOCHS = 50
SAVE_PATH = './models'
```

代码清单 11-7 所示为核心训练函数,该函数以模型、训练集、测试集作为输入。首先定义损失函数为交叉熵函数以及优化方法选取了 SGD,初始学习率为 1E-2。

代码清单 11-7　训练网络函数 Part1

```
def train_net(net, train_data, test_data):
    losses = []
    acces = []
    # 测试集上 Loss 变化记录
    eval_losses = []
    eval_acces = []
    # 损失函数设置为交叉熵函数
    criterion = torch.nn.CrossEntropyLoss()
    # 优化方法选用 SGD,初始学习率为 1e-2
    optimizer = torch.optim.SGD(net.parameters(), 1e-2)
```

接下来,一共有 50 个训练轮次,使用 for 循环实现,如代码清单 11-8 和代码清单 11-9 所示,在训练过程中记录在训练集以及测试集上 Loss 以及 Acc 的变化情况。在训练过程中,net.train()是指将网络前向传播的过程设为训练状态,在类似 Dropout 以及归一化层中,对于训练和测试的处理过程是不一样的,因此每次进行训练或测试时,最好进行显式设置,防止出现一些意料之外的错误。

代码清单 11-8　训练网络函数 Part2

```
    for e in range(EPOCHS):
        train_loss = 0
        train_acc = 0
        # 将网络设置为训练模型
        net.train()
        for image, label in train_data:
            image = Variable(image)
            label = Variable(label)
            # 前向传播
            out = net(image)
            loss = criterion(out, label)
            # 反向传播
            optimizer.zero_grad()
            loss.backward()
            optimizer.step()
            # 记录误差
            train_loss += loss.data
```

```
        # 计算分类的准确率
        _, pred = out.max(1)
        num_correct = (np.array(pred, dtype = np.int) == np.array(label, dtype = np.int)).
sum()
        acc = num_correct / image.shape[0]
        train_acc += acc
```

代码清单 11-9　训练网络函数 Part3

```
    losses.append(train_loss / len(train_data))
    acces.append(train_acc / len(train_data))
    # 在测试集上检验效果
    eval_loss = 0
    eval_acc = 0
    net.eval()  # 将模型改为预测模式
    for image, label in test_data:
        image = Variable(image)
        label = Variable(label)
        out = net(image)
        loss = criterion(out, label)
        # 记录误差
        eval_loss += loss.data
        # 记录准确率
        _, pred = out.max(1)
        num_correct = (np.array(pred, dtype = np.int) == np.array(label, dtype = np.int)).sum()
        acc = num_correct / image.shape[0]
        eval_acc += acc

    eval_losses.append(eval_loss / len(test_data))
    eval_acces.append(eval_acc / len(test_data))
    print('epoch: {}, Train Loss: {:.6f}, Train Acc: {:.6f}, Eval Loss: {:.6f}, Eval Acc: {:.6f}'
        .format(e, train_loss / len(train_data), train_acc / len(train_data),
            eval_loss /len(test_data), eval_acc / len(test_data)))
        torch.save(net.state_dict(), SAVE_PATH + '/Alex_model_epoch' + str(e) + '.pkl')
    return eval_losses, eval_acces
```

在训练集上训练完一个轮次之后，在测试集上进行验证，记录结果，保存模型参数，打印数据，方便后续进行调参。训练完成后返回测试集上 Acc 和 Loss 的变化情况。

最后完成 Loss 和 Acc 变化曲线的绘制函数以及主函数 main 如代码清单 11-10、代码清单 11-11 所示。

代码清单 11-10　在 main 函数中完成调用过程

```
if __name__ == "__main__":
    train_set = mnist.MNIST('./data', train = True, download = True, transform = transforms.
ToTensor())
```

```
    test_set = mnist.MNIST('./data', train = False, download = True, transform = transforms.
ToTensor())

    train_data = DataLoader(train_set, batch_size = 64, shuffle = True)
    test_data = DataLoader(test_set, batch_size = 64, shuffle = False)

    a, a_label = next(iter(train_data))
    net = AlexNet()
    eval_losses, eval_acces = train_net(net, train_data, test_data)
    draw_result(eval_losses, eval_acces)
```

代码清单 11-11 绘制 Loss 和正确率变化折线图

```
def draw_result(eval_losses, eval_acces):
    x = range(1, EPOCHS + 1)
    fig, left_axis = plt.subplots()
    p1, = left_axis.plot(x, eval_losses, 'ro-')
    right_axis = left_axis.twinx()
    p2, = right_axis.plot(x, eval_acces, 'bo-')
    plt.xticks(x, rotation = 0)

    # 设置左坐标轴以及右坐标轴的范围、精度
    left_axis.set_ylim(0, 0.5)
    left_axis.set_yticks(np.arange(0, 0.5, 0.1))
    right_axis.set_ylim(0.9, 1.01)
    right_axis.set_yticks(np.arange(0.9, 1.01, 0.02))

    # 设置坐标及标题的大小、颜色
    left_axis.set_xlabel('Labels')
    left_axis.set_ylabel('Loss', color = 'r')
    left_axis.tick_params(axis = 'y', colors = 'r')
    right_axis.set_ylabel('Accuracy', color = 'b')
    right_axis.tick_params(axis = 'y', colors = 'b')
    plt.show()
```

运行脚本，等待控制台逐渐输出训练过程的中间结果如图 11-17 所示，随着训练的进行，可以发现在测试集上分类的正确率不断上升且 Loss 稳步下降，到第 20 轮左右后，正确率基本不再变化，网络收敛。

【小技巧】 在进行深度学习方法进行训练时，一定要将中间结果打印出来，因为模型训练往往会比较慢，如果中途感觉哪里不对时可以及时停止，节省时间。另外，训练的中间模型一定要保存下来！

等待程序运行结束，可以得到绘制结果如图 11-18 所示，最终分类正确率可达 99.1%。

那么，请读者将 main 函数中的 net 换为 AlexNet，再次运行程序，看看最后的输出结果会是什么吧！

```
epoch: 0, Train Loss: 1.410208, Train Acc: 0.513659, Eval Loss: 0.350297, Eval Acc: 0.941381
epoch: 1, Train Loss: 0.681639, Train Acc: 0.770522, Eval Loss: 0.132352, Eval Acc: 0.969148
epoch: 2, Train Loss: 0.511084, Train Acc: 0.829707, Eval Loss: 0.092504, Eval Acc: 0.975219
epoch: 3, Train Loss: 0.436462, Train Acc: 0.852162, Eval Loss: 0.075111, Eval Acc: 0.980195
epoch: 4, Train Loss: 0.397029, Train Acc: 0.866071, Eval Loss: 0.064513, Eval Acc: 0.982882
epoch: 5, Train Loss: 0.367091, Train Acc: 0.877116, Eval Loss: 0.058863, Eval Acc: 0.984076
epoch: 6, Train Loss: 0.349804, Train Acc: 0.885161, Eval Loss: 0.054199, Eval Acc: 0.984674
epoch: 7, Train Loss: 0.330363, Train Acc: 0.891658, Eval Loss: 0.048918, Eval Acc: 0.986365
epoch: 8, Train Loss: 0.315867, Train Acc: 0.894689, Eval Loss: 0.048814, Eval Acc: 0.987062
epoch: 9, Train Loss: 0.305941, Train Acc: 0.898937, Eval Loss: 0.049366, Eval Acc: 0.986067
epoch: 10, Train Loss: 0.295570, Train Acc: 0.900736, Eval Loss: 0.040770, Eval Acc: 0.988356
epoch: 11, Train Loss: 0.292002, Train Acc: 0.900820, Eval Loss: 0.042456, Eval Acc: 0.988555
epoch: 12, Train Loss: 0.285730, Train Acc: 0.904068, Eval Loss: 0.043145, Eval Acc: 0.987958
epoch: 13, Train Loss: 0.272309, Train Acc: 0.907733, Eval Loss: 0.041198, Eval Acc: 0.989152
epoch: 14, Train Loss: 0.270461, Train Acc: 0.908166, Eval Loss: 0.041936, Eval Acc: 0.988555
epoch: 15, Train Loss: 0.269044, Train Acc: 0.908549, Eval Loss: 0.040801, Eval Acc: 0.988555
epoch: 16, Train Loss: 0.259841, Train Acc: 0.911697, Eval Loss: 0.038691, Eval Acc: 0.989053
epoch: 17, Train Loss: 0.257612, Train Acc: 0.912513, Eval Loss: 0.036028, Eval Acc: 0.989849
epoch: 18, Train Loss: 0.252930, Train Acc: 0.912880, Eval Loss: 0.039637, Eval Acc: 0.989351
epoch: 19, Train Loss: 0.251038, Train Acc: 0.914379, Eval Loss: 0.042213, Eval Acc: 0.989550
epoch: 20, Train Loss: 0.250204, Train Acc: 0.913863, Eval Loss: 0.038448, Eval Acc: 0.990048
epoch: 21, Train Loss: 0.248055, Train Acc: 0.913846, Eval Loss: 0.041348, Eval Acc: 0.989053
epoch: 22, Train Loss: 0.239153, Train Acc: 0.916211, Eval Loss: 0.037426, Eval Acc: 0.990844
epoch: 23, Train Loss: 0.241672, Train Acc: 0.914695, Eval Loss: 0.036528, Eval Acc: 0.990346
epoch: 24, Train Loss: 0.232018, Train Acc: 0.917494, Eval Loss: 0.037779, Eval Acc: 0.990545
epoch: 25, Train Loss: 0.233888, Train Acc: 0.916878, Eval Loss: 0.036705, Eval Acc: 0.990943
epoch: 26, Train Loss: 0.232257, Train Acc: 0.917661, Eval Loss: 0.036787, Eval Acc: 0.990744
epoch: 27, Train Loss: 0.232892, Train Acc: 0.917394, Eval Loss: 0.037767, Eval Acc: 0.989550
epoch: 28, Train Loss: 0.228626, Train Acc: 0.919343, Eval Loss: 0.032566, Eval Acc: 0.991441
epoch: 29, Train Loss: 0.227480, Train Acc: 0.918010, Eval Loss: 0.036922, Eval Acc: 0.991640
```

图 11-17 训练过程中的输出

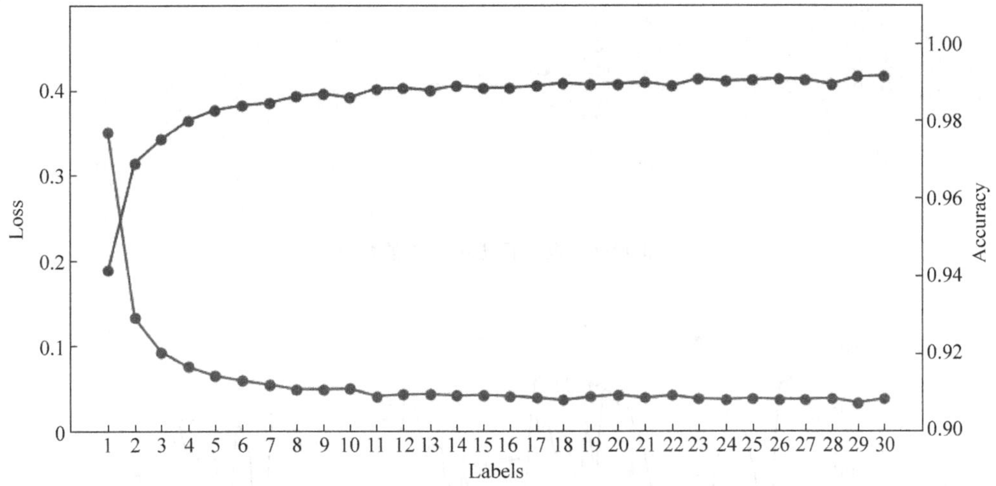

图 11-18 Loss 和 Accuracy 随训练轮次的变化图(见彩插)

第 12 章 实战：基于 *K*-Means 算法的汽车行驶运动学片段的分类

CHAPTER 12

视频讲解

汽车在行进过程中会产生一组连续的数据，包含加速度，速度等。汽车行驶运动学片段是指是从一个怠速开始到下一个怠速开始之间的运动行程，通常包括一个怠速部分和一个行驶部分。怠速指的是汽车停止运动，但发动机保持最低转速运转的连续过程。行驶部分通常包含加速、巡航和减速三种运动模式。

如图 12-1 所示为汽车行进过程中产生的数据，图 12-2 为一个汽车行驶运动学的片段。

时间	GPS车速	X轴加速度	Y轴加速度	Z轴加速度	经度	纬度	发动机转	扭矩百分	瞬时油耗	油门踏板	空燃比	发动机负	进气流量
2017/12/18 13:42:13	0	0	-0.396	-0.9	119.3678	25.99242	775	18	58.02	0	0.1465	22	2.3
2017/12/18 13:42:14	0	0	-0.378	-0.882	119.3678	25.99242	775	17	60.3	0	0.1465	21	2.39
2017/12/18 13:42:15	0	0	-0.396	-0.882	119.3678	25.99242	775	17	55.24	0	0.1464	22	2.19
2017/12/18 13:42:16	0	0	-0.378	-0.9	119.3678	25.99242	762	17	55.75	0	0.1471	21	2.21
2017/12/18 13:42:17	0	0	-0.396	-0.882	119.3678	25.99242	762	16	56	0	0.1471	21	2.22
2017/12/18 13:42:18	0	0	-0.378	-0.9	119.3678	25.99242	787	18	63.33	0	0.1471	22	2.51
2017/12/18 13:42:19	0	0	-0.342	-0.936	119.3678	25.99242	687	21	62.06	0.05	0.1471	26	2.46
2017/12/18 13:42:20	0	0	-0.324	-0.936	119.3678	25.99242	900	25	0.36	0.08	0.147	31	3.79
2017/12/18 13:42:21	4.5	0	-0.324	-0.918	119.3678	25.99241	1025	25	0.44	0.08	0.1467	32	4.51
2017/12/18 13:42:22	6.9	0	-0.324	-0.936	119.3678	25.9924	1137	26	0.46	0.08	0.1466	32	4.7
2017/12/18 13:42:23	9	0	-0.306	-0.936	119.3678	25.99238	1262	26	0.54	0.085	0.1464	31	5.57
2017/12/18 13:42:24	11	0	-0.324	-0.936	119.3678	25.99236	1450	29	0.67	0.09	0.1464	36	6.87
2017/12/18 13:42:25	12.8	0	-0.36	-0.882	119.3678	25.99234	1337	13	0.27	0	0.1465	16	2.86
2017/12/18 13:42:26	9.6	0	-0.648	-0.774	119.3679	25.99232	700	21	0.26	0	0.1463	26	2.68
2017/12/18 13:42:27	2.9	0	-0.45	-0.882	119.3679	25.99231	662	23	63.33	0	0.147	29	2.51
2017/12/18 13:42:28	2.9	0	-0.378	-0.918	119.3679	25.9923	675	23	61.31	0	0.1471	29	2.43
2017/12/18 13:42:29	3.7	0	-0.342	-0.936	119.3679	25.99229	862	25	0.34	0.055	0.147	31	3.56
2017/12/18 13:42:30	5.4	0	-0.36	-0.918	119.3679	25.99228	950	22	0.34	0.055	0.1466	28	3.61
2017/12/18 13:42:31	6.8	0	-0.36	-0.9	119.3679	25.99227	875	20	0.26	0	0.1465	25	2.78
2017/12/18 13:42:32	6.4	0	-0.432	-0.882	119.3679	25.99226	775	19	0.26	0	0.1465	25	2.69
2017/12/18 13:42:33	4.4	0	-0.378	-0.9	119.3679	25.99225	675	22	64.08	0	0.1465	28	2.54
2017/12/18 13:42:34	4.4	0	-0.36	-0.918	119.3679	25.99224	712	21	61.82	0	0.1467	28	2.45
2017/12/18 13:42:35	5.4	0	-0.36	-0.918	119.3679	25.99223	900	24	0.36	0.07	0.1466	30	3.81
2017/12/18 13:42:36	7.1	0	-0.306	-0.918	119.3679	25.99222	1237	29	0.55	0.09	0.1463	36	5.81

图 12-1 汽车行进中产生的数据

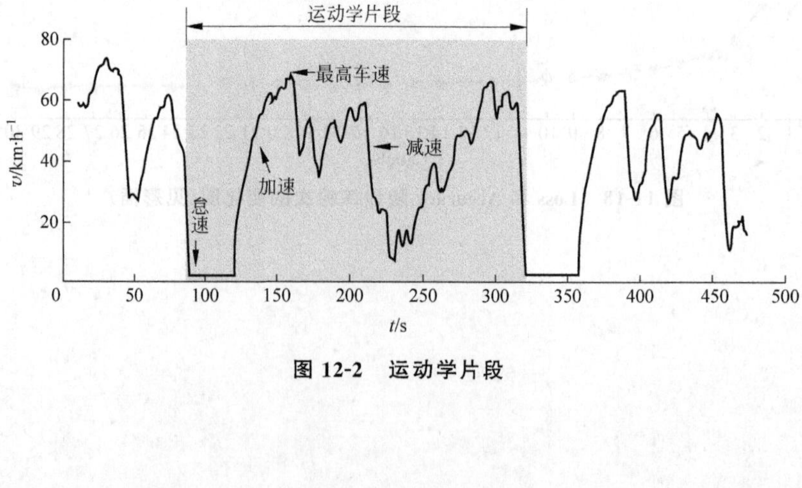

图 12-2 运动学片段

本章将汽车行进的数据切分为一个个的运动学片段，再对这些运动学片段进行分类，从而获得每一类运动学片段的代表片段，合成汽车工况。在这个任务中，有很多没有确切答案的地方，比如运动学片段如何切割、进行分类时又应该分为几类、每一类的代表片段如何选取等。

本章首先介绍了汽车运动学片段分类任务的输入和输出、*K*-Means 模型的原理及其应用。*K*-Means 是一个无监督的模型，即不需要训练集，通过自适应的方法不断调整直至收敛，被广泛应用于各类无监督的任务中。本章最后给出了代码实现以及合理分析 *K*-Means 中的唯一的超参数（聚类数目）的方法：第一是绘制 SSE 随聚类数目变化折线图，寻找"手肘"位；第二是绘制轮廓图进行分析。

12.1 样本聚类

聚类分析是在数据中发现数据对象之间的关系，找到每个样本的潜在类别，将数据按类别进行分组，组内元素越相似，不同组元素的差别越大，则聚类效果越好。聚类不需要对数据进行训练和学习。本文使用的数据没有标签，聚类的过程属于无监督学习，因此无法使用逻辑回归、朴素贝叶斯、支持向量机等方法。*K*-Means 是一个经典无监督学习方法，广泛应用于分类问题中。本章将带领大家使用 *K*-Means 算法解决汽车运动学片段分类的问题。

K-means 算法因为手动选取 k 值和随机选取初始质心的缘故，每次的结果都不完全一样。想要知道选取的 k 值是否合理、聚类效果好不好，就需要引入一些方法，如 SSE、轮廓分析等辅助判断聚类的性能。

12.1.1 SSE

误差平方和法（Sum of Squared Error，SSE）指每一个样本到其最近的聚类中心距离平方值的总和，即簇内误差平方和。假设类别划分为$(C_1, C_2, \cdots, C_3)$则 SSE 的计算公式为

$$E = \sum_{i=1}^{k} \sum_{x \in C_i} \| x - \mu_i \|_2^2 \tag{12-1}$$

其中，μ_i 是类别 C_i 的均值向量，有时也称为质心，表示一个簇的中心，其计算公式为

$$\mu_i = \frac{1}{|C_i|} \sum_{x \in C_i} x \tag{12-2}$$

当 k 小于真实聚类数时，k 的增大会大幅增加每个簇的聚合程度，所以 SSE 的下降幅度会很大；当 k 到达真实聚类数时，再增加 k 所得到的聚合程度增幅会迅速变小，所以 SSE 的下降幅度会骤减，并随着 k 值的继续增大而趋于平缓。也就是说 SSE 和 k 的关系图是一个手肘的形状，而这个肘部对应的 k 值就是数据的真实聚类数。

如图 12-3 所示为一项聚类任务中 SSE 与 k 值的关系图。可以看出，虽然肘型出现的不太明显，聚类个数 2 和 3 时，下降的梯度较大，当聚类个数大于 3 时，趋于平缓。因此 k 值可在 2 和 3 中选择，偏向于 3。

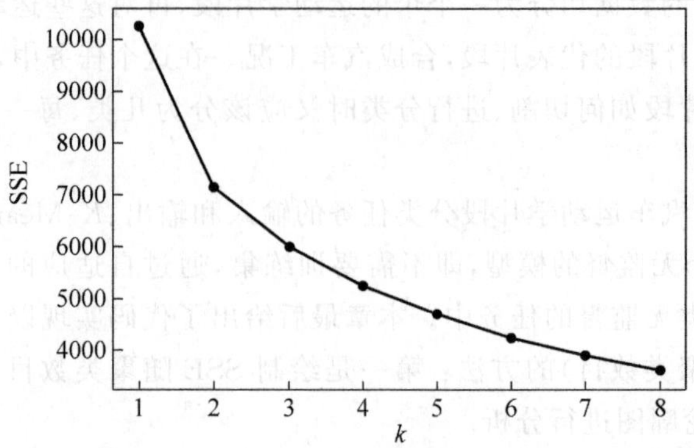

图 12-3　SSE 随 k 值变化折线图

12.1.2　轮廓分析

轮廓分析法(silhouette analysis)使用图形工具来度量每个簇内样本的聚集程度，除 K-Means 之外也适用于其他的聚类算法。通过三个步骤可以计算出单个样本的轮廓系数：

(1) 将样本 x 与簇内的其他点之间的平均距离作为簇内的内聚度 a。

(2) 将样本 x 与最近簇中所有点之间的平均距离看作是与最近簇的分离度 b。

(3) 将簇的分离度与簇的内聚度之差除以二者中较大者得到轮廓系数 silhouette，计算公式如下

$$s^{(i)}=\frac{b^{(i)}-a^{(i)}}{\max(b^{(i)},a^{(i)})} \tag{12-3}$$

轮廓系数的取值在 −1 到 1 之间。当簇的内聚度 a 与簇的分度离 b 相等时，轮廓系数为 0；当 b 远大于 a 时，轮廓系数近似取到 1，此时模型的性能最佳。

12.2　汽车行驶运动学片段的提取

在进行分类任务之前，首先要从原始数据中切分得到汽车行驶的片段，并从片段中提取特征，构建出一个特征集合反映汽车行驶片段的特性。每一个运动片段都由一个怠速(即速度为 0，但发动机速度不为 0)开始，到下一个怠速阶段停止。

如代码清单 12-1 所示，首先导入会用到的包，并分两个函数分别实现切片和提取特征两个任务。

代码清单 12-1　导入会用到的包

```
import pandas as pd
import numpy as np
from sklearn.cluster import KMeans
from sklearn.metrics import silhouette_samples
import matplotlib.pyplot as plt
from sklearn import preprocessing
import matplotlib.cm as cm
```

在代码清单 12-2 所示的切片函数中，首先将原始数据中不需要的变量从 Dataframe 中删除，并新增一列来计算加速度。通过调用 diff()接口，可以获得原 Dataframe 下一行与本行相减的结果，由于采样的时间间隔一致，因此不除以时间差也可以反映加速度。接下来通过一个 for 循环来计算一个片段开始和结束。当一个片段结束时，将其传入如代码清单 12-3 所示的 getFeatrue 函数中提取特征。

代码清单 12-2 切片函数

```
def cutPart(file_path = './roadfile.xlsx'):
    df = pd.read_excel(file_path, sheet_name = "原始数据 1")
    df = df.drop(['时间', 'X 轴加速度', 'Y 轴加速度', 'Z 轴加速度', '经度', '纬度', '扭矩
百分比', '瞬时油耗', '油门踏板开度',
             '空燃比', '发动机负荷百分比', '进气流量'], axis = 1)
    # 计算加速度
    df['加速度'] = df.diff()['GPS 车速']
    df.iloc[0]['加速度'] = 0.0
    print(df.head(20))
    left_index = 0
    isbegin = True
    part_list = []
    feature_list = []
    for i in range(len(df)):
        if df.iloc[i]['GPS 车速'] < 2 and df.iloc[i]['发动机转速'] != 0 and isbegin is False:
            print("处理进度[{}/{}]".format(i, len(df)))
            part_list.append(df.loc[left_index:i, :])
            feature_list.append(getFeatrue(df.loc[left_index:i, :]))
            isbegin = True
            left_index = i
        if df.iloc[i]['GPS 车速'] > 2:
            isbegin = False
    return feature_list
```

表 12-1 为需要提取的特征项，基本反映了一个运动学片段的统计信息。

表 12-1 需要提取的特征项

序号	含 义	序号	含 义
1	片段持续时间	9	减速时间占比
2	行驶距离	10	巡航时间占比
3	平均速度	11	最高车速
4	平均行驶速度	12	速度标准差
5	最大加速度	13	平均加速度
6	最大减速度	14	平均减速度
7	怠速时间占比	15	加速度标准差
8	加速时间占比		

【小技巧】 在进行特征提取时，可以充分利用 Max、Min、Average、Std 之类的统计信息。

代码清单 12-3 特征提取函数(Part1)

```
def getFeatrue(df):
    feature = []
    feature.append(len(df))                                  # 片段长度
    feature.append(np.sum(df['GPS车速']))                    # 行驶距离
    feature.append(np.sum(df['GPS车速']) / len(df))          # 平均速度
    speed_ave = 0.0; speed_ave_time = 0                      # 平均行驶速度
    feature.append(np.max(df['加速度']))                     # 最大加速度
    feature.append(np.min(df['加速度']))                     # 最大减速度
    zero_time = 0                                            # 怠速时间占比
    speedup_time = 0                                         # 加速时间占比
    shutdown_time = 0                                        # 减速时间占比
    cruist_time = 0                                          # 巡航时间占比
    feature.append(np.max(df['GPS车速']))                    # 最高车速
    feature.append(np.std(df['GPS车速']))                    # 速度标准差
    acc_up = 0                                               # 平均加速度
    acc_down = 0                                             # 平均减速度
    feature.append(np.std(df['加速度']))                     # 加速度标准差
```

代码清单 12-4 在 for 循环执行过程中计算相关的值。

代码清单 12-4 特征提取函数(Part2)

```
for i in range(len(df)):
    if df.iloc[i]['GPS车速'] > 0:
        speed_ave += df.iloc[i]['GPS车速']
        speed_ave_time += 1
    if df.iloc[i]['GPS车速'] > 2 and df.iloc[i]['加速度'] > 0:
        speedup_time += 1
    elif df.iloc[i]['GPS车速'] > 2 and df.iloc[i]['加速度'] < 0:
        shutdown_time += 1
    elif df.iloc[i]['GPS车速'] > 2 and df.iloc[i]['加速度'] == 0:
        cruist_time += 1
    else:
        zero_time += 1
    if df.iloc[i]['加速度'] > 0:
        acc_up += df.iloc[i]['加速度']
    if df.iloc[i]['加速度'] < 0:
        acc_down += df.iloc[i]['加速度']
```

最后将计算得到特征值如代码清单 12-5 所示加入列表 feature 中返回。

代码清单 12-5 特征提取函数(Part3)

```
    feature.append(speed_ave / speed_ave_time)
    feature.append(zero_time / len(df))
    feature.append(speedup_time / len(df))
    feature.append(shutdown_time / len(df))
```

```
        feature.append(cruist_time / len(df))
        if speedup_time > 0:
            feature.append(acc_up / speedup_time)
        else:
            feature.append(0)
        if shutdown_time > 0:
            feature.append(acc_down / shutdown_time)
        else:
            feature.append(0)
        return np.array(feature)
```

12.3　基于 *K*-Means 的汽车行驶运动学片段分类

下面用 *K*-Means 来对运动学片段进行聚类。聚类时关键的一点在聚类数目的选取上，本节将采取两种方案来对聚类数目进行选取，如代码清单 12-6 所示。首先定义并计算 SSE 的函数，并绘制出随着聚类数目变化、SSE 变化的折线图。

代码清单 12-6　绘制 SSE 变化曲线图函数

```
def getSSE(input):
    # 存储不同簇数的 SSE 值
    distortions = []
    for i in range(1, 11):
        km = KMeans(n_clusters = i, init = "k - means++", n_init = 10, max_iter = 300, tol = 1e
- 4, random_state = 0)
        km.fit(input)
        distortions.append(km.inertia_)
    # 绘制结果
    plt.plot(range(1, 11), distortions, marker = 'o')
    plt.xlabel("Cluster_num")
    plt.ylabel("SSE")
    plt.show()
```

由于原始数据中，不同特征的量纲不尽相同，如果使用原始数据直接进行聚类，会存在量纲不一致的问题，即数字较大的特征会对模型产生较大影响。因此在进行聚类之前，还需要进行数据归一化的处理，如代码清单 12-7 所示修改 main 函数。

代码清单 12-7　主函数 1

```
if __name__ == "__main__":
    feature = cutPart()
    scaler = preprocessing.StandardScaler().fit(feature)
    feature = scaler.transform(feature)
    getSSE(feature)
```

运行 main 函数，可得 SSE 变化图如图 12-4 所示。

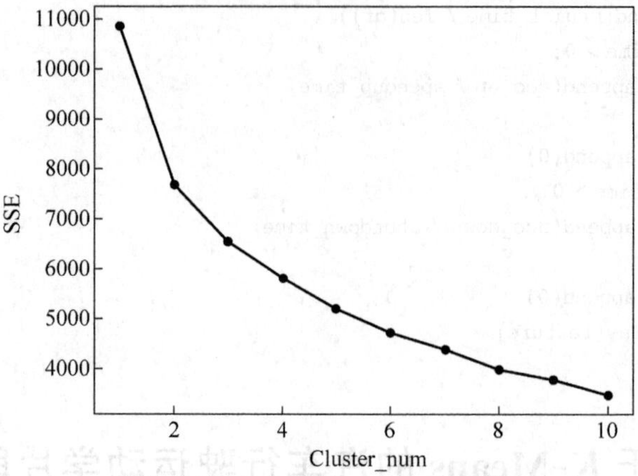

图 12-4 SSE 随聚类数目变化折线图

如图 12-4 所示，随着聚类数目增多，并没有出现极其明显的“手肘”，但通过观察可得，当聚类数目为 2 或 3 时，误差下降的幅度是最为明显的，从 4 开始往后，基本上就处于线性递减的状态。因此，最优的聚类数目可能为 2、3、4 中的某一个。

下面通过轮廓图从另一个角度进行分析。首先是绘制轮廓图有关的函数，如代码清单 12-8 所示。

代码清单 12-8 绘制轮廓图函数

```
def getSilehotte(input, n_cluster):
    km = KMeans(n_clusters = n_cluster, init = "k - means++", n_init = 10, max_iter = 300, tol
= 1e - 4, random_state = 0)
    y_km = km.fit_predict(input, n_cluster)
    # 获取簇的标号
    cluster_labels = np.unique(y_km)
    silehoutte_vals = silhouette_samples(input, y_km, metric = "euclidean")
    y_ax_lower, y_ax_upper = 0, 0
    y_ticks = []
    for i, c in enumerate(cluster_labels):
        # 获得不同簇的轮廓系数
        c_silhouette_vals = silehoutte_vals[y_km == c]
        c_silhouette_vals.sort()
        y_ax_upper += len(c_silhouette_vals)
        color = cm.jet(i / n_cluster)
        plt.barh(range(y_ax_lower, y_ax_upper), c_silhouette_vals, height = 1.0, edgecolor
= "none", color = color)
        y_ticks.append((y_ax_lower + y_ax_upper) / 2)
        y_ax_lower += len(c_silhouette_vals)

    silehoutte_avg = np.mean(silehoutte_vals)
    plt.axvline(silehoutte_avg, color = "red", linestyle = " -- ")
    plt.yticks(y_ticks, cluster_labels + 1)
```

```
    plt.ylabel("Cluster")
    plt.xlabel("Silehotte_value")
plt.show()
```

该函数的输入为特征以及聚类数目，每个聚类数目可得一个轮廓图。如代码清单 12-9 所示，修改 main 函数。

代码清单 12-9 主函数 2

```
if __name__ == "__main__":
    feature = cutPart()
    scaler = preprocessing.StandardScaler().fit(feature)
    feature = scaler.transform(feature)
    getSilehotte(feature, 2)
    getSilehotte(feature, 3)
    getSilehotte(feature, 4)
```

分别绘制聚类数目为 2、3、4 时的轮廓图帮助后期分析，运行脚本可得图 12-5～图 12-7。

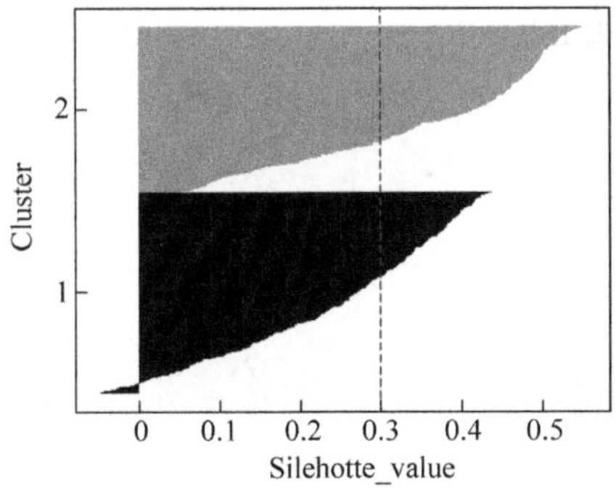

图 12-5 聚类数目为 2 时轮廓图

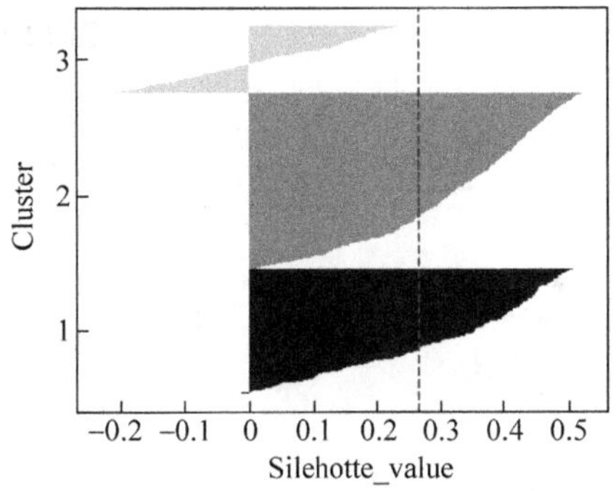

图 12-6 聚类数目为 3 时轮廓图

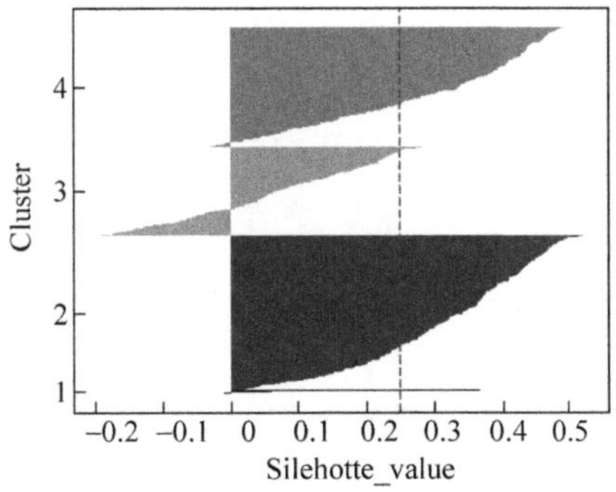

图 12-7 聚类数目为 4 时轮廓图

如图 12-5～图 12-7 所示，当聚类个数为 2 时，轮廓系数表现不错，说明可以有效地聚类。当聚类数目上升到 3 时，第一类开始出现负值，即聚类效果开始下降，进一步上升到 4

时，出现了严重的数目不均等，第 4 类的数目远远小于前三类，基于对轮廓图的分析，可以选择聚类数目为 2 或者 3。

如果将运动学片段分为 3 类，并对每一类进行分析，可以发现这三类中：第 1 类平均速度最高，怠速时间比例最低，代表在畅通路段行驶的工况；第 3 类平均车速最低，怠速时间比例最高，代表拥堵路段行驶的工况；第 2 类代表一般工况。

对每一类按照距离聚类中心的距离从小到大进行排序，就可以得到每一类的典型运动学片段。将这些运动学片段进行组合，就可以最终获得汽车行驶工况。

如图 12-8 所示为基于 K-Means 方法合成的汽车行驶工况。

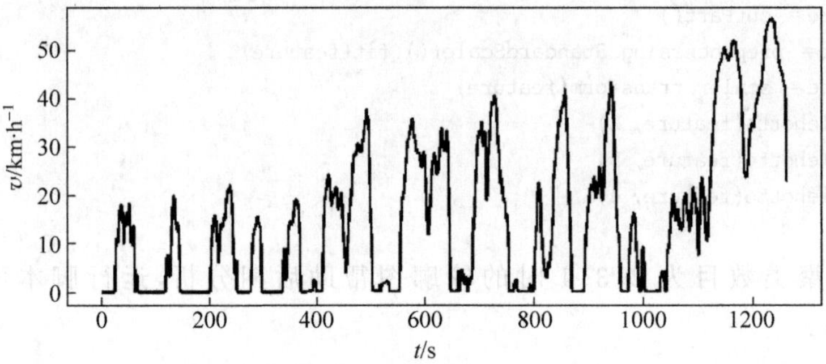

图 12-8　合成代表工况

第13章 实战：从零实现朴素贝叶斯分类器用于垃圾信息识别

CHAPTER 13

视频讲解

现在很多的手机上都自带了垃圾短信识别的功能。乍看上去，是不是觉得这个算法像人类一样非常智能、便捷，帮助大家省去了很多麻烦、过滤掉了负面信息、提升了生活质量？那么如此智能的算法是否非常难以理解和实现？本章将一点点拨开这个算法的面纱，带领大家亲手实现这样一个垃圾信息过滤的算法。

在正式讲解算法之前，最重要的是对整个任务有一个全面的认识，包括算法的输入和输出、可能会用到的技术以及技术大致的流程。本章的目标是识别一条短信是否为垃圾信息，即输入为一条文本信息，输出为二分类的分类结果。2002年，Paul Graham提出使用"贝叶斯推断"过滤垃圾邮件。1000封垃圾邮件可以过滤掉995封，且没有一个误判。另外，这种过滤器还具有自我学习的功能，会根据新收到的邮件，不断调整。收到的垃圾邮件越多，它的准确率就越高。朴素贝叶斯算法是一种有监督的机器学习算法，算法的实现包含了构建训练集、数据预处理、训练、在测试集上验证等步骤。接下来将会逐一介绍代码实现算法的整个流程。

13.1 算法流程

算法的第一步是收集两组带有标签的信息训练集，正常信息和垃圾信息。接下来根据训练集计算概率。训练集越大，最终计算的概率精度越高，分类效果也会越好。具体来说，训练过程包含以下两步：

(1) 解析训练集中所有信息，并提取每一个词。

(2) 统计每一个词出现在正常信息和垃圾信息的词频。

根据这个初步统计结果可以实现一个垃圾信息的鉴别器。对于一个新的样本输入，可以提取每一个词并根据贝叶斯公式进行计算，最终得到分类结果。下面对一个简单的样例进行手工模拟，来熟悉算法的内部原理。

假设通过初步的统计，得到了以下两个单词在垃圾信息和正常信息中出现的频率，如表13-1所示。

表 13-1 单词出现频率统计

特征	正常信息	垃圾信息	总计
Buy	1	3	4
Hello	5	1	6
总计	6	4	10

根据频率表可以进一步计算出正常信息的概率 $P(Y=\text{ham})$、垃圾信息的概率 $P(Y=\text{Spam})$、出现单词 Buy 的概率 $P(\text{Buy})$、出现单词 Hello 的概率 $P(\text{Hello})$ 以及垃圾信息出现单词 Buy 的概率 $P(\text{Buy}|Y=\text{Spam})$。图 13-1 展示了几个关键概率所在的位置。

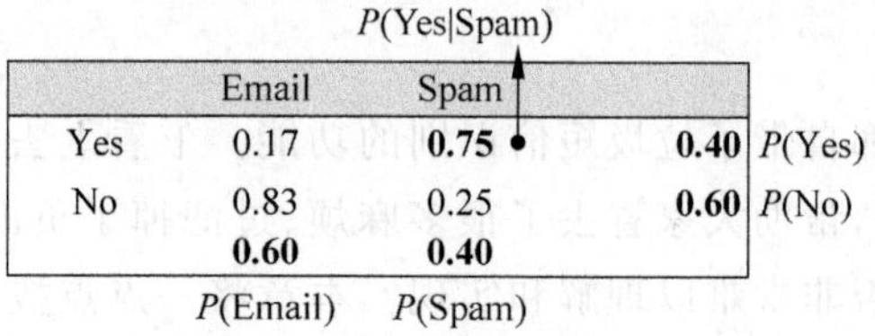

图 13-1 概率分布位置示意图

目前有一个新的信息为“Hello，Buy!”，首先分词得到 Hello 和 Buy 两个单词。根据贝叶斯公式，可以计算该信息属于垃圾信息的概率

$$\begin{aligned} &P(Y=\text{Spam} \mid \text{Hello},\text{Buy}) \\ &=\frac{P(\text{Hello} \mid Y=\text{Spam})}{P(\text{Hello})} \times \frac{P(\text{Buy} \mid Y=\text{Spam})}{P(\text{Buy})} \times P(Y=\text{Spam}) \\ &=\frac{0.25}{0.6} \times \frac{0.75}{0.4} \times 0.4=0.3125 \end{aligned} \tag{13-1}$$

同理可计算该信息属于正常信息的概率

$$\begin{aligned} &P(Y=\text{Ham} \mid \text{Hello},\text{Buy}) \\ &=\frac{P(\text{Hello} \mid Y=\text{Ham})}{P(\text{Hello})} \times \frac{P(\text{Buy} \mid Y=\text{Ham})}{P(\text{Buy})} \times P(Y=\text{Ham}) \\ &=\frac{0.83}{0.6} \times \frac{0.17}{0.4} \times 0.6=0.35275 \end{aligned} \tag{13-2}$$

根据计算结果可知该信息属于正常信息。

13.2 数据集载入

代码清单 1-31 定义了一个从文件中读取数据的函数，将信息内容与标签进行初步的处理，使其根据不同的标签，存储在不同的列表当中。

代码清单 1-31 数据集预处理函数

```
def getDateSet(dataPath = "./SMSSpamCollection"):
    with open(dataPath, encoding = 'utf-8') as f:
        txt_data = f.readlines()
```

```
        data = []            # 所有信息
        classTag = []        # 标签
        for line in txt_data:
            line_split = line.strip("\n").split('\t')
            if line_split[0] == "ham":
                data.append(line_split[1])
                classTag.append(1)
            elif line_split[0] == "spam":
                data.append(line_split[1])
                classTag.append(0)
    return data, classTag
```

13.3　朴素贝叶斯模型

为了更方便地使用接口，可以定义一个 NaïveBayes 的类，实现数据预处理、模型训练、预测等功能。

13.3.1　构造函数设计

首先介绍朴素贝叶斯模型中需要记录的变量：不同类型短信数量、相应单词列表、训练集中不重复单词集合等。它们在类的构造函数中进行初始化，并在模型训练过程中不断更新。最终，构造函数如代码清单 13-2 所示。

代码清单 13-2　朴素贝叶斯构造函数

```
class NaiveBayes:
    def __init__(self):
        self.__ham_count = 0                   # 正常短信数量
        self.__spam_count = 0                  # 垃圾短信数量

        self.__ham_words_count = 0             # 正常短信单词总数
        self.__spam_words_count = 0            # 垃圾短信单词总数

        self.__ham_words = list()              # 正常短信单词列表
        self.__spam_words = list()             # 垃圾短信单词列表

        # 训练集中不重复单词集合
        self.__word_dictionary_set = set()
        self.__word_dictionary_size = 0

        self.__ham_map = dict()                # 正常短信的词频统计
        self.__spam_map = dict()               # 垃圾短信的词频统计

        self.__ham_probability = 0.0
        self.__spam_probability = 0.0
```

13.3.2 数据预处理

在加载数据集时，并没有将输入分割为一个一个的单词。代码清单13-3实现了一个对一整行输入进行预处理的函数data_preprocess，其按正则分割开(\W：匹配特殊字符，即非字母、非数字)一行输入，并将单词长度小于或等于3的过滤掉，最后将其变成小写字母，返回列表。

代码清单13-3 朴素贝叶斯预处理函数

```
# 输入为一封信息的内容
def data_preprocess(self, sentence):
# 将输入转换为小写并将特殊字符替换为空格
    temp_info = re.sub('\W', ' ', sentence.lower())
    # 根据空格将其分割为一个一个单词
    words = re.split(r'\s+', temp_info)
    # 返回长度大于或等于 3 的所有单词
    return list(filter(lambda x: len(x) >= 3, words))
```

13.3.3 模型训练

模型训练分成了三个子函数进行，一个是fit函数作为最外层的函数，其接受如图13-2所示一整行的数据以及每行数据的标签作为输入。

```
Go until jurong point, crazy.. Available only in bugis n great world la e buffet... Cine there got amore wat...
Ok lar... Joking wif u oni...
Free entry in 2 a wkly comp to win FA Cup final tkts 21st May 2005. Text FA to 87121 to receive entry question(std txt rate)T&C's apply 08452810075over18's
U dun say so early hor... U c already then say...
```

图13-2 输入样例

首先使用data_preprocess函数将一整行输入分割为单词，将分割得到的单词组以及对应的标签送入build_word_set函数中，在build_word_set函数中，使用for循环不断更新成员变量，获得的单词列表如图13-3所示。

```
['free', 'entry', 'wkly', 'comp', 'win', 'cup', 'final', 'tkts', '21st', 'may', '2005', 'text', '87121', 'receive', 'entry', 'question',
['until', 'jurong', 'point', 'crazy', 'available', 'only', 'bugis', 'great', 'world', 'buffet', 'cine', 'there', 'got', 'amore', 'wat',
```

图13-3 命令行输出单词列表

最后调用word_count函数来对正常短信和垃圾短信的词频进行统计，并计算垃圾短信和正常短信的概率。word_count函数最终获得的字典输出如图13-4所示，字典的键为单词本身，值为其出现的次数。使用字典的形式进行存储，方便在后面预测时可以较快地进行索引。

```
正常短信词频：{'free': 82, 'entry': 15, 'wkly': 8, 'comp': 4, 'win':
垃圾短信词频：{'until': 10, 'jurong': 1, 'point': 8, 'crazy': 4, 'ava
```

图13-4 词频统计

整个训练过程的代码如代码清单13-4所示。

代码清单 13-4 训练函数

```
def fit(self, X_train, y_train):
    words_line = []
    for sentence in X_train:
        words_line.append(self.data_preprocess(sentence))
    self.build_word_set(words_line, y_train)
    self.word_count()

def build_word_set(self, X_train, y_train):
    for words, y in zip(X_train, y_train):
        if y == 0:
            # 正常短信
            self.__ham_count += 1
            self.__ham_words_count += len(words)
            for word in words:
                self.__ham_words.append(word)
                self.__word_dictionary_set.add(word)
        if y == 1:
            # 垃圾短信
            self.__spam_count += 1
            self.__spam_words_count += len(words)
            for word in words:
                self.__spam_words.append(word)
                self.__word_dictionary_set.add(word)

        self.__word_dictionary_size = len(self.__word_dictionary_set)

    def word_count(self):
        # 不同类别下的词频统计
        for word in self.__ham_words:
            self.__ham_map[word] = self.__ham_map.setdefault(word, 0) + 1

        for word in self.__spam_words:
            self.__spam_map[word] = self.__spam_map.setdefault(word, 0) + 1

        # 非垃圾短信的概率
        self.__ham_probability = self.__ham_count / (self.__ham_count + self.__spam_
count)
        # 垃圾短信的概率
        self.__spam_probability = self.__spam_count / (self.__ham_count + self.__spam_
count)
```

13.3.4 测试集预测

最后编写测试集上的预测函数如代码清单 13-5 所示。该模块分为两个函数实现：①总的接口 predict 函数，接受很多条用 list 存储的短信作为输入；②predict_one 函数实现了对一条短信进行预测的功能。在该函数中，首先对一整行输入分割，再计算为垃圾短信或正常短信的概率，最后将两者进行比较，返回预测结果。需要注意的是，在计算概率时要使用 self.__ham_map.get(word，0) + 1 这样的平滑操作进行处理。

代码清单 13-5 朴素贝叶斯预测函数

```
def predict(self, X_test):
    return [self.predict_one(sentence) for sentence in X_test]

def predict_one(self, sentence):
    ham_pro = 0
    spam_pro = 0
    words = self.data_preprocess(sentence)
    for word in words:
        ham_pro += math.log(
            (self.__ham_map.get(word, 0) + 1) / (self.__ham_count + self.__word_
dictionary_size))

        spam_pro += math.log(
            (self.__spam_map.get(word, 0) + 1) / (self.__spam_count + self.__word_
dictionary_size))

        ham_pro += math.log(self.__ham_probability)
        spam_pro += math.log(self.__spam_probability)
        return int(spam_pro >= ham_pro)
```

13.3.5 主函数实现

本模块需要将前面实现的所有功能联合起来，对模型进行验证。首先加载数据集，并将数据集区分为训练集和测试集。在训练集上训练模型，并在测试集上验证模型的效果，代码实现如代码清单 13-6 所示。

代码清单 13-6 朴素贝叶斯主函数

```
from sklearn.metrics import recall_score
from sklearn.metrics import precision_score
from sklearn.metrics import classification_report
from sklearn.metrics import accuracy_score
if __name__ == "__main__":
    # 加载数据集
    data, classTag = getDateSet()
    # 设置训练集大小
    train_size = 3000
    # 训练集
    train_X = data[:train_size]
    train_y = classTag[:train_size]
    # 测试集
    test_X = data[train_size:]
    test_y = classTag[train_size:]
```

```
# 在训练集上训练模型
nb_model = NaiveBayes()
nb_model.fit(train_X, train_y)
# 在测试集上得到预测结果
pre_y = nb_model.predict(test_X)

# 模型评价
accuracy_score_value = accuracy_score(test_y, pre_y)
recall_score_value = recall_score(test_y, pre_y)
precision_score_value = precision_score(test_y, pre_y)
classification_report_value = classification_report(test_y, pre_y)
print("准确率:", accuracy_score_value)
print("召回率:", recall_score_value)
print("精确率:", precision_score_value)
print(classification_report_value)
```

最后运行整个程序，设置训练集为1000条数据，可以得到最终的预测结果如图13-5所示，其准确率在测试集上达到了95.52%。

如果将训练集进一步扩大为2000条、3000条数据，模型是否会获得更优异的性能？

```
准确率: 0.9584608657630083
召回率: 0.9989947222920331
精确率: 0.9552992069214131
              precision    recall  f1-score   support

           0       0.99      0.69      0.81       595
           1       0.96      1.00      0.98      3979

   micro avg       0.96      0.96      0.96      4574
   macro avg       0.97      0.84      0.89      4574
weighted avg       0.96      0.96      0.96      4574
```

图13-5　训练集1000条数据预测效果

如图13-6、图13-7所示为当训练集为2000条数据以及3000条数据的预测结果，可以发现，随着训练集的增大，模型也会越来越灵敏，获得更高的准确率和精确率。

```
准确率: 0.9667039731393396
召回率: 0.998712584486643
精确率: 0.9642635177128651
              precision    recall  f1-score   support

           0       0.99      0.75      0.86       467
           1       0.96      1.00      0.98      3107

   micro avg       0.97      0.97      0.97      3574
   macro avg       0.98      0.88      0.92      3574
weighted avg       0.97      0.97      0.96      3574
```

图13-6　训练集2000条数据预测效果

```
准确率: 0.9685314685314685
召回率: 0.9977638640429338
精确率: 0.9670567837017772
              precision    recall  f1-score   support

           0       0.98      0.78      0.87       338
           1       0.97      1.00      0.98      2236

   micro avg       0.97      0.97      0.97      2574
   macro avg       0.97      0.89      0.92      2574
weighted avg       0.97      0.97      0.97      2574
```

图13-7　训练集3000条数据预测效果

第 14 章 实战：基于逻辑回归算法进行乳腺癌的识别

CHAPTER 14

视频讲解

21 世纪是数据驱动决策的时代，产生更多数据的细分市场或行业可以更快利用这些数据做出重要决策，并在未来保持领先。当谈到产生大量数据的行业时，医疗无疑是其中之一。得益于例如传感器生成的一系列数据，这些数据可以用来以更低的成本提供更好的医疗服务并提高患者的满意度，同时，这也是依托于数据的机器学习技术用武之地。

乳腺癌是一种发于腺上皮组织的恶性肿瘤，原位的乳腺癌并不致命，但随着癌变进一步发展，形成的乳腺癌细胞连接较为松散，容易脱落。脱落后会随着血液扩散到全身，危及生命。

本章将会设计并实现一个乳腺癌识别算法。首先一起来了解完成这样一项任务，算法的输入输出是什么、采取什么样的技术以及算法实现的流程。本章使用 sklearn. datasets 下的乳腺癌数据集。通过分析数据集，可以看出这是一个典型的二分类任务。数据量不多，因此不能使用太过复杂的模型，参数量过多而样本较少可能会带来过拟合的风险。下文将介绍并实现一个典型的二分类 Logistic 模型来完成本任务。

Logistic 算法是一个简单且计算速度快的分类算法，目前广泛应用于工业界，例如推荐系统、广告系统等。其对输入特征的要求较高，特征决定了模型的上限，因此在使用 Logistic 算法时往往伴有繁杂的特征提取任务。本章将为大家介绍该算法的基本原理以及使用该算法解决乳腺癌识别问题的方法。实验结果证明，Logistic 算法在该任务中能达到不错的分类结果。

14.1 数据集加载

代码清单 14-1 所示为数据集的代码，并将数据集按照 4∶1 的比例划分为训练集和测试集。

代码清单 14-1 数据集加载函数

```
def loadTrainData():
    cancer = load_breast_cancer()           # 加载乳腺癌数据
    X = cancer.data                         # 加载乳腺癌判别特征
    y = cancer.target                       # 两个 TAG,y = 0 时为阴性,y = 1 时为阳性
```

```
    # 将数据集划分为训练集和测试集,测试集占比为 0.2
    X_train, X_test, y_train, y_test = train_test_split(X, y, test_size = 0.2)
    X_train = X_train.T
    X_test = X_test.T
    return X_train, X_test, y_train, y_test
```

14.2 Logistic 模块

该模块包含两大内容：正向传播计算预测结果以及控制整个参数优化过程从而实现对参数值的更新。首先是代码清单 14-2 中 Sigmoid 函数。

代码清单 14-2　Sigmoid 函数

```
def sigmoid(inx):
    from numpy import exp
    return 1.0/(1.0 + exp(-inx))
```

如代码清单 14-3 所示，通过随机高斯函数直接初始化权重 ω，偏置 b 初始化为 0。

代码清单 14-3　参数初始化函数

```
#初始化参数
def initialize_para(dim):
    mu = 0
    sigma = 0.1
    np.random.seed(0)
    w = np.random.normal(mu, sigma, dim)
    w = np.reshape(w, (dim, 1))
    b = 0
    return w, b
```

如代码清单 14-4 所示，前向传播过程以参数 ω 和 b、训练集 X 和标签 Y 作为函数输入，计算最终预测结果 A 以及损失函数对 ω 和 b 的梯度值。需要注意的是，在计算过程中 log 函数可能会遇到输入为 0 的情况，在这种情况下程序会抛出异常。为了防止类似的数值运算错误，可以设置一个非 0 的极小值 eps。当要使用 log 函数运算时，直接在参数后加上该值。

代码清单 14-4　前向传播函数

```
#前向传播
def propagate(w, b, X, Y):
    # eps 防止 log 运算遇到 0
    eps = 1e-5
    m = X.shape[1]
    # 计算初步运算结果
    A = sigmoid(np.dot(w.T, X) + b)
    # 计算损失函数值大小
```

```
    cost = -1 / m * np.sum(np.multiply(Y, np.log(A + eps)) + np.multiply(1 - Y, np.log(1
- A + eps)))
    # 计算梯度值
    dw = 1 / m * np.dot(X, (A - Y).T)
    db = 1 / m * np.sum(A - Y)
    cost = np.squeeze(cost)

    grads = {"dw": dw,
        "db": db}
    # 返回损失函数大小以及反向传播的梯度值
    return grads, cost, A
```

代码清单 14-5 所示的函数是一个非常核心的函数，实现了在训练集上对参数不断迭代进行优化的过程。函数以参数值 ω 和 b、训练集输入 X 和标签 Y 以及学习迭代次数、学习率作为输入。为了更好地观察在参数优化过程中到底发生了什么，每经过 100 次迭代就计算目前模型在训练集上的表现以及损失函数值。最终等待迭代完成，将模型的参数以及损失函数的变化返回。

代码清单 14-5　参数优化函数

```
# num_iterations 梯度下降次数
# learning_rate 学习率
def optimize(w, b, X, Y, num_iterations, learning_rate):
    costs = []  # 记录损失函数值

    # 循环进行梯度下降
    for i in range(num_iterations):
        # print(i)
        grads, cost, pre_Y = propagate(w, b, X, Y)
        dw = grads["dw"]
        db = grads["db"]

        w = w - learning_rate * dw
        b = b - learning_rate * db

        # 每 100 次循环记录一次损失函数大小并打印
        if i % 100 == 0:
            costs.append(cost)

        if i % 100 == 0:
            pre_Y[pre_Y >= 0.5] = 1
            pre_Y[pre_Y < 0.5] = 0
            pre_Y = pre_Y.astype(np.int)
            acc = 1 - np.sum(pre_Y ^ Y) / len(Y)
            print("Iteration:{} Loss = {}, Acc = {}".format(i, cost, acc))

    # 最终参数值
    params = {"w": w,
```

```
            "b": b}

    return params, costs
```

训练完成后，若要使用该模型对其他输入进行预测，可以使用如代码清单 14-6 所示的 predict 函数。该函数以参数 ω 和 b 以及输入数据 X 作为输入，返回预测结果。

代码清单 14-6　预测结果函数

```
def predict(w, b, X):
    # 样本个数
    m = X.shape[1]
    # 初始化预测输出
    Y_prediction = np.zeros((1, m))
    # 转置参数向量 w
    w = w.reshape(X.shape[0], 1)

    # 预测结果
    Y_hat = sigmoid(np.dot(w.T, X) + b)

    # 将结果按照 0.5 的阈值转化为 0/1
    for i in range(Y_hat.shape[1]):
        if Y_hat[:, i] > 0.5:
            Y_prediction[:, i] = 1
        else:
            Y_prediction[:, i] = 0

    return Y_prediction
```

14.3　模型评价

最后实现在训练集上训练并在测试集上评价模型的函数 Logisticmodel，如代码清单 14-7 所示。本节设置迭代次数为 1000 次，学习率为 0.2。

代码清单 14-7　训练集预测函数

```
#训练以及预测
def Logisticmodel(X_train, Y_train, X_test, Y_test, num_iterations = 1000, learning_rate = 0.1):
    # 初始化参数 w,b
    w, b = initialize_para(X_train.shape[0])
    # 梯度下降找到最优参数
    parameters, costs = optimize(w, b, X_train, Y_train, num_iterations, learning_rate)

    w = parameters["w"]
    b = parameters["b"]
```

```
    # 训练集测试集的预测结果
    Y_prediction_train = predict(w, b, X_train)
    Y_prediction_test = predict(w, b, X_test)
    Y_prediction_test = Y_prediction_test.T

    # 模型评价
    accuracy_score_value = accuracy_score(Y_test, Y_prediction_test)
    recall_score_value = recall_score(Y_test, Y_prediction_test)
    precision_score_value = precision_score(Y_test, Y_prediction_test)
    classification_report_value = classification_report(Y_test, Y_prediction_test)

    print("准确率:", accuracy_score_value)
    print("召回率:", recall_score_value)
    print("精确率:", precision_score_value)
    print(classification_report_value)

    d = {"costs": costs,
        "Y_prediction_test": Y_prediction_test,
        "Y_prediction_train": Y_prediction_train,
        "w": w,
        "b": b,
        "learning_rate": learning_rate,
        "num_iterations": num_iterations}

    return d
```

如代码清单 14-8 所示的 main 函数是整个脚本的入口。

代码清单 14-8 主函数

```
if __name__ == '__main__':
    X_train, X_test, y_train, y_test = loadTrainData()
Logisticmodel(X_train, y_train, X_test, y_test)
```

运行整个代码,可以得到如图 14-1 的输出。

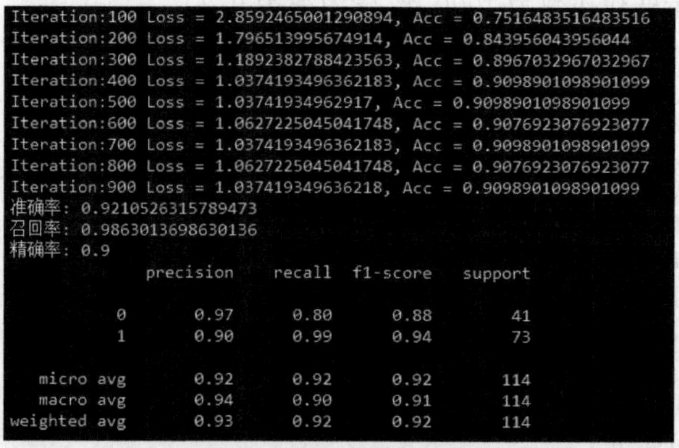
Iteration:100 Loss = 2.8592465001290894, Acc = 0.7516483516483516
Iteration:200 Loss = 1.796513995674914, Acc = 0.843956043956044
Iteration:300 Loss = 1.1892382788423563, Acc = 0.8967032967032967
Iteration:400 Loss = 1.0374193496362183, Acc = 0.9098901098901099
Iteration:500 Loss = 1.03741934962917, Acc = 0.9098901098901099
Iteration:600 Loss = 1.0627225045041748, Acc = 0.9076923076923077
Iteration:700 Loss = 1.0374193496362183, Acc = 0.9098901098901099
Iteration:800 Loss = 1.0627225045041748, Acc = 0.9076923076923077
Iteration:900 Loss = 1.037419349636218, Acc = 0.9098901098901099
准确率: 0.9210526315789473
召回率: 0.9863013698630136
精确率: 0.9
precision recall f1-score support
0 0.97 0.80 0.88 41
1 0.90 0.99 0.94 73
micro avg 0.92 0.92 0.92 114
macro avg 0.94 0.90 0.91 114
weighted avg 0.93 0.92 0.92 114

图 14-1 执行代码命令行输出

从输出中可以观察到，随着迭代次数增加到 400 次左右，损失函数 Loss 从最开始的 2.85 逐渐下降到 1.03 左右，预测的正确率也由 0.75 逐渐上升到 0.91。接下来两项数据均开始小范围地上下抖动，模型收敛。最后在测试集上验证准确率为 0.92 左右，与训练集的准确率基本一致，没有发生过拟合问题，模型训练完毕。

【小技巧】 在最开始训练模型时，可以设置一个较高的学习率，等到其余超参数（例如损失函数、激活函数等）调整好后，再逐渐降低学习率，直到正确率等指标达到最优。

如果将学习率进一步下调到 0.1，会产生什么样的结果？如图 14-2 所示，当学习率下降时，整个模型学习的速度会变慢。相比学习率为 0.2 时第 400 次迭代会收敛，0.1 的学习率使得第 600 次迭代，损失函数才逐渐趋于稳定。学习率越低收敛速度越慢，最终却能获得低的损失函数值和更高的正确率。因此在调整模型参数时，学习率是一个非常重要的超参数，开始调整模型时可以选择一个较大的学习率，并逐渐降低学习率，最后达到最优的收敛结果。

```
Iteration:100 Loss = 3.36530959748822, Acc = 0.7076923076923076
Iteration:200 Loss = 1.1386319691080444, Acc = 0.9010989010989011
Iteration:300 Loss = 1.239844588579863, Acc = 0.8923076923076922
Iteration:400 Loss = 1.113328814240088, Acc = 0.9032967032967033
Iteration:500 Loss = 1.0121161816831878, Acc = 0.9120879120879121
Iteration:600 Loss = 0.9868130399003051, Acc = 0.9142857142857143
Iteration:700 Loss = 0.9615098850323486, Acc = 0.9164835164835164
Iteration:800 Loss = 0.9615098850323487, Acc = 0.9164835164835164
Iteration:900 Loss = 0.9868130399003051, Acc = 0.9142857142857143
准确率: 0.9385964912280702
召回率: 0.9710144927536232
精确率: 0.9305555555555556
              precision    recall  f1-score   support

           0       0.95      0.89      0.92        45
           1       0.93      0.97      0.95        69

   micro avg       0.94      0.94      0.94       114
   macro avg       0.94      0.93      0.93       114
weighted avg       0.94      0.94      0.94       114
```

图 14-2 学习率下降后执行代码命令行输出

第 15 章 实战：基于线性回归、决策树和 SVM 进行鸢尾花分类

CHAPTER 15

视频讲解

鸢尾花数据集(Iris Data Set)是机器学习领域非常经典的一个分类任务数据集，使用 sklearn 库可以直接下载并导入该数据集。数据集总共包含 150 行数据，每一行数据由 4 个特征值及一个标签组成。标签为三种不同类别的鸢尾花：Iris Setosa，Iris Versicolour，Iris Virginica。

对于多分类任务，有较多机器学习的算法可以支持。本章将使用决策树、线性回归、SVM 等多种算法来完成这一任务，并对不同方法进行比较。

15.1 使用 Logistic 实现鸢尾花分类

在前面二分类任务介绍过 Logistic，对其进行扩展也用于多分类任务。下面将使用 sklearn 库完成一个基于 Logistic 的鸢尾花分类任务。如代码清单 15-1 所示，首先是导入 sklearn.datasets 包从而加载数据集，并将数据集按照测试集占比 0.2 随机分为训练集和测试集。

代码清单 15-1 导入包以及加载数据集

```
from sklearn.datasets import load_iris
from sklearn.linear_model import LogisticRegression
from sklearn.model_selection import train_test_split
import numpy as np
from sklearn.preprocessing import label_binarize
from sklearn.metrics import confusion_matrix, precision_score, accuracy_score,recall_score,
f1_score, roc_auc_score, \
    roc_curve
import matplotlib.pyplot as plt

#加载数据集
def loadDataSet():
    iris_dataset = load_iris()
    X = iris_dataset.data
    y = iris_dataset.target
    # 将数据划分为训练集和测试集
    X_train, X_test, y_train, y_test = train_test_split(X, y, test_size = 0.2)
    return X_train, X_test, y_train, y_test
```

如代码清单 15-2 所示，编写函数训练 Logistic 模型。

代码清单 15-2 训练 Logistic 模型

```
# 训练 Logistic 模性
def trainLS(x_train, y_train):
    # Logistic 生成和训练
    clf = LogisticRegression()
    clf.fit(x_train, y_train)
    return clf
```

Logistic 模型较为简单，不需要额外设置超参数即可开始训练。如代码清单 15-3 所示，初始化 Logistic 模型并将模型在训练集上训练，返回训练好的模型。

代码清单 15-3 测试模型及打印各种评价指标

```
# 测试模型
def test(model, x_test, y_test):
    # 将标签转换为 one - hot 形式
    y_one_hot = label_binarize(y_test, np.arange(3))
    # 预测结果
    y_pre = model.predict(x_test)
    # 预测结果的概率
    y_pre_pro = model.predict_proba(x_test)

    # 混淆矩阵
    con_matrix = confusion_matrix(y_test, y_pre)
    print('confusion_matrix:\n', con_matrix)
    print('accuracy:{}'.format(accuracy_score(y_test, y_pre)))
    print('precision:{}'.format(precision_score(y_test, y_pre, average = 'micro')))
    print('recall:{}'.format(recall_score(y_test, y_pre, average = 'micro')))
    print('f1 - score:{}'.format(f1_score(y_test, y_pre, average = 'micro')))

    # 绘制 ROC 曲线
    drawROC(y_one_hot, y_pre_pro)
```

在预测结果时，为了方便后面绘制 ROC 曲线，需要首先将测试集的标签转化为 one-hot 的形式，并得到模型在测试集上预测结果的概率值(y_pre_pro)，从而传入 drawROC 函数完成 ROC 曲线的绘制。此外，该函数实现了输出混淆矩阵以及计算准确率、精确率、查全率以及 f1-score 等功能。

代码清单 15-4 绘制 ROC 曲线

```
def drawROC(y_one_hot, y_pre_pro):
    # AUC 值
    auc = roc_auc_score(y_one_hot, y_pre_pro, average = 'micro')
    # 绘制 ROC 曲线
    fpr, tpr, thresholds = roc_curve(y_one_hot.ravel(), y_pre_pro.ravel())
    plt.plot(fpr, tpr, linewidth = 2, label = 'AUC = %.3f' % auc)
```

```
    plt.plot([0, 1], [0, 1], 'k-- ')
    plt.axis([0, 1.1, 0, 1.1])
    plt.xlabel( 'False Postivie Rate')
    plt.ylabel( 'True Positive Rate')
    plt.legend()
    plt.show()
```

如代码清单 15-4 所示为绘制 ROC 曲线的代码实现。最后将加载数据集、训练模型以及模型验证的整个流程连接起来从而实现 main 函数，如代码清单 15-5 所示。

代码清单 15-5　main 函数设置

```
if __name__ == '__main__':
    X_train, X_test, y_train, y_test = loadDataSet()
    model = trainLS(X_train, y_train)
    test(model, X_test, y_test)
```

将上述所有代码放在同一脚本文件中，可得最终的输出结果，如图 15-1 所示。

confusion_matrix:
[[11 0 0]
[0 8 3]
[0 0 8]]
accuracy:0.9
precision:0.9
recall:0.9
f1-score:0.9

图 15-1　命令行打印的测试结果

绘制得到的 ROC 曲线如图 15-2 所示。

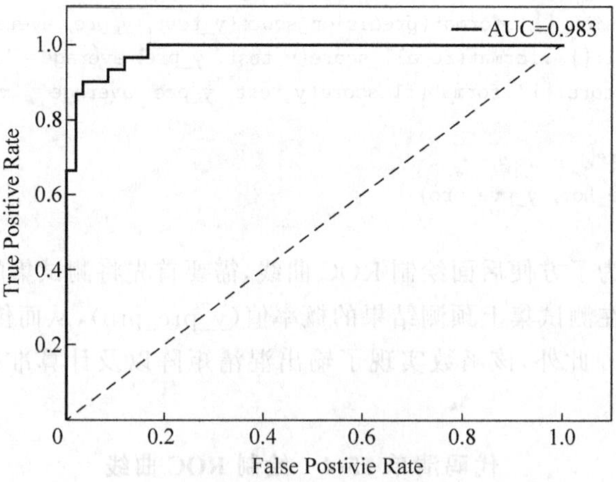

图 15-2　ROC 曲线

Logistic 是一个较为简单的模型，参数量较少，一般也用于较为简单的分类任务中。当任务更为复杂时，可以选取更为复杂的模型获得更好的效果。下面将使用不同的模型从而验证同一任务在不同模型下的表现。

15.2　使用决策树实现鸢尾花分类

由于只改动了模型，加载数据集、模型评价等其他部分的代码不需要改动。如代码清单 15-6 所示，增加新的函数用于训练决策树模型。

代码清单 15-6　使用决策树模型进行训练

```
from sklearn import tree
#训练决策树模型
def trainDT(x_train, y_train):
    # DT生成和训练
    clf = tree.DecisionTreeClassifier(criterion = "entropy")
    clf.fit(x_train, y_train)
    return clf
```

同时修改 main 函数中调用的训练函数如代码清单 15-7 所示。

代码清单 15-7　修改 main 函数内容

```
if __name__ == '__main__':
    X_train, X_test, y_train, y_test = loadDataSet()
    model = trainDT(X_train, y_train)
    test(model, X_test, y_test)
```

最后运行可得命令行输出，如图 15-3 所示。

```
confusion_matrix:
 [[ 6  0  0]
 [ 0 13  1]
 [ 0  0 10]]
accuracy:0.9666666666666667
precision:0.9666666666666667
recall:0.9666666666666667
f1-score:0.9666666666666667
```

图 15-3　决策树模型预测结果

ROC 曲线如图 15-4 所示。

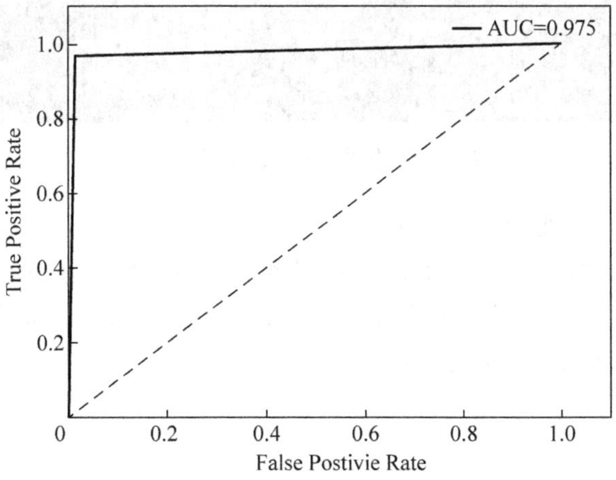

图 15-4　决策树模型绘制 ROC 曲线

相比 Logistic 模型，决策树模型无论在哪一项指标上都得到了更高的评分。且决策树模型不会像 Logistic 模型一样受初始化的影响，多次运行程序均可获得相同的输出模型，而 Logistic 模型运行多次会发现评价指标会在某个范围内上下抖动。

15.3 使用 SVM 实现鸢尾花分类

相信大家都已经非常熟悉如何继续修改代码从而实现 SVM 模型的预测，实现 SVM 模型的训练代码如代码清单 15-8 所示。

代码清单 15-8 使用 SVM 模型进行训练

```
#训练 SVM 模性
from sklearn import svm
def trainSVM(x_train, y_train):
    # SVM生成和训练
    clf = svm.SVC(kernel = 'rbf', probability = True)
    clf.fit(x_train, y_train)
    return clf
```

同时修改 main 函数，如代码清单 15-9 所示。

代码清单 15-9 修改 main 函数内容

```
if __name__ == '__main__':
    X_train, X_test, y_train, y_test = loadDataSet()
    model = trainSVM(X_train, y_train)
    test(model, X_test, y_test)
```

程序运行输出如图 15-5 所示。

confusion_matrix:
[[8 0 0]
[0 11 0]
[0 0 11]]
accuracy:1.0
precision:1.0
recall:1.0
f1-score:1.0

图 15-5 使用 SVM 模型预测结果

绘制得到的 ROC 曲线如图 15-6 所示。

可以发现，随着模型进一步变得复杂，最终预测的各项指标进一步上升。在三个模型中 SVM 模型的高斯核最终结果在测试集中表现得最好且没有发生过拟合的现象，因此可以选用 SVM 模型来完成鸢尾花分类这一任务。

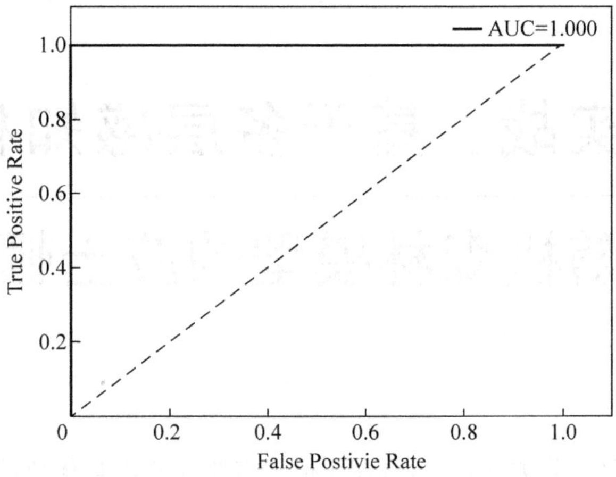

图 15-6 使用 SVM 模型绘制的 ROC 曲线

第 16 章 实战：基于多层感知机模型和随机森林模型的波士顿房价预测

CHAPTER 16

视频讲解

在现实生活中，除了分类问题外，也存在很多需要预测出具体值的回归问题，例如年龄预测、房价预测、股价预测等。相比分类问题而言，回归问题输出类型为一个连续值，如表 16-1 所示为两者的区别。在本章中，将完成波士顿房价预测这一回归问题。

表 16-1　分类问题与回归问题区别

	分类问题	回归问题
输出类型	离散值	连续值
目的	寻找最优决策边界	寻找最优拟合
评价方法	精准度、查全率、F-score 等	MAE、MSE、RMSE 等

对于回归问题，从简单到复杂，可以采取的模型有多层感知机、SVR、回归森林算法等，下面将介绍如何使用这些算法完成这一任务。

16.1　使用 MLP 实现波士顿房价预测

首先载入需要的各种包以及数据集，与前面使用树模型等不同的地方在于，使用多层感知机模型需要对数据集的 X 和 y 都根据最大最小值进行归一化处理。代码清单 16-1 所示使用了线性归一化的方法，即

$$x' = \frac{x - \min(x)}{\max(x) - \min(x)} \tag{16-1}$$

这种归一化方法比较适用在数值比较集中的情况。但是 max 和 min 不稳定，很容易使得归一化结果不稳定，后续使用效果也不稳定，实际使用中可以用经验常量值来替代 max 和 min。

sklearn 库中提供了归一化的接口，加载数据集并进行归一化处理的代码实现，如代码清单 16-1 所示。

代码清单 16-1　加载数据集并进行预处理操作

```
from sklearn.datasets import load_boston
from sklearn.model_selection import train_test_split
from sklearn import preprocessing
```

```
from sklearn.neural_network import MLPRegressor
from sklearn.metrics import mean_squared_error, mean_absolute_error

#加载数据集并进行归一化预处理
def loadDataSet():
    boston_dataset = load_boston()
    X = boston_dataset.data
    y = boston_dataset.target
    y = y.reshape(-1, 1)
    # 将数据划分为训练集和测试集
    X_train, X_test, y_train, y_test = train_test_split(X, y, test_size=0.2)

    # 分别初始化对特征和目标值的标准化器
    ss_X, ss_y = preprocessing.MinMaxScaler(), preprocessing.MinMaxScaler()

    # 分别对训练和测试数据的特征以及目标值进行标准化处理
    X_train, y_train = ss_X.fit_transform(X_train), ss_y.fit_transform(y_train)
    X_test, y_test = ss_X.transform(X_test), ss_y.transform(y_test)
    y_train, y_test = y_train.reshape(-1, ), y_test.reshape(-1, )

    return X_train, X_test, y_train, y_test
```

在预处理过数据集后，构建 MLP 模型，设置模型的超参数，在训练集上训练模型。

代码清单 16-2 训练多层感知机模型

```
def trainMLP(X_train, y_train):
    model_mlp = MLPRegressor(
        hidden_layer_sizes=(20, 1), activation='logistic', solver='adam', alpha=0.0001,
batch_size='auto',
         learning_rate='constant', learning_rate_init=0.001, power_t=0.5, max_iter=
5000, shuffle=True,
        random_state=1, tol=0.0001, verbose=False, warm_start=False, momentum=0.9,
nesterovs_momentum=True,
        early_stopping=False, beta_1=0.9, beta_2=0.999, epsilon=1e-08)
    model_mlp.fit(X_train, y_train)
    return model_mlp
```

如代码清单 16-2 所示，该模型的超参数较多，最重要的几个超参数为 hidden_layer_sizes（隐藏层神经元个数，在本次实验当中隐藏层分别为 5 和 1），Activations（激活函数，可以选择 ReLU、Logistic、Tanh 等），Solver（优化方法，即 Sgd、Adam 等），以及与优化方法相关的 Learning_rate（学习率），Momentum（动量）等，设置完模型参数后，使用 Fit 函数完成训练过程。

代码清单 16-3 测试模型效果

```
def test(model, X_test, y_test):
    y_pre = model.predict(X_test)
    print("The mean root mean square error of MLP-Model is {}".format(mean_squared_error(y_
test, y_pre)**0.5))
```

```
    print("The mean squared error of MLP - Model is {}".format(mean_squared_error(y_test, y_
pre)))
    print("The mean absolute error of MLP - Model is {}".format(mean_absolute_error(y_test, y_
pre)))
```

训练完成后在测试集上验证模型的效果,如代码清单 16-3 所示。不同于分类模型有准确率召回率等指标,回归模型验证模型效果通常采用 MSE,MAE、RMSE 等。

- MSE(Mean Squared Error)为均方误差。

$$\mathrm{MSE}=\frac{1}{m}\sum_{i=1}^{m}(y_i-\hat{y}_i)^2 \tag{16-2}$$

- MAE(Mean Absolute Error)为平均绝对误差,是绝对误差的平均值,能更好地反映预测值误差的实际情况。

$$\mathrm{MAE}=\frac{1}{m}\sum_{i=1}^{m}|y_i-\hat{y}_i| \tag{16-3}$$

- RMSE(Root Mean Square Error)为均方根误差,是用来衡量观测值同真值之间的偏差。

$$\mathrm{RMSE}=\sqrt{\frac{1}{m}\sum_{i=1}^{m}(y_i-\hat{y}_i)^2} \tag{16-4}$$

以上三项指标的值越小,则表示在测试集上预测的结果与真实结果之间的偏差越小,模型拟合效果越好。

如代码清单 16-4 所示,在主函数中依次调用上述函数,完成导入数据集、训练、预测的全过程。

代码清单 16-4 构建 main 函数

```
if __name__ == '__main__':
    X_train, X_test, y_train, y_test = loadDataSet()
    # 训练 MLP 模型
    model = trainMLP(X_train, y_train)
    test(model, X_test, y_test)
```

最终可得输出如图 16-1 所示。

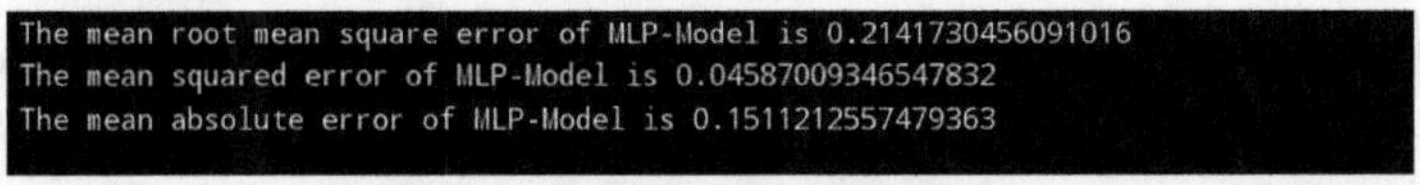
The mean root mean square error of MLP-Model is 0.2141730456091016
The mean squared error of MLP-Model is 0.04587009346547832
The mean absolute error of MLP-Model is 0.1511212557479363

图 16-1 MLP 模型预测效果

改变实验中的超参数(例如隐藏层的神经元个数)可以得到不同的模型以及这些模型在测试集上的得分。如表 16-2 所示,当神经元个数为 10 时,三项指标均获得了最小值,因此可以固定神经元个数为 10,再调整其他参数,例如激活函数、优化方法等。

【小技巧】 难以确定参数时,可以将模型在训练集和测试集的误差都打印出来。当训练集误差远远大于测试集误差时,可能会存在过拟合的问题,应当减少参数数目(神经元的个数)。当训练集的误差与测试集误差都很大时,存在欠拟合的问题,应当增加神经元的个数。

表 16-2　不同神经元个数的预测结果

神经元个数	MSE	MAE	RMSE
20	0.04025	0.15732	0.20063
15	0.04150	0.15878	0.20371
10	0.03984	0.14432	0.19962
5	0.04587	0.15112	0.21417

16.2　使用随机森林模型实现波士顿房价预测

如代码清单 16-5 和代码清单 16-6 所示，导入与随机森林回归模型有关的包，新增使用随机森林训练模型的函数，修改主函数，其他部分保持不变。

代码清单 16-5　使用随机森林模型进行训练

```
def trainRF(X_train, y_train):
    model_rf = RandomForestRegressor(n_estimators = 10000)
    model_rf.fit(X_train, y_train)
    return model_rf
```

代码清单 16-6　修改 main 函数内容

```
if __name__ == '__main__':
    X_train, X_test, y_train, y_test = loadDataSet()
    # 训练 RF 模型
    model = trainRF(X_train, y_train)
    test(model, X_test, y_test)
```

最终得到如图 16-2 所示为命令行输出结果。

```
The mean root mean square error of RF-Model is 0.06370858868613845
The mean squared error of RF-Model is 0.004058784272379568
The mean absolute error of RF-Model is 0.04583376906318081
```

图 16-2　随机森林模型预测结果

下面调节 n_estimators 的数目，记录相应的评价指标大小。如表 16-3 所示为一个随机森林中决策数目发生变化时评价指标的变化。可以发现，随着决策树数目的上升，各项指标都变得更优。一般而言，一个森林中决策树的个数越多，模型预测的准确率越高，但相应的会消耗更多的计算资源，因此在实际应用当中应当对效率与正确性这两点进行权衡取舍。

表 16-3　随机森林不同决策树数目预测结果

决策树数目	MSE	MAE	RMSE
10	0.00625	0.05663	0.07907
100	0.00650	0.04885	0.08063
1000	0.00405	0.04583	0.06371

第 17 章 实战：基于生成式对抗网络生成动漫人物

CHAPTER 17

视频讲解

生成式对抗网络(Generative Adversarial Network，GAN)是近些年计算机视觉领域非常常见的一种方法。它可以从已有数据集中生成新数据，能力强大到令人惊叹，甚至可以完成连人眼都无法进行分辨的一些任务。本章将会介绍基于最原始的 DCGAN 的动漫人物生成任务，通过定义生成器和判别器，让这两个网络在参数优化过程中不断“打架”，最终得到较好的生成结果。

17.1 生成动漫人物任务概述

日本动漫中会出现很多的卡通人物，这些卡通人物都是漫画家花费大量的时间设计绘制出来的，那么，假设已经有了一个卡通人物的集合，那么深度学习技术可否帮助漫画家们根据已有的动漫人物形象，设计出新的动漫人物形象呢？

本章使用的数据集包含裁减完成的头像如图 17-1 所示，每张图像的大小为 96×96×3 像素，总数为 51000 张。

图 17-1　动漫人物数据集(见彩插)

这项任务与之前的有监督任务不同之处在于，监督任务是有明确的输入和输出来对模型进行优化调整，而这一项任务是基于已有的数据集生成新的与原有数据集相似的新的数据。这是一个典型生成式任务，假设原始数据集中所有的动漫图像都服从于某一分布，数据集中的图片是从这个分布随机采样得到的。如果可以获得这个分布是什么，那么就可以获得与数据集中图片分布相同但完全不同的新的动漫形象。因此，生成式任务最重要的核心任务就在于如何去获取这个分布。基于图像现有的生成式框架有 VAE 和 GAN 两大分支，本章将介绍基于 GAN 的动漫人物生成任务。

17.2　反卷积网络

反卷积层是 GAN 网络非常重要的一个部件。大多数卷积层会使特征图的尺寸不断变小，但反卷积层是为了使得特征图逐渐变大，甚至与最初的输入图片一致。反卷积层最开始用于分割任务，后来也被广泛应用于生成式任务中。图 17-2 为一个反卷积层的正向传播时的计算过程，下层蓝色色块为输入，白色虚线色块为 padding 的部分，上层的绿色部分为反卷积层的输出。原本 3×3 大小的特征图经过反卷积可以得到 5×5 的输出。本章的网络结构中也使用了反卷积层作为重要的一环。

在计算机视觉的任务中，如分类或者分割等，最终损失函数都需要对网络的输出与标签的差异进行量化，比如常见的 L1、L2、交叉熵等损失函数。那么在生成式任务当中，当网络输出一张新的图片，如何去评判这张图片与原始数据集的分布是否一致？这是非常困难的一项事情，而 GAN 通过引入另一个网络（判别器），巧妙地实现了判断两张图片是否一致这一任务要求。

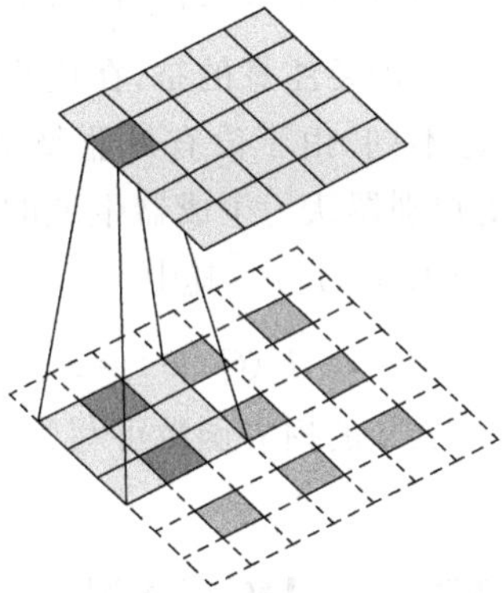

图 17-2　反卷积示意图

具体来说，假设 $P_{\text{data}}(X)$ 表示原始的分布，$P_G(x;\theta)$ 表示参数值为 θ 的卷积网络，该卷积网络称为生成器，以随机数 x 作为初入，输出一张图像。根据最大似然定理，希望每个样例出现的概率的乘积最大，即最大化

$$L=\prod_{i=1}^{m}P_G(x^i;\theta) \tag{17-1}$$

对 θ 进行求解，可得

$$\begin{aligned}\theta^* &=\arg\max_{\theta}\prod_{i=1}^{m}P_G(x^i;\theta)\\ &=\arg\max_{\theta}\log\prod_{i=1}^{m}P_G(x^i;\theta)\\ &=\arg\max_{\theta}\sum_{i=1}^{m}\log P_G(x^i;\theta)\\ &\approx \arg\max_{\theta}E_{x\sim P_{\text{data}}}[\log P_G(x^i;\theta)]\\ &=\arg\min_{\theta}P_{\text{data}}(x)\parallel P_G(x^i;\theta)\end{aligned} \tag{17-2}$$

其中，$\cdot\parallel\cdot$ 表示 KL 散度。由式(17-2)可知，GAN 生成器的目标是找到 $P_G(x;\theta)$ 的一组参数，使其接近 $P_{\text{data}}(X)$ 分布，从而最小化生成器 G 生成结果与原始数据之间的差异 $\arg\min_G P_{\text{data}}\parallel P_G$。为了解决这个问题，GAN 引入了判别器的概念，使用判别器 $D(X)$，来

判断 $P_G(x;\theta)$生成的结果与 $P_{\text{data}}(X)$分布是否一致。判别器的目标是尽可能地区分生成器生成的样本与数据集的样本。当输入为数据集的样本时，判别器输出为真；当输入为生成器生成的样本时，判别器输出为假。GAN 的结构如图 17-3 所示。

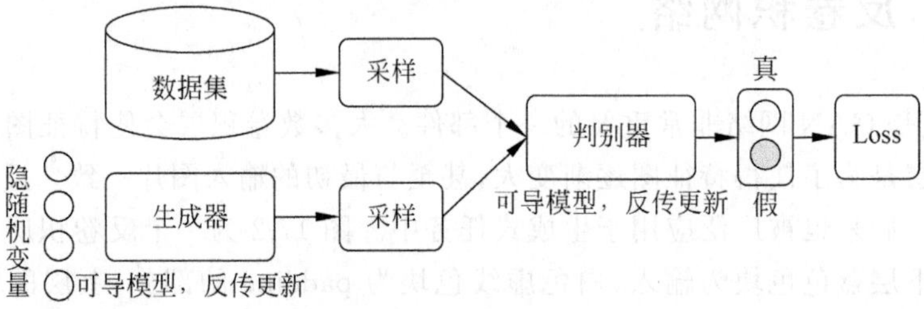

图 17-3　GAN 模型结构

判别器希望最大化目标函数 $\arg\max_D L(G,D)$，这一优化目标与交叉熵函数的形式非常相似。需要注意的是，在优化判别器时，生成器 G 中的参数是不变的。生成器与判别器的目标不同，由于没有像监督学习那样的标签用于生成器，因此生成器的目标是骗过判别器，使判别器认为生成器生成的样本与原始数据集分布一致，即生成器希望最小化目标函数 $\arg\min_G L(G,D)$。其中

$$L(G,D)=E_{x\sim P_{\text{data}}}[\log D(x)]+E_{x\sim P_G}[\log(1-D(x))]$$

至此，GAN 的损失函数可写为 $\min_G \max_D L(G,D)$。

17.3　DCGAN

本章中使用 DCGAN 作为网络模型，其核心思想与 GAN 一致，只是将原始 GAN 的多层感知器替换为了卷积神经网络，从而更符合图像的性质。下面介绍 DCGAN 的结构。

如图 17-4 可知，DCGAN 的生成器从一个 100 维的随机变量开始，不断叠加使用反卷积层，最终得到的 64×64×3 的输出层。其判别器为一个 5 层的卷积结构，以 64×64×3 大小作为输入，单独一个值作为输出，为输入判别器的图像与数据集图像同分布的概率。

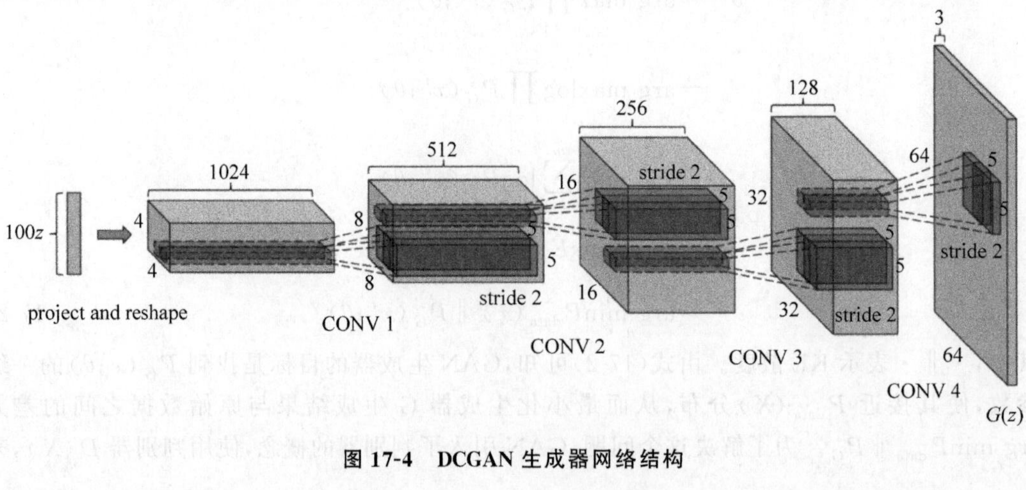

图 17-4　DCGAN 生成器网络结构

DCGAN 的训练步骤与损失函数都和上文中 GAN 的一致，通过交替更新参数的方式，使生成器和判别器逐渐收敛。在下一节中将具体介绍如何构建 DCGAN，实现动漫人物生成。

17.4 基于 DCGAN 的动漫人物生成

新建 GanModel.py 文件，在这个脚本中构建 DCGAN 的生成器和判别器模型。首先是生成器模型，由于本数据集的图片大小为 96×96，因此对原始 DCGAN 的参数做了一些调整，使得最终经过生成器得到的图片大小也是 96×96。

代码清单 17-1 为经过调整后的生成器网络，同样包含有 5 层。除了最后一层，每层中都有一个卷积层、一个归一化层以及一个激活函数。

代码清单 17-1 调整后的生成器网络

```
import torch.nn as nn
#定义生成器网络 G
class Generator(nn.Module):
    def __init__(self, nz = 100):
        super(Generator, self).__init__()
        # layer1 输入的是一个 100×1×1 的随机噪声, 输出尺寸 1024×4×4
        self.layer1 = nn.Sequential(
            nn.ConvTranspose2d(nz, 1024, kernel_size = 4, stride = 1, padding = 0, bias = 
False),
            nn.BatchNorm2d(1024),
            nn.ReLU(inplace = True)
        )
        # layer2 输出尺寸 512×8×8
        self.layer2 = nn.Sequential(
            nn.ConvTranspose2d(1024, 512, 4, 2, 1, bias = False),
            nn.BatchNorm2d(512),
            nn.ReLU(inplace = True)
        )
        # layer3 输出尺寸 256×16×16
        self.layer3 = nn.Sequential(
            nn.ConvTranspose2d(512, 256, 4, 2, 1, bias = False),
            nn.BatchNorm2d(256),
            nn.ReLU(inplace = True)
        )
        # layer4 输出尺寸 128×32×32
            self.layer4 = nn.Sequential(
            nn.ConvTranspose2d(256, 128, 4, 2, 1, bias = False),
            nn.BatchNorm2d(128),
            nn.ReLU(inplace = True)
        )
        # layer5 输出尺寸 3×96×96
        self.layer5 = nn.Sequential(
```

```
            nn.ConvTranspose2d(128, 3, 5, 3, 1, bias = False),
            nn.Tanh()
        )

    # 定义 Generator 的前向传播
    def forward(self, x):
        out = self.layer1(x)
        out = self.layer2(out)
        out = self.layer3(out)
        out = self.layer4(out)
        out = self.layer5(out)
        return out
```

定义判别器模型及前向传播过程如代码清单 17-2 所示。

代码清单 17-2 判别器模型的定义与前向传播过程

```
#定义鉴别器网络 D
class Discriminator(nn.Module):
    def __init__(self):
        super(Discriminator, self).__init__()
        # layer1 输入 3×96×96, 输出 64×32×32
        self.layer1 = nn.Sequential(
            nn.Conv2d(3, 64, kernel_size = 5, stride = 3, padding = 1, bias = False),
            nn.BatchNorm2d(64),
            nn.LeakyReLU(0.2, inplace = True)
        )
        # layer2 输出 128×16×16
        self.layer2 = nn.Sequential(
            nn.Conv2d(64, 128, 4, 2, 1, bias = False),
            nn.BatchNorm2d(128),
            nn.LeakyReLU(0.2, inplace = True)
        )
        # layer3 输出 256×8×8
        self.layer3 = nn.Sequential(
            nn.Conv2d(128, 256, 4, 2, 1, bias = False),
            nn.BatchNorm2d(256),
            nn.LeakyReLU(0.2, inplace = True)
        )
        # layer4 输出 512×4×4
        self.layer4 = nn.Sequential(
            nn.Conv2d(256, 512, 4, 2, 1, bias = False),
            nn.BatchNorm2d(512),
            nn.LeakyReLU(0.2, inplace = True)
        )
        # layer5 输出预测结果概率
        self.layer5 = nn.Sequential(
            nn.Conv2d(512, 1, 4, 1, 0, bias = False),
```

```
            nn.Sigmoid()
        )

    # 前向传播
    def forward(self, x):
        out = self.layer1(x)
        out = self.layer2(out)
        out = self.layer3(out)
        out = self.layer4(out)
        out = self.layer5(out)
        return out
```

定义完模型的基本结构后，新建另一个 Python 脚本 DCGAN.py，将数据集放在同一目录下。如代码清单 17-3 所示，首先是引入会用到的各种包以及超参数，将超参数写在最前面方便后续修改时进行调整。其中超参数主要包含一次迭代的 batchsize 大小，这个参数视 GPU 的性能而定，一般建议 8 以上。如果显存足够大，可以增大 batchsize，batchsize 越大，训练的速度也会越快。ImageSize 为输入的图片大小，Epoch 为训练要在数据集上训练几个轮次，Lr 是优化器最开始的学习率的大小，Beta1 为 Adam 优化器的一阶矩估计的指数衰减率，DataPath 为数据集存放位置，OutPath 为最终结果存放位置。

代码清单 17-3 DCGAN 超参数定义

```
import torch
import torchvision
import torchvision.utils as vutils
import torch.nn as nn
from GanModel import Generator, Discriminator

#设置超参数
BatchSize = 8
ImageSize = 96
Epoch = 25
Lr = 0.0002
Beta1 = 0.5
DataPath = './faces/'
OutPath = './imgs/'
#定义是否使用 GPU
device = torch.device("cuda" if torch.cuda.is_available() else "cpu")
```

接下来定义 train 函数，如代码清单 17-4 所示。以数据集、生成器、鉴别器作为函数输入，首先设置优化器以及损失函数。

代码清单 17-4 train 函数定义

```
def train(netG, netD, dataloader):
    criterion = nn.BCELoss()
    optimizerG = torch.optim.Adam(netG.parameters(), lr = Lr, betas = (Beta1, 0.999))
    optimizerD = torch.optim.Adam(netD.parameters(), lr = Lr, betas = (Beta1, 0.999))
```

```
label = torch.FloatTensor(BatchSize)
real_label = 1
fake_label = 0
```

再开始一轮一轮的迭代训练并输出中间结果,方便调试排错。

代码清单 17-5　鉴别器训练

```
for epoch in range(1, Epoch + 1):
    for i, (imgs, _) in enumerate(dataloader):
        # 固定生成器 G,训练鉴别器 D
        optimizerD.zero_grad()
        # 让 D 尽可能的把真图片判别为 1
        imgs = imgs.to(device)
        output = netD(imgs)
        label.data.fill_(real_label)
        label = label.to(device)
        errD_real = criterion(output, label)
        errD_real.backward()
        # 让 D 尽可能把假图片判别为 0
        label.data.fill_(fake_label)
        noise = torch.randn(BatchSize, 100, 1, 1)
        noise = noise.to(device)
        fake = netG(noise)
        # 避免梯度传到 G,因为 G 不用更新
        output = netD(fake.detach())
        errD_fake = criterion(output, label)
        errD_fake.backward()
        errD = errD_fake + errD_real
        optimizerD.step()
```

如代码清单 17-5 所示,首先固定生成器的参数,随机一组随机数送入生成器得到一组假图片,同时从数据集中抽取同样数目的真图片。假图片对应标签为 0,真图片对应标签为 1,将这组数据送入判别器进行参数更新。

代码清单 17-6　生成器训练

```
        # 固定鉴别器 D,训练生成器 G
        optimizerG.zero_grad()
        # 让 D 尽可能把 G 生成的假图判别为 1
        label.data.fill_(real_label)
        label = label.to(device)
        output = netD(fake)
        errG = criterion(output, label)
        errG.backward()
        optimizerG.step()
        if i % 50 == 0:
            print('[%d/%d][%d/%d] Loss_D: %.3f Loss_G %.3f'
                  % (epoch, Epoch, i, len(dataloader), errD.item(), errG.item()))
```

```
    vutils.save_image(fake.data,
                      '%s/fake_samples_epoch_%03d.png' % (OutPath, epoch),
                      normalize=True)
    torch.save(netG.state_dict(), '%s/netG_%03d.pth' % (OutPath, epoch))
    torch.save(netD.state_dict(), '%s/netD_%03d.pth' % (OutPath, epoch))
```

如代码清单 17-6 所示，接下来固定判别器参数，训练生成器。生成器的目标是根据随机数生成得到的图片能够骗过判别器，使之认为这些图片为真。因此将生成得到的假图经过判别器得到判别结果，设置标签全部为 1，计算损失函数并反向传播对生成器参数进行更新。

在训练过程中，不断打印生成器和判别器 Loss 的变化情况，从而方便进行观察，调整参数。每训练完一个 Epoch，则将该 Epoch 中生成器得到的假图保存下来，同时存储生成器和判别器的参数，防止训练过程突然被终止，可以使用存储的参数进行恢复，不需要再从头进行训练。

最后完成 main 函数主程序入口代码的编写，其包含了加载数据集、定义模型、训练等步骤，如代码清单 17-7 所示。

Transforms 定义了对数据集中输入图片进行预处理的步骤，主要包含 Scale 对输入图片大小进行调整、ToTensor 转化为 PyTorch 的 Tensor 类型以及 Normalize 中使用均值和标准差来进行图片的归一化。

代码清单 17-7 主程序

```
if __name__ == "__main__":
    # 图像格式转化与归一化
    transforms = torchvision.transforms.Compose([
        torchvision.transforms.Scale(ImageSize),
        torchvision.transforms.ToTensor(),
        torchvision.transforms.Normalize((0.5, 0.5, 0.5), (0.5, 0.5, 0.5))])
    dataset = torchvision.datasets.ImageFolder(DataPath, transform=transforms)

    dataloader = torch.utils.data.DataLoader(
        dataset=dataset,
        batch_size=BatchSize,
        shuffle=True,
        drop_last=True,
    )

    netG = Generator().to(device)
    netD = Discriminator().to(device)
    train(netG, netD, dataloader)
```

开始训练后，在命令行可得类似于如图 17-5 所示的输出。

与手写数字识别不同在于，生成器和判别器的 Loss 值都在高低起伏的状态。这种状态是我们想要的结果吗？如果读者注意观察，会发现很多情况下当判别器的 Loss 值下降时，生成器的 Loss 值会上升；而判别器的 Loss 出现了上升，生成器 Loss 会出现下降。这是由于判别器和生成器一直处于一种互相“打架”的状态，生成器想要骗过判别器，而判别器努力不去被生成器骗过，Loss 值才会出现此状。两个网络在循环打架过程中不断增强，最终就可以得到一个甚至能骗过人眼的生成器。

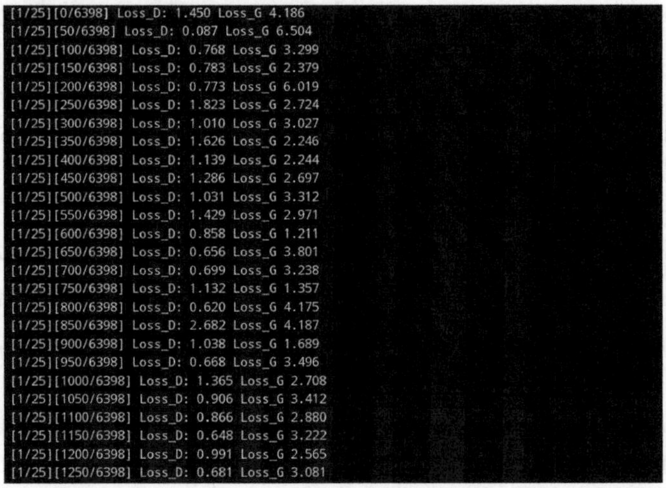

```
[1/25][0/6398] Loss_D: 1.450 Loss_G 4.186
[1/25][50/6398] Loss_D: 0.087 Loss_G 6.504
[1/25][100/6398] Loss_D: 0.768 Loss_G 3.299
[1/25][150/6398] Loss_D: 0.783 Loss_G 2.379
[1/25][200/6398] Loss_D: 0.773 Loss_G 6.019
[1/25][250/6398] Loss_D: 1.823 Loss_G 2.724
[1/25][300/6398] Loss_D: 1.010 Loss_G 3.027
[1/25][350/6398] Loss_D: 1.626 Loss_G 2.246
[1/25][400/6398] Loss_D: 1.139 Loss_G 2.244
[1/25][450/6398] Loss_D: 1.286 Loss_G 2.697
[1/25][500/6398] Loss_D: 1.031 Loss_G 3.312
[1/25][550/6398] Loss_D: 1.429 Loss_G 2.971
[1/25][600/6398] Loss_D: 0.858 Loss_G 1.211
[1/25][650/6398] Loss_D: 0.656 Loss_G 3.801
[1/25][700/6398] Loss_D: 0.699 Loss_G 3.238
[1/25][750/6398] Loss_D: 1.132 Loss_G 1.357
[1/25][800/6398] Loss_D: 0.620 Loss_G 4.175
[1/25][850/6398] Loss_D: 2.682 Loss_G 4.187
[1/25][900/6398] Loss_D: 1.038 Loss_G 1.689
[1/25][950/6398] Loss_D: 0.668 Loss_G 3.496
[1/25][1000/6398] Loss_D: 1.365 Loss_G 2.708
[1/25][1050/6398] Loss_D: 0.906 Loss_G 3.412
[1/25][1100/6398] Loss_D: 0.866 Loss_G 2.880
[1/25][1150/6398] Loss_D: 0.648 Loss_G 3.222
[1/25][1200/6398] Loss_D: 0.991 Loss_G 2.565
[1/25][1250/6398] Loss_D: 0.681 Loss_G 3.081
```

图 17-5 训练过程命令行输出

让我们来看一下经过一个 Epoch 迭代后的生成器得到的结果，如图 17-6 所示。

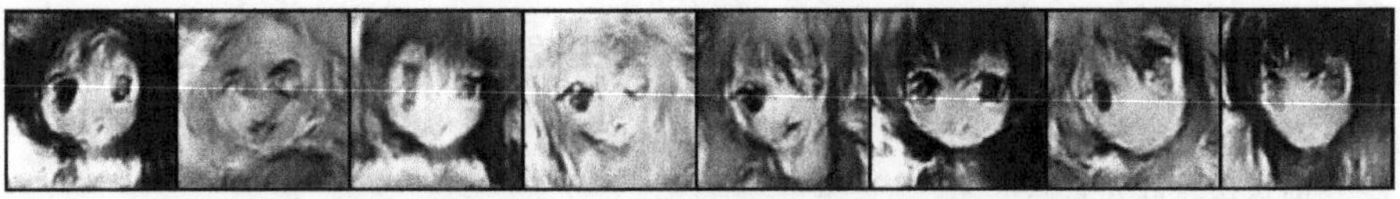

图 17-6 Epoch1 测试结果可视化（见彩插）

好像已经有了一些轮廓，但又像戴了近视眼镜一样看不清，颇有些印象派作家的画风。继续训练网络，如图 17-7 所示，等到第 5 个或第 10 个 Epoch，会发现生成器生成的质量越来越高。

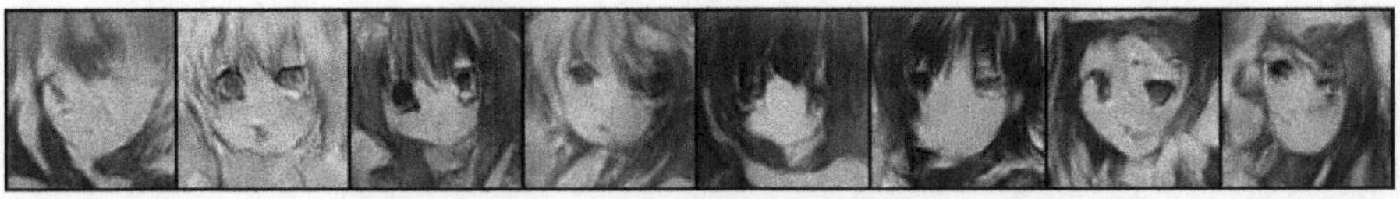

图 17-7 Epoch15 测试结果可视化（见彩插）

一直到第 25 个 Epoch，得到的结果如图 17-8 所示，尽管生成的图片中还是存在一些结构性问题，但也有一些图片逐渐开始接近我们的期待。当然，本文迭代次数较少，仅有 25 次，若进一步升高迭代次数，最终可获得更加真实的动漫头像。

图 17-8 Epoch25 测试结果可视化（见彩插）

第18章 实战：基于主成分分析法、随机森林算法和SVM算法的人脸识别问题

CHAPTER 18

视频讲解

本章的任务与手写数字识别非常相似，都是基于图片的有监督多分类任务。一般有两种思路来对该类问题进行求解。一种是使用传统方法手动设计并提取特征，再使用传统的机器学习方法进行求解。这种思路往往计算速度较快，消耗资源少。但由于非常依赖于手工设计的特征，往往伴随着巨大的工作量。另一种是深度学习相关的方法，这种方法不需要手工设计特征，只需要结合任务设计网络模型即可进行训练求解。由于计算量大，训练过程会比较慢，但能够得到较好的效果。在实际使用时，可根据需求的不同选择不同的思路进行求解。

18.1 数据集介绍与分析

ORL人脸数据集共包含40个不同人的400张图像，是在1992年4月至1994年4月由英国剑桥的Olivetti研究实验室创建。此数据集下包含40个目录，每个目录下有10张图像，每个目录表示一个不同的人。所有图像都是以PGM格式存储的灰度图，图像宽度为92，高度为112。每一个目录下的图像是在不同的时间、不同的光照、不同的面部表情（睁眼/闭眼，微笑/不微笑）和面部细节（戴眼镜/不戴眼镜）条件下采集的。所有图像是在较暗的均匀背景下拍摄的正脸（有些带有略微的侧偏）。

如图18-1所示，在该数据集中，每个人有10张照片。这10张照片中，前8张作为训练集，而后2张归为测试集。这样可以获得一个40×8大小的训练集，以及40×2大小的测试集。人脸识别的任务是要在训练集上训练模型，预测该照片属于哪一个人。因此，与手写数字相似，都是基于图片的多分类任务。与MNIST手写数字识别任务不同在于，人脸图片比数字图片更为复杂，且训练样本较少，深度学习模型可能会带来过拟合的风险。在这种情况下，本文采取传统方法进行求解。

首先，为了更好地表征图片中人脸的特性，将使用传统LBP算子从原始图片中提取特征，再进行PCA降维，最后使用随机森林、GBDT等机器学习模型对特征进行分类学习。在机器学习领域，如何根据任务目标去构造特征是一项非常重要的任务，特征的好坏直接决定了后面分类模型预测结果的上限和下限。而模型的选取相比特征来说差异化并不是非常大。在现实应用中，由于时限等要求不能选取太过复杂的模型。这时候，特征的选择就显得尤为重要。

图 18-1 数据集可视化结果

18.2 LBP 算子

局部二值模式(Local Binary Pattern，LBP)具有灰度不变性和旋转不变性等显著优点。如图 18-2 所示，原始的 LBP 算子定义在 3×3 的窗口内，以窗口中心像素为阈值，将相邻的 8 个像素的灰度值与其进行比较。若周围像素值大于等于中心像素值，则该像素点的位置被标记为 1，否则为 0。这样，3×3 邻域内的 8 个点经比较可产生 8 位二进制数(通常转换为十进制数即 LBP 码，共 256 种)，即得到该窗口中心像素点的 LBP 值，用这个值来反映该区域的纹理信息。需要注意的是，LBP 值是按照顺时针方向组成的二进制数。

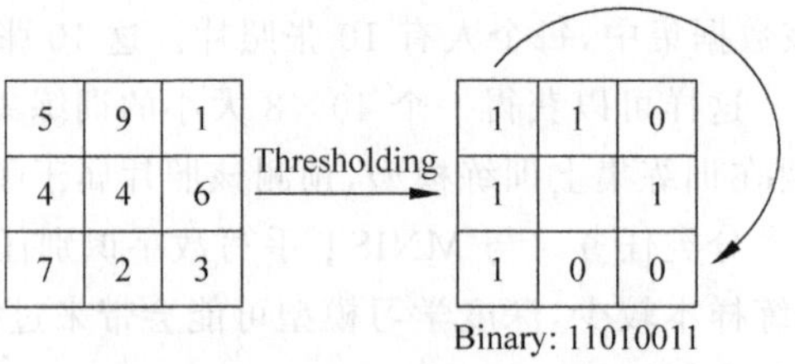

图 18-2 LBP 算子计算过程示意图

基本的 LBP 算子最大缺陷在于它只覆盖了一个固定半径范围内的小区域，这显然不能满足不同尺寸和频率纹理的需要。为了适应不同尺度的纹理特征，达到灰度和旋转不变性的要求，Ojala 等对 LBP 算子进行了改进，将 3×3 邻域扩展到任意邻域，同时用圆形邻域代替了正方形邻域。改进后的 LBP 算子允许在半径为 R 的圆形邻域内有任意多个像素点，从而得到诸如半径为 R 的圆形区域内含有 P 个采样点的 LBP 算子，称为 Extended LBP。

18.3　提取图片特征

在训练模型之前，首先应完成加载数据集以及提取图片特征的相关函数等工作。如代码清单 18-1 所示，导入相关的包，设置超参数 CUT_X 和 CUT_Y。两个超参数分别指原图在高和宽方向可以被裁减的次数。例如原图大小为 112×92，高 112 可以被切分为 8×14，同理宽 92 可被切分为 4×28，该项参数的用途将在后文中具体说明。

代码清单 18-1　导入相关库以及超参数设置

```
from PIL import Image
from sklearn.decomposition import PCA
from sklearn.ensemble import RandomForestClassifier
from sklearn.ensemble import GradientBoostingClassifier
from sklearn.metrics import confusion_matrix, precision_score, accuracy_score,recall_score,
f1_score
import numpy as np
import cv2
import os
import math
import random

CUT_X = 8
CUT_Y = 4
```

代码清单 18-2 中定义了 load_data 函数，其中 ORL_PATH 指数据集所在的路径。从路径中读取图片转化为 NumPy 数组，将图片和标签分别返回。需要注意的是，打乱训练集时需要用同一个种子进行打乱，这样可以保证 X 和 y 以相同的方式进行打乱。每个人的子文件夹下包含同一人的 10 张图像，选取前八张作为训练集数据，后两张为测试集数据。

代码清单 18-2　读取数据并进行预处理

```
def load_data():
    ORL_PATH = './orl'
    train_X = []                        # 训练集
    train_y = []
    test_X = []                         # 测试集
    test_y = []
    person_dirnames = os.listdir(ORL_PATH)
    for dirname in person_dirnames:
        for i in range(1, 9):
            pic_path = os.path.join(ORL_PATH, dirname, str(i) + '.pgm')
            im = np.array(Image.open(pic_path).convert("L"))  # 读取文件并转化为灰度图
            train_X.append(im)
            train_y.append(int(dirname[1:]) - 1)
        for i in range(9, 11):
            pic_path = os.path.join(ORL_PATH, dirname, str(i) + '.pgm')
```

```
            im = np.array(Image.open(pic_path).convert("L"))  # 读取文件并转化为灰度图
            test_X.append(im)
            test_y.append(int(dirname[1:]) - 1)
    # 同时打乱 X 和 y 数据集
    randnum = random.randint(0, 100)
    random.seed(randnum)
    random.shuffle(train_X)
    random.seed(randnum)
    random.shuffle(train_y)
    print("训练集大小为：{}, 测试集大小为：{}".format(len(train_X), len(test_X)))
    return np.array(train_X), np.array(train_y).T, np.array(test_X), np.array(test_y).T
```

LBP 函数负责从图片中提取 LBP 特征，代码清单 18-3 实现了 Extended LBP 的计算过程。

代码清单 18-3 提取 LBP 特征

```
def LBP(FaceMat, R = 2, P = 8):
    pi = math.pi
    LBPoperator = np.mat(np.zeros([np.shape(FaceMat)[0], np.shape(FaceMat)[1] * np.shape
(FaceMat)[2]]))
    for i in range(np.shape(FaceMat)[0]):
        # 对每张图像进行处理
        face = FaceMat[i, :]
        W, H = np.shape(face)
        tempface = np.mat(np.zeros((W, H)))
        for x in range(R, W - R):
            for y in range(R, H - R):
                repixel = ''
                pixel = int(face[x, y])
                # 圆形 LBP 算子
                for p in [2, 1, 0, 7, 6, 5, 4, 3]:
                    p = float(p)
                    xp = x + R * np.cos(2 * pi * (p / P))
                    yp = y - R * np.sin(2 * pi * (p / P))
                    xp = int(xp)
                    yp = int(yp)
                    if face[xp, yp] > pixel:
                        repixel += '1'
                    else:
                        repixel += '0'
                # minBinary 保持 LBP 算子旋转不变
                tempface[x, y] = int(minBinary(repixel), base = 2)
        # face_img = Image.fromarray(np.uint8(face))
        # face_img.show()
        # lbp_img = Image.fromarray(np.uint8(tempface))
        # lbp_img.show()
        LBPoperator[i, :] = tempface.flatten()
    return LBPoperator.T
```

如图 18-3 所示为 LBP 提取特征的可视化结果。

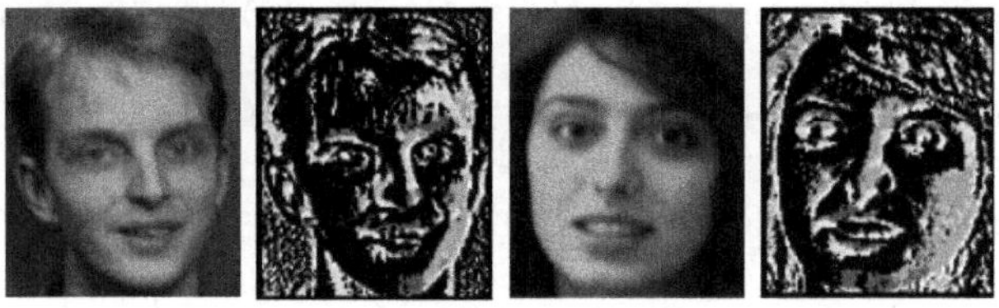

图 18-3 LBP 特征可视化结果

其中 minBinary 这个辅助函数的实现如代码清单 18-4 所示。正是由于 minBinary 函数，LBP 特征会有较好的旋转不变性，因为无论图片如何旋转，其 min 值都不会改变。

代码清单 18-4 LBP 旋转不变性实现

```
#为了让 LBP 具有旋转不变性,将二进制串进行旋转.
#假设一开始得到的 LBP 特征为 10010000,那么将这个二进制特征,
#按照顺时针方向旋转,可以转化为 00001001 的形式,这样得到的 LBP 值是最小的.
#无论图像怎么旋转,对点提取的二进制特征的最小值是不变的,
#用最小值作为提取的 LBP 特征,这样 LBP 就是旋转不变的了.
def minBinary(pixel):
    length = len(pixel)
    zero = ''
    # range(length)[::-1] 使得 i 从 01234 变为 43210
    for i in range(length)[::-1]:
        if pixel[i] == '0':
            pixel = pixel[:i]
            zero += '0'
        else:
            return zero + pixel
    if len(pixel) == 0:
        return '0'
```

如代码清单 18-5 所示，提取 LBP 特征后，将图片分割为 8×4=32 个小块，即前面设置的 CUT_X 和 CUT_Y。每个小块统计像素值分别为 0～256 的数目，最后将 32 个小区域的统计结果合并，得到最终的特征数目为 32×256 个。

代码清单 18-5 对图片进行切片并统计直方图特征

```
#统计直方图
def calHistogram(ImgLBPope, h_num = CUT_X, w_num = CUT_Y):
    # 112 = 14 * 8, 92 = 23 * 4
    Img = ImgLBPope.reshape(112, 92)
    H, w = np.shape(Img)
    # 把图像分为 8 * 4 份
    Histogram = np.mat(np.zeros((256, h_num * w_num)))
    maskx, masky = H / h_num, w / w_num
    for i in range(h_num):
        for j in range(w_num):
            # 使用掩膜 opencv 来获得子矩阵直方图
```

```
            mask = np.zeros(np.shape(Img), np.uint8)
            mask[int(i * maskx): int((i + 1) * maskx), int(j * masky):int((j + 1) *
masky)] = 255
            hist = cv2.calcHist([np.array(Img, np.uint8)], [0], mask, [256], [0, 255])
            Histogram[:, i * w_num + j] = np.mat(hist).flatten().T
    return Histogram.flatten().T
```

将上述函数串联,封装得到总的预处理函数如代码清单 18-6 所示。

代码清单 18-6　提取特征函数

```
def getfeatures(input_face):
    LBPoperator = LBP(input_face)   # 获得实验图像的 LBP 算子,一列是一张图
    # 获得实验图像的直方图分布
    exHistograms = np.mat(np.zeros((256 * 4 * 8, np.shape(LBPoperator)[1])))   # 256×8×
4 行, 图片数目列
    for i in range(np.shape(LBPoperator)[1]):
        exHistogram = calHistogram(LBPoperator[:, i], 8, 4)
        exHistograms[:, i] = exHistogram
    exHistograms = exHistograms.transpose()
    return exHistograms
```

至此已经完成了特征提取过程。模型部分可以调用 sklearn 库,从而简化代码编写。由于每张图片最终的特征数目非常大,如果直接用这些特征去训练模型,会降低模型训练的速度。使用 PCA 算法可以大幅减少特征数目,仅保留关键信息。如代码清单 18-7 所示,编写 PCA 函数,完成降维过程,其中 n_components 为降维后保留的特征数目。

代码清单 18-7　使用 PCA 进行降维

```
def pca(train_X, test_X, n_components = 150):
    pca = PCA(n_components = n_components, svd_solver = 'randomized', whiten = True)
    pca.fit(train_X)
    train_X_pca = pca.transform(train_X)
    test_X_pca = pca.transform(test_X)
    return train_X_pca, test_X_pca
```

18.4　基于随机森林算法的人脸识别问题

在 18.3 节已经完成了特征提取以及预处理相关的函数等工作,本节使用随机森林算法来完成接下来的模型训练以及测试的过程。首先是训练模型的函数,如代码清单 18-8 所示,以训练集的特征和标签作为输入,返回训练好的模型。

代码清单 18-8　训练随机森林模型

```
def train_rf(train_X, train_y):
    rf = RandomForestClassifier(n_estimators = 200)
```

```
    rf.fit(train_X, train_y)
    return rf
```

代码清单18-9所示为测试模型的函数，以模型、测试集特征、测试集标签作为输入，计算混淆矩阵以及多分类问题的评价指标。

代码清单18-9 测试随机森林模型

```
#测试模型
def test(model, x_test, y_test):
    # 预测结果
    y_pre = model.predict(x_test)

    # 混淆矩阵
    con_matrix = confusion_matrix(y_test, y_pre)
    print('confusion_matrix:\n', con_matrix)
    print('accuracy:{}'.format(accuracy_score(y_test, y_pre)))
    print('precision:{}'.format(precision_score(y_test, y_pre, average = 'micro')))
    print('recall:{}'.format(recall_score(y_test, y_pre, average = 'micro')))
    print('f1 - score:{}'.format(f1_score(y_test, y_pre, average = 'micro')))
```

最后编写main函数如代码清单18-10所示，将特征提取、PCA降维、模型训练以及测试串联起来。

代码清单18-10 编写main函数

```
if __name__ == "__main__":
    train_X, train_y, test_X, test_y = load_data()
    print("开始提取训练集特征")
    feature_train_X = getfeatures(train_X)
    print("开始提取测试集特征")
    feature_test_X = getfeatures(test_X)
    print("PCA降维")
    feature_train_X_pca, feature_test_X_pca = pca(feature_train_X, feature_test_X)
    model = train_rf(feature_train_X_pca, train_y)
    test(model, feature_test_X_pca, test_y)
```

运行脚本，可以得到如图18-4所示的输出，至此基于随机森林的人脸识别问题已完成。

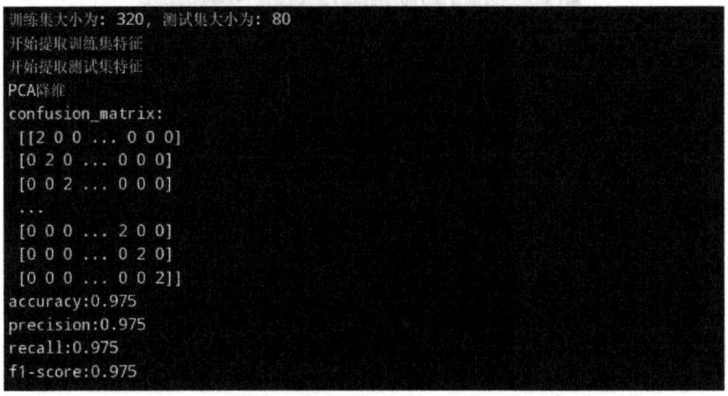
训练集大小为: 320, 测试集大小为: 80
开始提取训练集特征
开始提取测试集特征
PCA降维
confusion_matrix:
[[2 0 0 ... 0 0 0]
[0 2 0 ... 0 0 0]
[0 0 2 ... 0 0 0]
...
[0 0 0 ... 2 0 0]
[0 0 0 ... 0 2 0]
[0 0 0 ... 0 0 2]]
accuracy:0.975
precision:0.975
recall:0.975
f1-score:0.975

图18-4 随机森林模型在测试集上的表现结果

18.5 基于SVM算法的人脸识别问题

如代码清单18-11所示，定义一个训练SVM模型的函数，与前面训练随机森林函数的参数以及返回值相同。

代码清单 18-11 训练 SVM 模型

```
#训练SVM模性
from sklearn import svm
def trainSVM(x_train, y_train):
    # SVM生成和训练
    clf = svm.SVC(kernel = 'rbf', probability = True)
    clf.fit(x_train, y_train)
    return clf
```

同样修改main函数如代码清单18-12所示。

代码清单 18-12 修改 main 函数

```
if __name__ == "__main__":
    train_X, train_y, test_X, test_y = load_data()
    print("开始提取训练集特征")
    feature_train_X = getfeatures(train_X)
    print("开始提取测试集特征")
    feature_test_X = getfeatures(test_X)
    print("PCA降维")
    feature_train_X_pca, feature_test_X_pca = pca(feature_train_X, feature_test_X)
    model = trainSVM(feature_train_X_pca, train_y)
    test(model, feature_test_X_pca, test_y)
```

运行程序可得到最终输出，如图18-5所示。

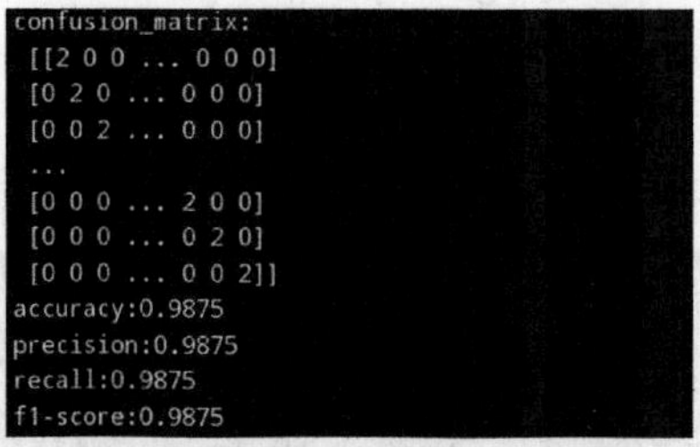
confusion_matrix:
[[2 0 0 ... 0 0 0]
[0 2 0 ... 0 0 0]
[0 0 2 ... 0 0 0]
...
[0 0 0 ... 2 0 0]
[0 0 0 ... 0 2 0]
[0 0 0 ... 0 0 2]]
accuracy:0.9875
precision:0.9875
recall:0.9875
f1-score:0.9875

图 18-5 SVM 模型在测试集上的表现结果

第19章 实战：使用多种机器学习算法实现基于用户行为数据的用户分类器

CHAPTER 19

视频讲解

近年来，随着互联网应用的广泛普及以及其应用技术的日趋成熟，各家互联网公司都积累沉淀了大量用户数据，如用户基本个人信息、用户消费信息、用户网页内行为信息等。这些数据背后蕴藏的商业价值、社会价值以及研究价值越来越受到重视。如何合理、有效并充分利用这些数据，为公司业务运营提供帮助和指导，最后产生转化为切实的商业价值，成为各家互联网公司研究的重要命题。

尽管如此，企业和社会还没有充分意识到数据整合使用的重要性，数据整合的使用场景和方法还在初步探索阶段。在国内，尤其是各中小型互联网公司，线上业务每天会产生大量的生产数据存储到Hadoop数据库。但由于公司内部各部门间的壁垒，业务部门对于自己业务线拥有的数据以及相关使用方式均不甚了解，拍脑袋做决策、搞活动、做总结的场景比比皆是，进而导致人力、物力等资源不能得到充分合理的利用。本章以互联网公司的实际业务场景为背景，旨在训练出可以准确识别有充值意向的用户群体。

本章以一家互联网大病医疗、筹款、商保为主营业务的公司为背景，公司主要通过平台公众号触达用户，提醒用户购买商保、加入互助、保单充值升级，进而实现商业变现。然而，大量频繁的消息提醒，造成用户取消关注，用户流失严重。公司遇到最为重大的一次事件是：公示消息触达用户后，造成一周内用户取消关注人数高达10万，引起业务方的高度重视。因此，如何提取、记录、存储并利用用户在平台生成的各种信息，使用科学合理的办法筛选出有购买意向的用户，进行消息的提醒（即提升目标用户充值消费的概率，同时又规避对无意向用户的过多消息干扰而造成的流失）成为研究的重点。

基于上述背景，本章利用存储在Hadoop数据仓库的业务数据（过往公司用户在平台沉淀下来的近70个维度400多万条数据），通过提取、清洗、聚合、分层、存储上述相关数据，进而训练出分类模型，帮助平台预测用户在下一次公示的时间点是否会充值的概率。此处使用传统的机器学习算法，如逻辑斯谛回归、朴素贝叶斯、支持向量机模型SVM、决策树、k-近邻算法等，对平台所有用户进行分类。对于传统的单一机器学习算法一些不足之处，例如容易产生过拟合或者是欠拟合、泛化的错误率比较高等，本章采用基于各种基础分类器的集成算法AdaBoost，来避免以上问题。

综上，本章的主要任务是基于机器学习算法构造分类器进而筛选出有充值意向的用户，精细化地对用户发送公示消息，帮助指导运营部门精细化运营。为实现上述目的需要完成的任务如下：

(1) 数据的同步,数据仓库的数据聚合、清洗和分层、存储,流程的自动化;
(2) 数据维度的筛选,各维度的数据分析统计,图表展示;
(3) 特征工程和数据倾斜处理;
(4) 单分类模型训练预测结果及模型效果的评估;
(5) 模型效果提升,AdaBoost 集成分类器的训练及效果评估。

19.1 基于机器学习的分类器的技术概述

本质上来说,筛选有充值意向的目标客户这一工作任务是一个分类问题。平台记录和积累了大量数据,通过分类目标相关的用户的历史行为数据、购买充值数据、用户个人基本信息属性等相关维度的数据,来预测用户未来是否会产生充值行为。本章将公示信息到来后,用户在未来 4 天内是否会产生充值行为,作为划分用户的依据。有充值行为的用户标注为 1,没有充值行为的用户标注为 0,建立相应的数学模型,进而构建出以分类为目的的二分类模型。后面在实际工程中使用到的分类模型包括逻辑回归模型、k-近邻模型、线性判别分析模型、朴素贝叶斯模型、决策树模型、支持向量机模型。除了线性判别分析模型,其余模型在前面均有介绍,此处不再赘述。下面简要介绍线性判别分析模型的数学原理。

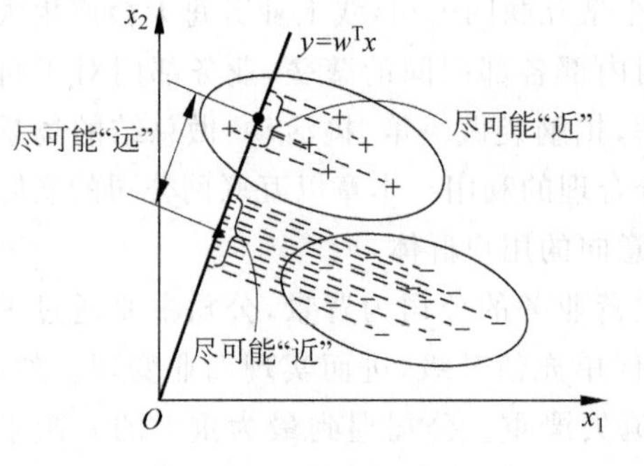

图 19-1 LDA 线性判别分析法(见彩插)

线性判别分析(Linear Discriminant Analysis, LDA)是监督学习、模式识别的经典算法。线性判别分析的思想可以用一句话概括,就是"投影后类内方差最小,类间方差最大"。也就是说,要将数据在低维度上进行投影,投影后希望每一类数据的投影点尽可能接近,而不同类别的数据的类别中心之间的距离尽可能大[3]。线性判别分析的原理图如图 19-1 所示。

在二分类模式下,找到最佳投影方向$\boldsymbol{\omega}$,则样例 x 在方向向量$\boldsymbol{\omega}$上的投影可以表示为

$$y=\boldsymbol{\omega}^{\mathrm{T}}x \tag{19-1}$$

给定数据集 $D=\{(x_1,y_1),(x_2,y_2),\cdots,(x_m,y_m)\}$,其中 $y_i\in\{0,1\}$。令 N_i、X_i、$\boldsymbol{\mu}_i$、$\boldsymbol{\Sigma}_i$ 分别表示 $i\in\{0,1\}$类示例的样本个数、样本集合、均值向量、协方差矩阵,则有

$$\begin{cases}\mu_i=\dfrac{1}{N_i}\displaystyle\sum_{x\in X_i}x\\ \boldsymbol{\Sigma}_i=\displaystyle\sum_{x\in X_i}(x-\mu_i)(x-\mu_i)^{\mathrm{T}}\end{cases} \tag{19-2}$$

现有直线投影向量$\boldsymbol{\omega}$,两个类别的中心点 μ_0 和 μ_1,则直线$\boldsymbol{\omega}$的投影为$\boldsymbol{\omega}^{\mathrm{T}}\mu_0$ 和$\boldsymbol{\omega}^{\mathrm{T}}\mu_1$。能够使投影后的两类样本中心点尽量分离的直线是好的直线,定量表示如式(19-2)所示,其越大越好。

$$\arg\max_{\omega} J(\omega)=\|\omega^{\mathrm{T}}\mu_0-\omega^{\mathrm{T}}\mu_1\|^2 \tag{19-3}$$

此外,引入新度量值,称作散列值(Scatter)。对投影后的列求散列值为

$$\bar{S}=\sum_{x\in X_i}(\omega^{T}x-\bar{\mu}_l)^2 \tag{19-4}$$

从集合意义的角度来看，散列值代表着样本点的密度。散列值越大，样本点的密度越分散，密度越小；散列值越小，则样本点越密集，密度越大。

基于上文阐明的原则：不同类别的样本点越分开越好，同类的越聚集越好，也就是说均值差越大越好，散列值越小越好。因此，同时考虑使用 $J(\theta)$ 和 S 来度量，则可得到最大化的目标为

$$J(\theta)=\frac{\|\omega^{T}\mu_0-\omega^{T}\mu_1\|^2}{\bar{S}_0^2+\bar{S}_1^2} \tag{19-5}$$

化简求解参数，即得分类模型。

19.2　工程数据的提取聚合和存储

数据在可以进行模型训练之前，凌乱地分散在线上业务数据库的各个表中。把数据规整、清洗并最终存储成可以直接用来训练模型的规整状态，是本节研究探讨的主要内容。其中包含这样几个部分：数据从线上业务库同步到基于 Hive 的数据仓库，数据仓库的数据分层以及清洗的规则流程的制定，数据清洗流程的自动化。

19.2.1　数据整合的逻辑流程

在实际工程中，原始数据存储在线上 MySQL 业务库中。如果想要方便后续使用这些数据，需要将业务库的数据通过 Sqoop 同步到基于 Hadoop 的 Hive 数据仓库中。基于 Hive 的数据仓库会对同步过来的数据进行清洗聚合，进而实现信息的分层存储(包括 ODS 层、DW 层、App 层等)方便后面数据的存储、使用以及溯源。

数据的同步清洗任务通过 Azkaban 批量工作流任务调度器进行调度，实现每天的自动同步、清洗和存储。图 19-2 为整个数据同步、整合清洗、分层的逻辑流程图。

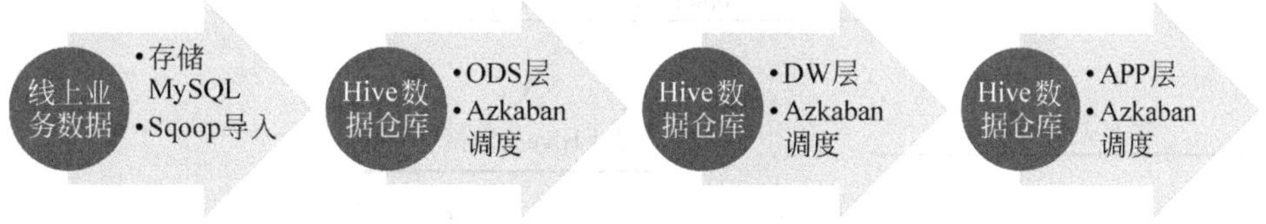

图 19-2　数据整合的逻辑流程

19.2.2　Sqoop 数据同步

Sqoop 是一款开源的工具，主要用于在 Hadoop (Hive)与传统的数据库间进行数据的传递。Sqoop 可以将一个关系型数据库(例如 MySQL、Oracle、Postgres 等)中的数据导入 Hadoop 的 HDFS 中，也可以将 HDFS 的数据导入关系数据库中。

使用时，命令行创建需要同步的任务，设定好需要同步的数据源和目标位置，就可以完

成同步。逻辑流程如图 19-3 所示。

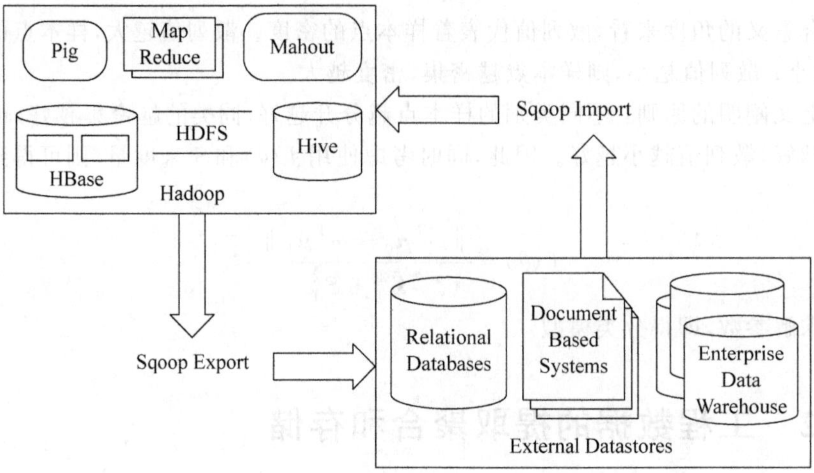

图 19-3 Sqoop 数据传递逻辑

19.2.3 基于 Hive 的数据仓库

实际生产环境中,数据仓库的建设开发都是基于 Hadoop 的 Hive。Hive 是基于 Hadoop 的一个数据仓库工具,用来进行数据提取、转化、加载,这是一种可以存储、查询和分析存储在 Hadoop 中的大规模数据的机制。结构化存储在 HDFS 里面的数据,通过 Hive 被映射成了一张数据表。与此同时,Hive 也提供查询功能,用户输入类似于 SQL 的 HiveQL 语句,Hive 将其转化成 MapReduce 任务来执行。其在某种程度上可以看成是用户编程接口,其本身并不存储和处理数据,依靠 HDFS 存储数据,依靠 MR 处理数据。其中,HiveQL 的语法规则和 SQL 大部分相同,但在一些细节上存在区别。例如,不支持更新操作、索引和事务,其子查询和连接操作也存在一些限制。图 19-4 展示了本次项目基于 Hive 数据仓库的分层逻辑。

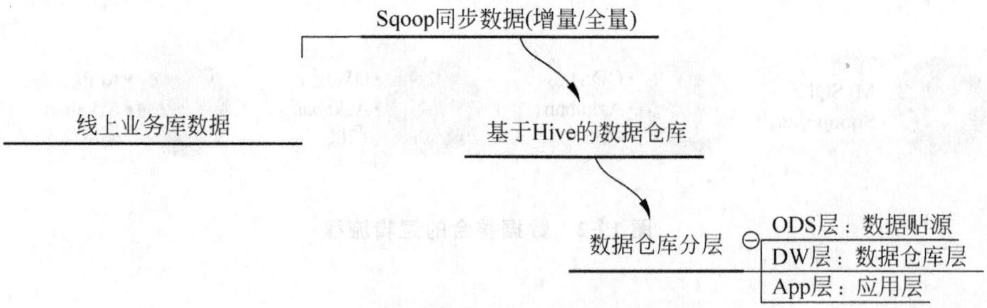

图 19-4 数据仓库分层

线上业务数据同步到 Hive 数据仓库后,Hive 的数据仓库将数据自下而上清洗成三层:ODS 层、DW 层、App 层。ODS 层又名临时存储层,这一层做的工作是贴源。这一层的数据和源系统的数据是同构的,一般对这些数据分为全量更新和增量更新,通常在贴源的过程中会做一些简单的清洗。DW 层又名数据仓库层,是将一些数据关联的日期进行拆分,将其更具体地分类，一般拆分成年、月、日。而 ODS 层到 DW 层的 ETL 脚本会根据业务需求对数据进行清洗、设计。如果没有业务需求，则根据源系统的数据结构和未来的规划去做处理。对该层的数据要求是一致、准确、尽量建立数据的完整性。App 层又名引用层，提供报表和数据沙盘展示所需的数据。在实际线上生产中，训练模型所需要的数据就存储在这一层里面。

19.2.4 基于 Azkaban 的数据仓库的调度任务

Azkaban 是由 LinkedIn 公司推出的批量工作流任务调度器，主要用于在一个工作流内以一个特定的顺序运行一组工作和流程，它的配置是通过简单的 key:value 对的方式，通过配置中的 dependencies 来设置依赖关系，这个依赖关系必须是无环的，否则会被视为无效的任务，而不会执行环内任何一个任务。Azkaban 使用 job 配置文件建立任务之间的依赖关系，并提供一个易于使用的 Web 用户界面维护和跟踪工作流。

在生产环境的数据仓库中，大部分数据按天增量同步，少部分数据由于要回溯订单状态而需要每天全量同步历史表。每天凌晨一过，Azkaban 会启动 job 任务，从 ODS 层开始同步业务库的数据，然后依次一层一层清洗出 DW 层、App 层数据。整个调度任务的工作流程如图 19-5 所示。

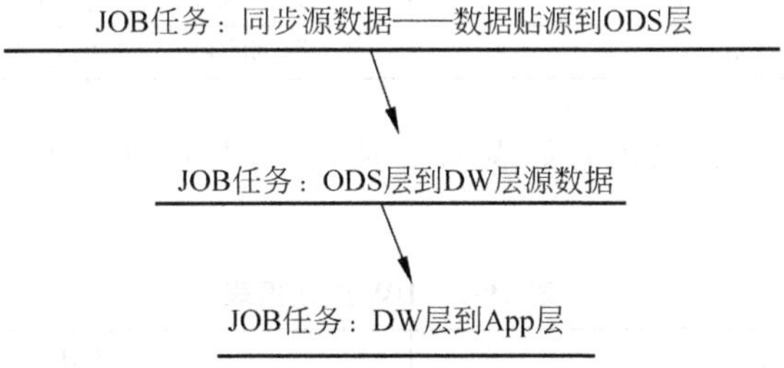

图 19-5 基于 Azakaban 调度任务的数据同步逻辑

19.2.5 数据仓库的数据集成和数据清洗

数据集成和数据清洗的过程是在从数据从 ODS 到 App 逐渐完成完善的。数据集成(Data Integration)是一个数据整合的过程，通过综合各数据源，将拥有不同结构、不同属性的数据整合归纳在一起。由于不同的数据源在定义属性时命名规则、存入的数据格式、取值方式、单位都会有不同，所以即便两个值代表的业务意义相同，也不代表存在数据库中的值就是相同的。因此需要数据向上层清洗的过程进行集成、去冗余等操作，保证数据质量。一句话解释：数据集成是将不同来源的数据整合在一个数据库中的过程。数据集成的过程主要在 DW 层和 App 层完成，一层一层整合后最终呈现的数据结果越来越贴近业务方的使用需求。图 19-6 展示了数据仓库的分层的流程图。

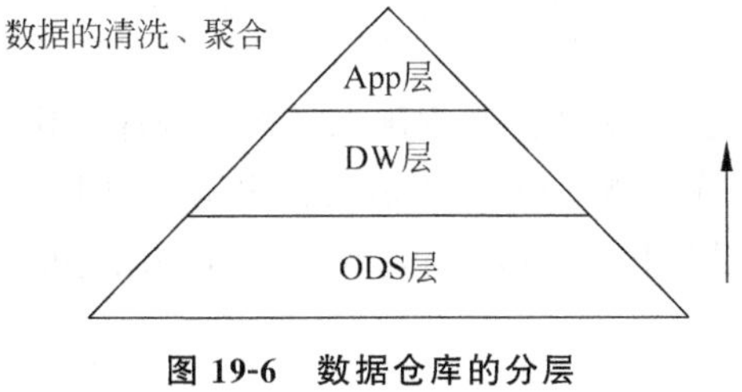

图 19-6 数据仓库的分层

数据清洗(Data Cleaning)是一种清除

数据里面的错误，去掉重复数据的技术。它通过缺失值处理、噪声数据光滑、识别删除离散值等方法来提升数据质量。从ODS层同步数据时就可开始数据清洗。比如发现ODS层数据有问题，但数据同步没有差错，这时可以考虑业务库数据记录出现问题，应及时通知业务方检查线上数据的记录和写入是否出现失误。

19.2.6 整合后的数据表

经过Sqoop数据同步、数据清洗和数据聚合后，ODS层数据表、DW层数据表、App层各层数据所清洗和涉及的业务表数据表依次如表19-1～表19-3所示。

ODS层数据表及表中记录内容如表19-1所示，主要进行了线上业务库数据的贴源工作。

表19-1 ODS层数据表

表名称	表中记录内容
shuidi_ods.ods_wx_queue_record	公示事件触达用户记录表_每天增量
shuidi_ods.ods_sd_user_info	用户个人信息全量表_每天增量
shuidi_ods.sd_user_balance_history	用户余额信息表_历史全量
shuidi_ods.ods_sdb_order	用户购买保险信息表_每天增量
shuidi_ods.order_item	用户充值信息表_每天增量
shuidi_ods.hz_user_balance	互助用户升级信息表_每天增量

DW层数据表及表中记录内容如表19-2所示，对数据进行了聚合、清洗，例如单位统一、表合并等。

表19-2 DW层数据表

表名称	表中记录内容
shuidi_dev.sd_user_balance_history	用户订单余额全量表_历史全量
shuidi_dev.order_item	用户加入互助信息表_每天增量
shuidi_sdm.sdm_wx_queue_record_d	公示消息触达用户记录表_每天增量
shuidi_sdm.sdm_sdb_order_d	用户购买保险记录表_每天增量
shuidi_sdm.sdm_hz_user_balance_d	用户订单充值记录表_每天增量

App层数据表及表中记录内容如表19-3所示。

表19-3 App层数据表

表名称	表中记录内容
shuidi_app.app_predict_charge_data	用户是否会充值相关维度信息

表19-3中的数据展示了数据仓库工作清洗到最后App层涉及的数据表。在实际模型的训练预测过程中，不需要再去调用线上业务库的数据，直接使用基于Hive的数据仓库的App层shuidi_app.app_predict_charge_data里面的数据即可。

19.3 数据展示和分析

19.2 节主要阐明了工程上准备数据的方法，已经清洗和准备好的数据存储在基于 Hive 的数据仓库的 App 层，模型训练和预测可以直接调用这一层表里面的数据。本节主要阐述数据的业务背景，展示数据集的描述性统计结果。

19.3.1 数据集的选取和业务背景的描述

调用 2017 年 12 月 5 号公示事件触达的 400 万(4212338)用户及其各维度特征属性。这批用户在收到公示信息后的接下来 4 天(2017 年 12 月 5 日至 8 日)中，充值用户为 87386 人、充值单量为 141919 单、充值金额为 1959897 元。对于这群收到公示信息的用户，在接下来的 4 天内，充值过的用户标签打为 1，没有充值的用户标签打为 0。同时，收集这批用户 8 大模块、近 70 个维度的用户信息。

19.3.2 各维度信息详细说明

这一部分主要描述展示所选取的用户所选取的 7 大块、近 70 个维度用户信息的意义。所选取的各维度信息如图 19-7 所示。

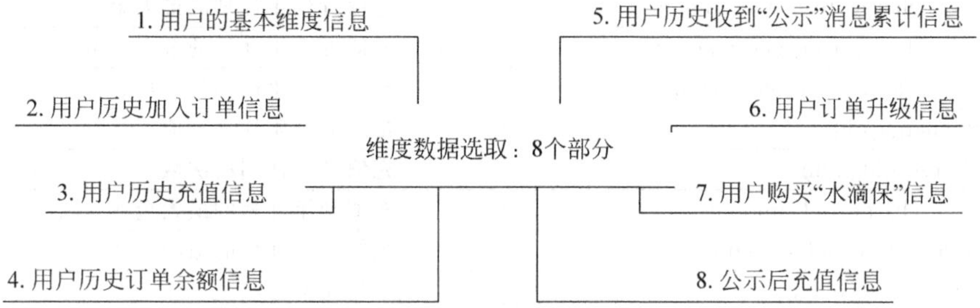

图 19-7 维度数据选取

用户的基本维度信息如表 19-4 所示，涵盖用户的性别、用户的省份。

表 19-4 用户基本信息

user_id	用户 id
basic_id_gender	用户性别
basic_id_province	用户省份

用户在收到公示的时候历史累计加入互助的单量信息、加入金额以及加入时长(以天为单位)的属性，如表 19-5 所示。

表 19-5 用户历史加入单信息

join_order_num	总的加入订单数
total_join_amount	总加入金额
max_join_amount	加入的最大金额

续表

min_join_amount	加入的最小金额
avg_join_amount	平均加入金额
diff_last_join_day	最后一次加入距此次公示的天数
diff_first_join_day	第一次加入距此次公示的天数

得到公示的用户历史充值记录，包含充值种类、充值单量、充值金额等 24 个维度，具体维度指标及其含义如表 19-6 所示。

表 19-6 用户历史充值信息

total_charge_num	历史累计充值次数
total_charge_amount	历史总充值金额
avg_charge_amount	平均充值金额
diff_last_charge_day	最后一次充值距此次公示的天数
if_charge_adult	是否为中青年计划充值
charge_adult_num	充值中青年计划的次数
max_charge_adult_amount	充值中青年计划的最大金额
min_charge_adult_amount	充值中青年计划的最小金额
avg_charge_adult_amount	充值中青年计划的平均金额
if_charge_teenager	是否为青少年计划充值
charge_teenager_num	充值青少年计划的次数
max_charge_teenager_amount	充值青少年计划的最大金额
min_charge_teenager_amount	充值青少年计划的最小金额
avg_charge_teenager_amount	充值青少年计划的平均金额
if_charge_old	是否为老年计划充值
charge_old_num	充值老年计划的次数
max_charge_old_amount	充值老年计划的最大金额
min_charge_old_amount	充值老年计划的最小金额
avg_charge_old_amount	平均充值金额
if_charge_accident	是否为意外计划充值
charge_accident_num	充值意外计划的次数
max_charge_accident_amount	充值意外计划的最大金额
min_charge_accident_amount	充值意外计划的最小金额
avg_charge_accident_amount	充值意外计划的平均金额

表 19-7 主要是收到公示消息的用户其目前各互助单量余额情况。

表 19-7 互助计划的余额

if_join_adult	是否加入中青年计划
adult_order_num	加入中青年计划的单量
max_adult_balance_amount	中青年计划账户的最大余额
min_adult_balance_amount	中青年计划账户的最小余额
avg_adult_balance_amount	中青年计划账户平均余额
total_adult_balance_amount	中青年计划的总余额
if_join_teenager	是否加入青少年计划

续表

teenager_order_num	加入青少年计划的单量
max_teenager_balance_amount	青少年计划账户最大的余额
min_teenager_balance_amount	青少年计划账户最小的余额
avg_teenager_balance_amount	青少年计划账户平均余额
total_teenager_balance_amount	青少年计划的总余额
if_join_old	是否加入老年计划
old_order_num	老年计划的单量
max_old_balance_amount	老年计划账户的最大余额
min_old_balance_amount	老年计划账户的最小余额
avg_old_balance_amount	老年计划账户的平均余额
total_old_balance_amount	老年计划账户的总余额
if_join_accident	是否加入意外计划
accident_order_num	加入意外计划的单数
max_accident_balance_amount	意外计划账户的最大余额
min_accident_balance_amount	意外计划账户的最小余额
avg_accident_balance_amount	意外计划账户的平均余额
total_accident_balance_amount	意外计划账户的总金额

表 19-8 主要描述的是本次收到公示的用户历史累计收到公示信息的条数。

表 19-8 用户收到的公示的累计信息

gs_msg_arrive_count	用户总共收到的公示的条数
diff_notice_last_day	收到上一条公示和本次公示间隔的天数

表 19-9 主要描述的是用户历史升级加入互助保单的相关维度信息，这些信息是衡量用户对互助保单是否重视的重要部分。

表 19-9 用户的升级信息

upgrade_order_num	升级的订单数量
upgrade_amount	升级消耗的金额
diff_last_upgrade_day	最后一次升级距本次的天数

表 19-10 主要描述用户是否购买商保，主要涉及的信息有保单量、金额、时间。

表 19-10 购买 sdb 信息

sdb_order_num	用户商保的订单
sdb_user_money	商保用户金额
diff_last_sdb_buy_day	最后一次购买商保距本次公示的天数

表 19-11 是用户的最终标签属性，描述用户收到公示后是否充值，充值则标记为 1，没有充值则标记为 0。

表 19-11 公示后充值信息

notice_charge_label	是否公示后充值
notice_charge_order_num	公示后充值的单量
notice_charge_amount	公示后充值的金额

19.3.3 各维度数据的描述性统计

在介绍完模型训练所选取的维度及其含义之后，各维度数据需要进行基本的数据分析和统计性描述以及分布展示。本节内容主要是展示这 8 大模块、近 70 个维度的数据的分布状态，统计指标包括均值、方差、最小值、最大值、25％分位数、50％分位数和 75％分位数。通过上述各维度的统计指标，可以较为清晰地看到数据的分布及各维度属性的特性，为后面的数据的特征工程做了铺垫。其中，统计指标 count 表示此维度的样本数量；mean 表示此维度样本的平均值；std 表示此维度样本的方差；min 表示代表此维度样本的最小值；max 表示代表此维度样本的最大值；25％表示代表此维度样本的 25％分位数；50％表示代表此维度样本 50％分位数；75％表示此维度样本 75％分位数。

本机数据加载的 Python 代码如代码清单 19-1 所示。

代码清单 19-1 用户数据加载

```
if __name__ == '__main__':
    data_label_info = pd.read_csv('../z_data/origin_data.csv', header = 0, index_col =
False)  # (4212338, 71)
    data_label_info.info()
```

接下来从整体用户、充值用户、非充值用户三个角度，列举观察各个维度数据的统计性指标，充值非充值用户数据集划分的 Python 代码如代码清单 19-2 所示。

代码清单 19-2 充值非充值用户数据集划分

```
data_label_info = data_label_info.fillna(0)
label_1 = data_label_info[data_label_info['notice_charge_label'] == 1] #(87386, 67)
label_2 = data_label_info[data_label_info['notice_charge_label'] == 0] #(4124952, 67)
```

表 19-12 展示了用户基本属性的统计指标。数据业务分析的结论如下：

(1) 充值用户的年龄较高些，在 25％和 75％分位数可以看出，相较非充值用户大概高了 5 岁左右。

(2) 充值用户的用户数量远远小于非充值用户的用户数量，样本分布不均衡。

表 19-12 用户基本属性统计指标

		count	mean	std	min	25%	50%	75%	max
total	user_id	4212338	66503718.03	60385833.62	1	15637379.25	42988051	117025884	195371498
	basic_id_age	4212338	21.04411707	19.14862712	0	0	27	38	80
充值	user_id	87386	76778116.28	65372858.91	22	20020656.5	50966687.5	141256938	195369796
	basic_id_age	87386	26.63280159	19.52956698	0	0	33	42	69
未充值	user_id	4124952	66286057.66	60256783.65	1	15557134.75	42836854.5	116511941.3	195371498
	basic_id_age	4124952	20.92572229	19.1228185	0	0	27	38	80

表 19-13 是用户收到公示信息前加入互助订单的相关维度的统计指标。根据表 19-13 统计值，数据业务分析结论如下：

（1）相较非充值用户，本次充值用户的历史累计加入单量为 2 单左右，非充值用户为 1；充值的用户往往是那些最近 1 个月，有加入单的用户。

（2）充值用户的首次加入时间，和最后一次加入时间，距本次充值时间大概为 30 天左右；而非充值用户则为 60 天。

（3）充值用户和非充值用户，首次加入单的金额无差别，都为 3 元；或者说大部分用户首次加入时的金额都为 3 元。

表 19-13 用户加入互助订单信息

		count	mean	std	min	25%	50%	75%	max
total	join_order_num	4212338	1.930045262	1.711638552	0	1	1	2	320
	total_join_amount	4212338	18.00783345	44.34166917	0	3	5	12	4739
	max_join_amount	4212338	9.032916639	16.2302896	0	3	3	5	1000
	min_join_amount	4212338	4.681318574	7.688424534	0	3	3	3	350
	avg_join_amount	4212338	6.738631121	10.10389205	0	3	3	5	515
	diff_last_join_day	4212338	84.38464079	96.76153016	0	19	50	117	587
	diff_first_join_day	4212338	106.0558122	119.1976414	0	22	65	150	587
充值	join_order_num	87386	2.148193074	2.042101075	0	1	2	3	173
	total_join_amount	87386	16.97332525	38.85026189	s0	3	6	12	1655
	max_join_amount	87386	7.804453803	13.1191033	0	3	3	3	500
	min_join_amount	87386	3.814478292	4.489372958	0	3	3	3	350
	avg_join_amount	87386	5.603705458	7.006126988	0	3	3	3	350
	diff_last_join_day	87386	62.8993317	88.45629227	0	8	28	82	573
	diff_first_join_day	87386	84.70232074	115.9565841	0	9	33	116	587
未充值	join_order_num	4124952	1.925423859	1.703642862	0	1	1	2	320
	total_join_amount	4124952	18.02974923	44.45040933	0	3	3	12	4739
	max_join_amount	4124952	9.058941294	16.28877231	0	3	3	5	1000
	min_join_amount	4124952	4.699682353	7.740860631	0	3	3	3	350
	avg_join_amount	4124952	6.762674216	10.15793443	0	3	3	5	515
	diff_last_join_day	4124952	84.83980129	96.87825965	0	19	51	117	587
	diff_first_join_day	4124952	106.5081802	119.2240019	0	22	65	151	587

表 19-14、表 19-15 分别是总体用户、充值用户、未充值用户在互助订单充值情况的 24 个维度的历史统计值表现。表 19-14 和表 19-15 截取了部分数据，维度数据详细的描述性统计参见附录一中的表。通过表 19-14 和表 19-15，数据业务分析的结论如下：

（1）本次公示后，充值的用户中 50%以上是历史上从来没有充值经历的用户（备注：不过，全量样本中以及本次公示后未充值用户样本中，没有充值经历的用户占比较高，但不及 50%）。

（2）此次充值的用户，从其历史累计充值的次数、累计充值的金额、上次充值距今的天数数据分布上看：充值的用户通常是新用户，即“加入不久的用户”；同时也侧面反映出老用户的充值表现并不好，用户留存充值意愿不高。400 万用户中有接近 50%的大批用户，一直没有充值行为。

表 19-14 总体用户历史充值情况的统计性指标

		count	mean	std	min	25%	50%	75%	max
total	total_charge_num	4212338	1.20492705	2.116265255	0	0	1	2	283
	total_charge_amount	4212338	20.05019672	43.9653612	0	0	9	28	6300
	avg_charge_amount	4212338	8.905225395	15.76177534	0	0	6	9	666
	diff_last_charge_day	4212338	44.04469299	80.32240888	0	0	0	55	549
	if_charge_adult	4212338	0.440434742	0.49643936	0	0	0	1	1
	charge_adult_num	4212338	0.822471274	1.24413395	0	0	0	1	106

表 19-15 公示消息后充值和未充值用户互助订单充值情况的统计性指标

		count	mean	std	min	25%	50%	75%	max
充值	total_charge_num	87386	1.147254709	2.510239091	0	0	0	1	283
	total_charge_amount	87386	15.59658298	38.20048709	0	0	0	18	2837
	avg_charge_amount	87386	6.102527832	11.05526819	0	0	0	9	350
	diff_last_charge_day	87386	35.6981782	66.99001748	0	0	0	48	537

表 19-16 是用户加入互助的各种单的余额情况相关维度的统计性指标的部分数据，全部详细数据参见附录 B 的表 B-1 用户互助各单的余额情况。表 19-16 统计数值，可得数据业务分析的结论如下：

（1）本次接到公示后付费的用户 90%都加入了中青年计划。

（2）充值用户的互助计划余额大部分在 10～20 元，相比非费充值用户高了 10 元左右。

表 19-16 用户互助各单的余额情况

		count	mean	std	min	25%	50%	75%	max
total	if_join_adult	4212338	0.903478306	0.295305397	0	1	1	1	1
	adult_order_num	4212338	1.318237283	0.856057079	0	1	1	2	289
	max_adult_balance_amount	4212338	11.98005984	20.71491652	−0.46	1.07	3	16.39	1617.39
	min_adult_balance_amount	4212338	10.0157047	17.84591551	−0.46	0.65	3	12.41	1617.39

本次公示触及用户历史累计收到公示消息的相关维度统计指标如表 19-17 所示，从表中的统计指标，可得数据业务分析的结论如下：

（1）这批用户中，充值用户累计收到 1～12 条短消息；未充值用户累计收到 4～13 条短消息。

（2）用户收到上一次公示距今天的时间：充值用户为 1～7 天；未充值用户为 4～7 天。

（3）对于老用户而言，公示已经不能触发其充值愿望了，建议对老用户考虑其他触发充值的手段。

表 19-17　历史累计收到公示消息

		count	mean	std	min	25%	50%	75%	max
total	gs_msg_arrive_count	4212338	9.739111391	6.238081576	0	4	11	13	81
	diff_notice_last_day	4212338	5.338561388	3.667383904	0	4	7	7	95
充值	gs_msg_arrive_count	87386	7.64988671	6.498053444	0	1	8	12	48
	diff_notice_last_day	87386	4.33814341	5.361747326	0	1	6	7	95
未充值	gs_msg_arrive_count	4124952	9.783371055	6.224877607	0	4	11	13	81
	diff_notice_last_day	4124952	5.359754974	3.619939587	0	4	7	7	95

用户在收到本次公示消息之前收到的历史累计公示消息的统计性指标如表 19-18 所示。根据表中统计性指标，可得数据业务分析结论如下：

（1）此次充值的用户，在升级方面的表现如历史累计升级单量、升级的金额，并不比未充值的用户好。

（2）一个较大胆的假设，如果有过升级行为的用户算互助“高价值”且“认可互助产品”用户，那么公示只对其充值行为起到简单触发作用，并没有更为强烈地诱导用户进行充值。建议探索其他方式引导用户充值。

表 19-18　用户历史订单升级信息

		count	mean	std	min	25%	50%	75%	max
total	upgrade_order_num	4212338	0.167727281	0.55679353	0	0	0	0	25
	upgrade_amount	4212338	5.031818434	16.70380589	0	0	0	0	750
	diff_last_upgrade_day	4212338	7.529650517	24.88089115	0	0	0	0	126
充值	upgrade_order_num	87386	0.163023825	0.566578492	0	0	0	0	13
	upgrade_amount	87386	4.89071476	16.99735475	0	0	0	0	390
	diff_last_upgrade_day	87386	6.12710274	22.43647381	0	0	0	0	124
未充值	upgrade_order_num	4124952	0.167826923	0.556584017	0	0	0	0	25
	upgrade_amount	4124952	5.034807678	16.69752051	0	0	0	0	750
	diff_last_upgrade_day	4124952	7.559363115	24.92923202	0	0	0	0	126

这部分主要展示的是收到公示消息的用户购买商业保险相关维度属性信息的统计性指标，具体统计值如表 19-19 所示。从表中可得结论如下：收到这批公示后充值的用户，在购买商业保险的表现上，比收到公示后没有充值的人数更好一些。

表 19-19　用户购买商业保险

		count	mean	std	min	25%	50%	75%	max
total	sdb_order_num	4212338	0.0893613	0.432637383	0	0	0	0	109
	sdb_user_money	4212338	3.063643167	58.43182606	0	0	0	0	12494
	diff_last_sdb_buy_day	4212338	3.956631685	26.41593551	0	0	0	0	346

续表

		count	mean	std	min	25%	50%	75%	max
充值	sdb_order_num	87386	0.114800998	0.466982958	0	0	0	0	22
	sdb_user_money	87386	3.503547479	66.71939292	0	0	0	0	7153
	diff_last_sdb_buy_day	87386	4.201988877	27.04534235	0	0	0	0	327
未充值	sdb_order_num	4124952	0.088822367	0.431864089	0	0	0	0	109
	sdb_user_money	4124952	3.054323912	58.24347517	0	0	0	0	12494
	diff_last_sdb_buy_day	4124952	3.951433859	26.40241809	0	0	0	0	346

表 19-20 展示了收到公示消息后用户充值情况的统计性指标。如表 19-20 所示，可得数据业务分析结论如下：本次公示发送了 4212338 人，发生充值 87386 人，人均充值 22.43 元，充值人数占 2%。

表 19-20 收到公示消息用户充值情况

		count	mean	std	min	25%	50%	75%	max
total	notice_charge_label	4212338	0.020745249	0.142530307	0	0	0	0	1
	notice_charge_order_num	4212338	0.033691266	0.2770562	0	0	0	0	37
	notice_charge_amount	4212338	0.465275341	4.87482322	0	0	0	0	1580
充值	notice_charge_label	87386	1	0	1	1	1	1	1
	notice_charge_order_num	87386	1.62404733	1.057038017	1	1	1	2	37
	notice_charge_amount	87386	22.42804339	25.55260918	9	9	18	27	1580
未充值	notice_charge_label	4124952	0	0	0	0	0	0	0
	notice_charge_order_num	4124952	0	0	0	0	0	0	0
	notice_charge_amount	4124952	0	0	0	0	0	0	0

表 19-21 展示了各省用户收到公示消息后充值情况的部分数据，全部数据列于附录三。由表中的数据可知：四川、新疆、西藏和青海这四个地区用户收到公示信息后充值率相对高，借此考虑后续特征工程可以依据数据分布特征详细处理。

表 19-21 各省用户收到公示消息后的充值情况

province	label	count	收到充值率	province	label	count	收到充值率
未知	0	1756799		江苏	0	119066	
	1	To27729	1.55%		1	3120	2.55%
上海	0	5640		江西	0	75992	
	1	137	2.37%		1	1898	2.44%

如式(19-6)所示，皮尔逊相关性系数(Pearson Correlation)是衡量向量相似度的一种方法。输出范围为−1～1。0 代表无相关性，负值为负相关，正值为正相关。

$$\rho_{X,Y}=\frac{\operatorname{cov}(X,Y)}{\sigma_X\sigma_Y}=\frac{E(XY)-E(X)E(Y)}{\sqrt{E(X^2)-E^2(X)}\sqrt{E(Y^2)-E^2(Y)}} \tag{19-6}$$

图 19-8 为部分截图，完整展示应为 70×70 的矩阵。

	basic_id_age	basic_id_pro	join_order_n	total_join_an	max_join_am	min_join_am	avg_join_am	diff_last_join	diff_first_join	total_charge	total_charge	avg_charge_	diff_last_cha	if_charge_ad	charge_adul	max_charge	min_charge	avg_charge_	if_charge_te
basic_id_a	1	0.48426588	0.06584441	0.02578354	0.02244995	-0.0141807	0.00669592	-0.0884668	-0.0591504	0.02867834	0.03383169	0.0752749	-0.0738	0.02621384	0.01857784	0.02357483	0.01189605	0.01804002	-0.0165731
basic_id_p	0.48426588	1	0.16063549	0.05710845	0.00141717	-0.0430512	-0.0143205	-0.1995526	-0.1327842	0.00800746	-0.0171601	-0.0385368	-0.1874388	0.01254942	0.02273864	-0.0046039	-0.006299	-0.0070111	0.00743801
join_order_	0.06584441	0.16063549	1	0.75692259	0.42223757	0.10505023	0.35008326	0.02309201	0.33065584	0.61112965	0.53436985	0.0984028	0.06293541	0.18278942	0.42088833	0.15727883	0.0836952	0.12605305	0.36774868
total_join_	0.02578354	0.05710845	0.75692259	1	0.66055643	0.3727382	0.65517804	0.07234338	0.36672174	0.5102375	0.54507404	0.21516738	0.22341652	0.22665767	0.37197188	0.26630481	0.18185206	0.23140072	0.25994887
max_join_a	0.02244995	0.00141717	0.42223757	0.66055643	1	0.47539079	0.91593026	0.06464911	0.35316703	0.30202682	0.34479202	0.26391704	0.26917893	0.26336091	0.30921609	0.28200733	0.21967614	0.25746568	0.15842519
min_join_a	-0.0141807	-0.0430512	0.10505023	0.3727382	0.47539079	1	0.74770842	0.1535246	0.18237966	0.06152912	0.11659996	0.14945764	0.16580771	0.07299226	0.07676062	0.16570319	0.13431002	0.15525539	0.0039134
avg_join_a	0.00669592	-0.0143205	0.35008326	0.65517804	0.91593026	0.74770842	1	0.1101102	0.33682397	0.23834942	0.31116681	0.27739715	0.27873232	0.24099604	0.25315182	0.30102028	0.24206757	0.27959142	0.11828317
diff_last_jo	-0.0884668	-0.1995526	0.02309201	0.07234338	0.06464911	0.1535246	0.1101102	1	0.79563167	0.32639797	0.26689589	0.18776402	0.44090998	0.31962625	0.30842683	0.15427877	0.12320275	0.14303257	0.0968191
diff_first_jo	-0.0591504	-0.1327842	0.33065584	0.36672174	0.35316703	0.18237966	0.33682397	0.79563167	1	0.58992639	0.51734666	0.27671787	0.50534127	0.406622	0.48140181	0.26760097	0.21087283	0.24562243	0.21928315
total_charg	0.02867834	0.00800746	0.61112965	0.5102375	0.30202682	0.06152912	0.23834942	0.32639797	0.58992639	1	0.80025935	0.27524426	0.26424646	0.50501007	0.8101467	0.29996372	0.18981879	0.25125552	0.49618949
total_charg	0.03383169	-0.0171601	0.53436985	0.54507404	0.34479202	0.11659996	0.31116681	0.26689589	0.51734666	0.80025935	1	0.57866314	0.35570253	0.42544016	0.6207877	0.55904766	0.44031376	0.51512387	0.41043368
avg_charg	0.0752749	-0.0385368	0.0984028	0.21516738	0.26391704	0.14945764	0.27739715	0.18776402	0.27671787	0.27524426	0.57866314	1	0.51842472	0.48742787	0.30870813	0.87268381	0.85962785	0.8872489	0.11101528
diff_last_ch	-0.0738	-0.1874388	0.06293541	0.22341652	0.26917893	0.16580771	0.27873232	0.44090998	0.50534127	0.26424646	0.35570253	0.51842472	1	0.48328495	0.28783117	0.47934936	0.45557488	0.4800258	0.06304864
if_charge_a	0.02621384	0.01254942	0.18278942	0.22665767	0.26336091	0.07299226	0.24099604	0.31962625	0.406622	0.50501007	0.42544016	0.48742787	0.48328495	1	0.72735078	0.57515007	0.5307589	0.56632034	0.21076137
charge_ad	0.01857784	0.02273864	0.42088833	0.37197188	0.30921609	0.07676062	0.25315182	0.30842683	0.48140181	0.8101467	0.6207877	0.30870813	0.28783117	0.72735078	1	0.41805664	0.28215182	0.35677086	0.33764618
max_charg	0.02357483	-0.0046039	0.15727883	0.26630481	0.28200733	0.16570319	0.30102028	0.15427877	0.26760097	0.29996372	0.55904766	0.87268381	0.47934936	0.57515007	0.41805664	1	0.91022493	0.97915799	0.09247268
min_charg	0.01189605	-0.006299	0.0836952	0.18185206	0.21967614	0.13431002	0.24206757	0.12320275	0.21087283	0.18981879	0.44031376	0.85962785	0.45557488	0.5307589	0.28215182	0.91022493	1	0.97409414	0.05794373
avg_charg	0.01804002	-0.0070111	0.12605305	0.23140072	0.25746568	0.15525539	0.27959142	0.14303257	0.24562243	0.25125552	0.51512387	0.8872489	0.4800258	0.56632034	0.35677086	0.97915799	0.97409414	1	0.07724768
if_charge_t	-0.0165731	0.00743801	0.36774868	0.25994887	0.15842519	0.0039134	0.11828317	0.0968191	0.21928315	0.49618949	0.41043368	0.11101528	0.06304864	0.21076137	0.33764618	0.09247268	0.05794373	0.07724768	1
charge_tee	-0.0207064	-0.0068688	0.37821057	0.2735502	0.13888664	0.0059847	0.10926537	0.0938116	0.22335091	0.51358017	0.42542599	0.09853691	0.05595862	0.18242594	0.34060966	0.08610069	0.0527483	0.07208569	0.87540153
max_charg	-0.0187905	-0.0139902	0.2780534	0.25713018	0.16240958	0.0349792	0.15586994	0.08165798	0.20265774	0.39732443	0.55366402	0.1500639	0.07999684	0.1379986	0.24110583	0.10697638	0.08558681	0.10017546	0.6584063
min_charg	-0.002506	0.01863339	0.34696048	0.28719159	0.17850668	0.03223206	0.15433262	0.10218586	0.20824371	0.42476686	0.47142456	0.15721046	0.08561421	0.16305188	0.27659863	0.10465884	0.07896533	0.09647672	0.84850037
avg_charg	-0.01311	-0.0013737	0.31976903	0.28278437	0.177073	0.03549633	0.16347507	0.09216707	0.2140115	0.42773704	0.54921562	0.16051207	0.08666661	0.15554118	0.26696757	0.1118618	0.08779707	0.10434334	0.7665838

图 19-8　各维度属性之间的皮尔逊相关系数(见彩插)

通过图 19-8 的皮尔逊相关系数的计算结果可以看到，当皮尔逊相关系数大于 0.7 或者小于−0.7 时，表示这对维度属性之间有强的相关性，例如：

(1) total_charge_amount 和 total_charge_num 之间的皮尔逊相关系数是 0.8003，这两个维度之间有很高的相关性，为正相关。

(2) max_old_balance_amount 和 max_old_balance_amount 之间的皮尔逊相关系数是 0.8044，这两个维度之间有很高的相关性，为正相关。

(3) max_old_balance_amount 和 avg_charge_old_amount 之间的皮尔逊相关系数是 0.8001，这两个维度之间有很高的相关性，为正相关。

19.3.4　各维度数据的可视化

通过查看各个数据维度的不同类型的数据分布图，可以直观地感受到各维度的数据分布情况，进而提前发现数据分布存在的一些问题，有助于后续特征工程中的数据处理。本节展示了各个维度数据的分布直方图、分布概率密度图和偏态程度图。

各维度数据直方图如图 19-9 所示，通过此图可以发现数据分布的规则性，比较直观地看出各维度数据的分布状态，便于判断数据总体分布情况。从图中可以看到，用户数据的各维度分布大部分都比较集中。

下面展示了各个维度属性的概率密度图，其可以算是直方图的"微分"展示。密度图比直方图更加平滑地展示了这些数据的特征，其可以认为是平滑的直方图，显示了单变量的分布情况。图 19-10 为各维度数据密度图，我们可以看到有些数据呈单峰分布，有些数据呈双峰分布。

各维度数据偏态程度图如图 19-11 所示，印证了图 19-10 中展示的大部分维度属性分布比较密集。

Python 画图代码，如代码清单 19-3 所示。

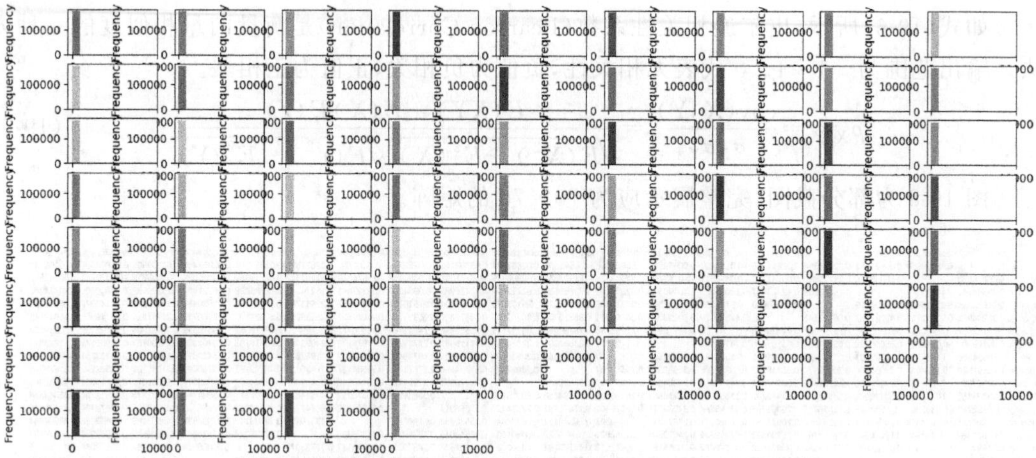

图 19-9 各维度属性数据直方图(见彩插)

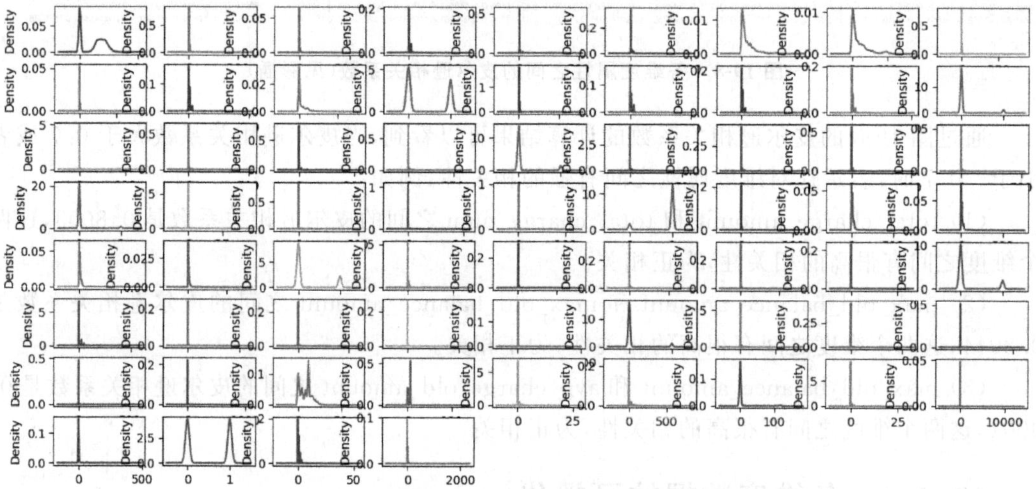

图 19-10 各维度属性数据密度分布图(见彩插)

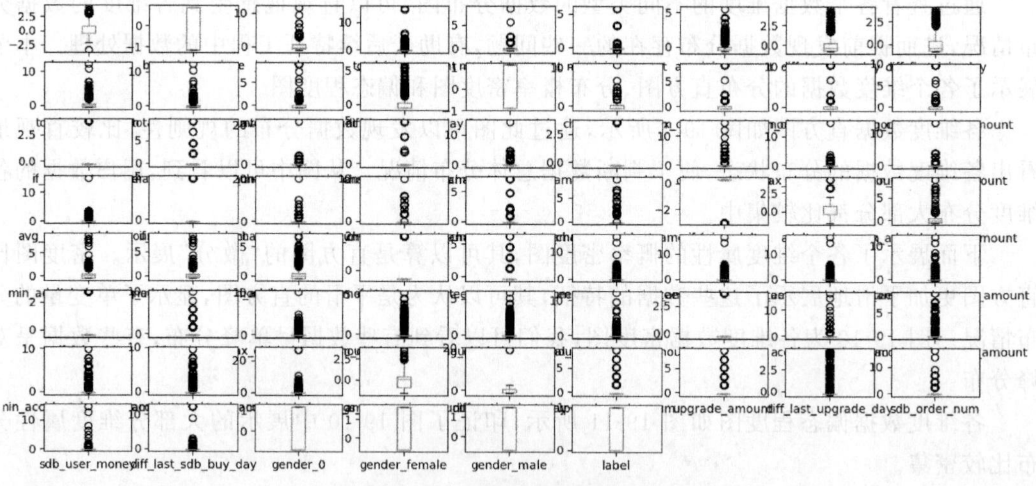

图 19-11 各维度属性数据偏态程度图

代码清单 19-3 Python 画图代码

```
    result.plot(kind = 'hist', subplots = True, layout = (9,9), sharex = False,legend = False)
    result.plot(kind = 'box', subplots = True, layout = (9,9), sharex = False,legend = False,
figsize = (40,8))
    result.plot(kind = 'scatter', subplots = True, layout = (9,9), sharex = False, legend =
False,figsize = (40,8))
```

通过上述展示的一些结果，例如：各维度数据的统计性描述指标、数据的各种分布图等等，我们可以得到下面的一些结论：数据集中各维度的数据类型不同，包含了空值、文本类型的数据和连续性数据；各维度数据的分布区间也大不相同。因此需要考虑对数据集进行规约变换，进而提高最终训练出模型预测结果的准确性。

针对上面提及的数据问题，可以用以下思路进行处理。首先，数据集中存在高度相关的维度属性，这一问题可以通过引入过滤法、嵌入法等方法，对不相关性高的维度数据进行筛选；对于各维度数据的服从不同分布的问题，对数据进行标准化处理，即把各维度数据都转化成正态分布；对于数据分布的区间不同和差异比较大的问题，对数据进行区间缩放，使得所有维度数据的分布范围都在[0，1]区间……类似需要处理的问题还有很多，19.4 节将会详细介绍数据的特征工程。

19.4 特征工程

用于训练模型的数据质量高低，影响训练模型质量的上限。经过上文的数据分析和数据展示，我们发现现有数据集经过数据仓库清洗聚合后仍旧存在一些问题，不能直接用于模型的训练；即使使用其进行训练，训练结果也不会很好。所以，这里引入特征工程，其目的是使得数据的各个维度更能突出其独有的特征，使其数据集更能描述、贴近事物的原貌。因此要设计出更高效的特征，来刻画出求解的问题与预测模型之间的关系。训练出的预测模型性能很大程度上取决于训练该模型的数据集的数据质量。

通过前期数据清洗，得到了未经处理的特征，这时的特征可能有以下问题：

(1) 单位需要统一：即属于同一属性类型的数据其在原始数据库中记录的单位不同。例如，在本项目中同样都是表示金额的维度，有的单位是元，有的单位是分，这里需要对其单位进行统一。

(2) 维度数据需要简化：对于某些维度的属性，数据分类特别多。例如，本数据集中的用户所在的地区，其涵盖全国各个省市，由于此维度数据缺失比较多，可以将该维度数据特征的重点集中到用户是否处在充值率高的地区。

(3) 定性特征需要处理：数据在进行模型训练的时候，大部分模型算法都要求输入的训练数据是数值型的，所以这里必须将定性的维度属性转换为定量的维度属性。哑编码可以很好地解决这一问题。假设有 N 种定性值，则将这一个特征扩展为 N 种特征，当原始特征值为第 i 种定性值时，第 i 个扩展特征赋值为 1，其他扩展特征赋值为 0[33]。

(4) 数据集缺失：缺失的数据需要结合该维度数据的特性来进行补充，例如，填充为 0、填充为中位数或众数，等等。

针对上述数据集出现的问题，为了能够更好地训练出预测效果好的模型，对 App 层数据表 shuidi_app.app_predict_charge_data 里面的数据依次做如下处理。

19.4.1 标准化

基于特征矩阵的列，将特征值转换至服从标准正态分布，这需要计算特征的均值和标准差为

$$x=\frac{x-X}{S} \tag{19-7}$$

19.4.2 区间缩放

基于该维度数据的最大最小值，将输入数据的各维度数值转换到指定的区间范围。这里，基于最大最小值，将特征值转换到[0，1]区间为

$$x'=\frac{x-\min(X)}{\max(X)-\min(X)} \tag{19-8}$$

19.4.3 归一化

归一化是依照特征矩阵的行处理数据，使样本向量在点乘运算或其他核函数计算相似性时，拥有统一的标准，都转化为"单位向量"。有 L1、L2 两种规则，其公式为

$$x'=\frac{x}{\sqrt{\sum_{j=1}^{m} x_j^2}} \tag{19-9}$$

19.4.4 对定性特征进行 one-hot 编码

在数据集中，例如性别属性、地理位置属性皆为定性变量，故需要进行编码，即将定性的数据变成数值型，就可以传入模型计算的特征中。处理这种维度属性数据的思路是：若某单一的维度属性 K 含有 N 个类别，那么则将这一个维度属性拓展成 N 个维度属性 K_1，K_2，…，K_N；输入样本属于哪个属性，就将这个属性记为 1，其他属性记为 0。这样就把类别型的维度属性变换成了一个类似二进制的表现形式。

19.4.5 缺失值填补

通过 19.3 节的数据分析展示可以发现，在清洗出来用于训练模型的数据集中，有很大一部分数据存在缺失值，原因是没能采集到数据，例如用户的地理信息属性、年龄属性、性别属性等。在模型训练前，需要对这部分空缺值进行处理，否则不能输入模型进行预测。有一些填补策略，例如平均值填补、临近值填补、中位数填补、众数填补等。在本次研究目标的实际训练中，年龄属性用众数填补，性别的空缺值变成单独的一类。

上述数据特征工程的详细处理过程如代码清单 19-4 所示。

代码清单 19-4　数据集的预处理

```
#1. 年龄的处理;众数填充为 30  data_label_info['basic_id_age'].mode() = 30
    data_label_info['basic_id_age'] = data_label_info['basic_id_age'].fillna(30)

    #2. 全部空缺值填为 0
    data_label_info = data_label_info.fillna(0)

    #3. sex 性别: 0,男,女 ---- 独热编码
    dummies_gender = pd.get_dummies(data_label_info['basic_id_gender'], prefix = 'gender')
    outcome_data = pd.concat([data_label_info,dummies_gender],axis = 1)

    #4. 地图信息: 有信息为 1; 否则为 0
    outcome_data['basic_id_province'] = outcome_data['basic_id_province'].map(map_locate)

    #5. Standardization: mean removal and variance scaling  变为标准正态分布: 每一列均值为
0,方差为 1;
    x_scaled = preprocessing.scale(outcome_data) #(4212338, 69)
```

经过上述特征工程的处理,数据集变成表 19-22 所示的形式。

表 19-22　特征工程后的数据集

index	int64	if_charge_old	float64	max_old_balance_amount	float64
basic_id_age	float64	charge_old_num	float64	min_old_balance_amount	float64
basic_id_province	int64	max_charge_old_amount	float64	avg_old_balance_amount	float64
join_order_num	float64	min_charge_old_amount	float64	total_old_balance_amount	float64
total_join_amount	float64	avg_charge_old_amount	float64	if_join_accident	float64
max_join_amount	float64	if_charge_accident	float64	accident_order_num	float64
min_join_amount	float64	charge_accident_num	float64	max_accident_balance_amount	float64
avg_join_amount	float64	max _ charge _ accident _amount	float64	min_accident_balance_amount	float64
diff_last_join_day	float64	min _ charge _ accident _amount	float64	avg_accident_balance_amount	float64
diff_first_join_day	float64	avg _ charge _ accident _amount	float64	total_accident_balance_amount	float64
total_charge_num	float64	if_join_adult	float64	gs_msg_arrive_count	float64
total_charge_amount	float64	adult_order_num	float64	diff_notice_last_day	float64
avg_charge_amount	float64	max _ adult _ balance _amount	float64	upgrade_order_num	float64
diff_last_charge_day	float64	min _ adult _ balance _amount	float64	upgrade_amount	float64
if_charge_adult	float64	avg _ adult _ balance _amount	float64	diff_last_upgrade_day	float64
charge_adult_num	float64	total _ adult _ balance _amount	float64	sdb_order_num	float64
max _ charge _ adult _amount	float64	if_join_teenager	float64	sdb_user_money	float64

续表

min _ charge _ adult _amount	float64	teenager_order_num	float64	diff_last_sdb_buy_day	float64
avg _ charge _ adult _amount	float64	max _ teenager _ balance _amount	float64	gender_0	int64
if_charge_teenager	float64	min _ teenager _ balance _amount	float64	gender_女	int64
charge_teenager_num	float64	avg _ teenager _ balance _amount	float64	gender_男	int64
max_charge_teenager _amount	float64	total _ teenager _ balance _amount	float64		
min_charge_teenager _amount	float64	if_join_old	float64		
avg_charge_teenager _amount	float64	old_order_num	float64		

19.4.6 数据倾斜

从前面的数据统计分析可以看到,充值用户有 87386 人,未充值用户有 4124952 人。充值用户占未充值用户的 2%,数据分布极不均衡。少数类样本的数量远少于多数类样本。由于最终训练出的模型的目标是分类,而不是刻画全部样本的样貌,数据类型少的那一类,分类器对稀疏样本的刻画能力不足,难以有效地对这些稀疏样本进行区分。数据的不均衡导致分类器决策边界偏移,也会影响最终的分类效果。以 SVM 为例,少数类和多数类的每个样本对优化目标的贡献都是相同的。但由于多数类样本的样本数量远多于少数类,最终学习到的分类边界往往更倾向于多数类,导致分类边界偏移的问题,分类预测结果不准确。

在这里使用采样的方法通过对训练集进行处理,使其从不平衡的数据集变平衡,进而提升最终的效果。采样又分为上采样(Oversampling)和下采样(Undersampling)。

上采样的原理是把数据量小的那一类样本重复多次,直到两类样本的数据量达到均衡,此时总体样本量变大。上采样的不足在于,数据集中会反复出现一些样本,训练出来的模型会出现一定的过拟合[35]。

下采样的原理是利用随机采样,从数据量大的和数据量少的样本集选出同样数量的样本作为进行模型训练的数据。这样,样本的总数据量减少。不足在于,下采样的训练数据集丢失了一部分数据,模型只学到了总体数据的一部分。

根据本次数据集的实际情况,数据量比较大,这里采用下采样的方法,剔除部分没有充值的用户的样本,使得训练数据集达到均衡。从未充值用户样本中随机选择少量样本,再合并原有充值用户类样本作为新的训练数据集。随机欠采样有两种类型,分别为有放回和无放回。无放回欠采样不会重复采样同一样本,有放回采样则有可能重复采样同一样式。这里 Python 库中函数为 RandomUnderSampler,通过设置 RandomUnderSampler 中的 replacement=True 参数,可以实现自助法(boostrap)抽样。Python 实现数据欠采样如代码清单 19-5 所示。

代码清单 19-5 数据欠采样

```
    # 使用 RandomUnderSampler 方法进行欠抽样处理
    model_RandomUnderSampler = RandomUnderSampler() # 建立 RandomUnderSampler 模型对象
    x_RandomUnderSampler _ resampled, y _ RandomUnderSampler _ resampled = model _
RandomUnderSampler.fit_sample(x,y) # 输入数据并作欠抽样处理

# 将数据转换为数据框并命名列名
    x_RandomUnderSampler_resampled = pd.DataFrame(x_RandomUnderSampler_resampled,columns =
[...])#(174772, 68)
    y_RandomUnderSampler_resampled = pd.DataFrame(y_RandomUnderSampler_resampled,columns =
['label'])#(174772, 1)

    # [174772 rows × 69 columns]
     RandomUnderSampler _ resampled = pd. concat ([ x _ RandomUnderSampler _ resampled, y _
RandomUnderSampler_resampled], axis= 1) # 按列合并数据框
```

进行上述欠采样后，数据集变成 174772 个样本，其中充值用户样本量为 87366，未充值用户样本量 87386。正负样本比为 1∶1，样本均衡，可以用来进行模型的训练和预测。

19.5 模型训练和结果评价

前面各节依次详细地介绍了基于机器学习构建用户分类模型的数学原理、数据在生产环节上的收集整合和清洗存储过程、对得到的结果数据集的展示分析以及特征工程和数据不均衡的处理。基于以上过程的处理，就可以开始构建分类模型了。在接下来的内容中，将梳理这一过程，用规整好的数据集进行模型的训练，最后引入相关评价指标对训练出的模型的效果进行评估。

19.5.1 构造模型思路

一般构造模型的步骤描述思路如下：

(1) 找到合适的假设函数 $h_\theta(x)$。$h_\theta(x)$即想要用来分类的分类函数，其中 θ 为待求解的参数。其目的是通过输入数据来预测结果。

(2) 构造损失函数，该函数表示预测的输出值即模型的预测结果 h 与训练数据类别 y 之间的偏差。可以是偏差绝对值和的形式或其他合理的形式，将此记为 $J(\theta)$，表示所有训练数据的预测值和实际类别之间的偏差。

(3) $J(\theta)$的值越小，预测函数越准确。最后以此为依据求解出假设函数里面的参数 θ。

根据以上思路，目前可以用于分类的成熟模型非常多，例如逻辑斯谛回归、分类树、KNN 算法、判别分析等。上文已经一一介绍了这些模型的算法原理，这里将直接使用上文介绍的单分类模型。

19.5.2 模型训练的流程

模型训练的首要工作是准备数据：首先是工程上的数据同步，然后是基于数据仓库的

数据收集清洗、聚合分层，以及后续的数据的特征工程和数据不均衡的处理。

在训练模型时，将数据集划分成训练集和测试集，又称为 holdout validation 方法。训练集是用于训练模型的子集，测试集是用于测试训练后模型的子集。可以想象如图 19-12 的方式拆分数据集。在本次项目数据集的拆分过程中，训练集和测试集是 4∶1，即把整个数据集合分成 5 份，其中 4 份用来训练模型，另外一份用来对模型的效果进行评价。

图 19-12 训练集和测试集

接下来，用训练集的数据训练出上述 Logistic Regression、KNN、LDA、朴素贝叶斯、SVM、分类树模型的分类模型，用测试集来验证评价训练出的模型的效果，然后采用相关技巧提升的模型效果，最后选择出效果最优的模型作为最终模型，进行下一次的预测，预测结果返回给线上应用。整个流程如图 19-13 所示。

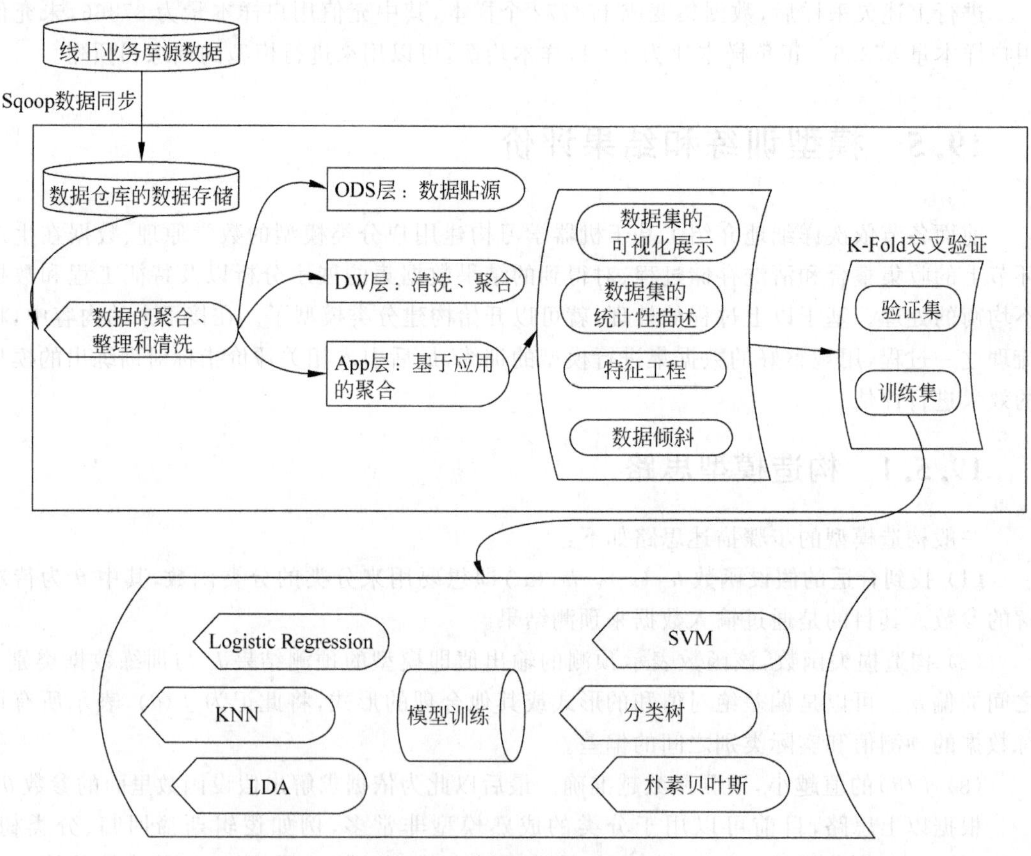

图 19-13 模型的训练流程

19.5.3 *K*-Fold 交叉验证

首先，横向衡量对比各个分类模型在默认参数的情况下的基线效果。这里引入 *K*-Fold

交叉验证法。K-Fold 交叉验证法是在训练模型时，数据集划分的一种方法，它可以使所有数据都参与到模型的训练中，进而避免模型的过拟合。同时，它也可以作为模型选择的一种方法，减少数据划分对模型评价的影响，最终通过分类模型的（线性、指数等）k 次建模的各评价指标的平均值来比较算法的准确度。在本节中引入的分类模型的各个评价指标越大，K-Fold 折数据训练出的模型的准确度越高。

1. *K*-Fold 交叉验证原理

K-Fold 交叉验证的过程：首先通过不重复抽样将原始数据随机分为 k 份；然后选择其中的 $k-1$ 份数据用于分类模型的训练，剩下那一份数据用于测试模型。重复第二步 k 次，这样就得到了 k 个模型和它们的评估结果。

计算每个模型在各自验证集上的误差评价指标，将这 k 个结果的平均值作为训练出的分类模型的最终性能评价指标。使用 K-Fold 交叉验证来寻找最优参数要比 holdout 方法（即单一划分数据集为训练集和测试集）更稳定。一旦找到最优参数，可以使用这组参数在原始数据集上的训练模型作为最终的模型，但通常不采用这种方法。K-Fold 交叉验证使用不重复采样的方式，优点是每个样本只会在训练集或验证集中出现一次，这样得到的模型评估结果有更低的误差和更高的精准性。图 19-14 展示了 10-Fold 交叉验证的原理步骤。

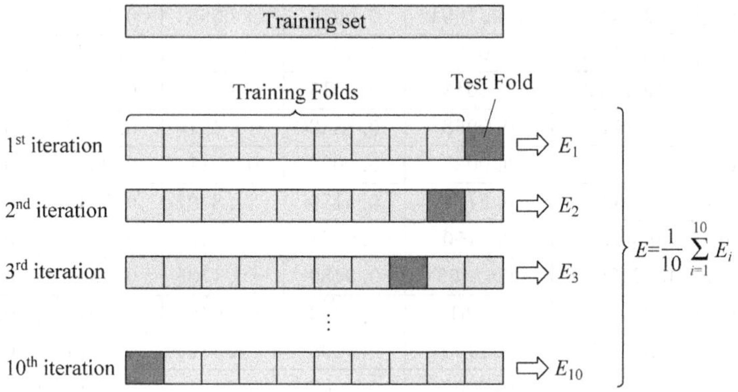

图 19-14　*K*-Fold 交叉验证

10-Fold 交叉验证的步骤是：

（1）通过不重复抽样，将数据集随机的分成 10 份。

（2）取其中的 1 份作为验证集，剩余的 9 份用来训练模型。共有 10 个取法，对应 10 个模型。

（3）计算每一种取法训练出来的模型的评价指标，这里有 10 个验证集。分类模型的评价指标可以选取准确率、交叉熵损失等。计算这 10 个评价指标各自的平均值，作为分类模型性能的最终衡量值。

2. *K*-Fold 实验结果

这里通过引入 5-Fold 交叉验证法对各个模型在未经调整参数的情况下，在全量数据集的表现上做一个基线的综合性的衡量。使用上文介绍的召回率（Recall）、准确率（Accuracy）、负交叉熵损失（neg_log_loss）、精准度（Precision）、ROC 曲线面积 AUC 作为模型分类的评价指标。这些评价指标越大，代表训练出的模型效果越好。同时引入训练模型所消耗的时间以及计算上述评价指标所消耗的时间，作为衡量分类模型效果好坏的指标。

Python 初始化各个模型，如代码清单 19-6 所示。

代码清单 19-6 单分类模型的初始化

```
models = {}
models['LR'] = LogisticRegression(C=1.0, penalty='l1', tol=1e-6)
models['LDA'] = LinearDiscriminantAnalysis()
models['NB'] = GaussianNB()
models['KNN'] = KNeighborsClassifier()#默认为5
models['DT'] = DecisionTreeClassifier()
models['SVM'] = SVC(probability=True)
print(models)
```

实验结果如表 19-23 所示。

表 19-23 各模型 *K*-fold 交叉验证的结果评价指标

模型名称		fit_time (s)	score_time(s)	accuracy	neg_log_loss	precision	recall	roc_auc
KNN	mean	89.8536	871.6648	0.8892	−0.8416	0.8991	0.8765	0.9517
	std	43.8798	152.1054	0.0010	0.0090	0.0023	0.0024	0.0007
Logistic Regression	mean	357.6807	0.0885	0.9250	−0.2915	0.9471	0.8999	0.9536
	std	103.079	0.0013	0.0015	0.0026	0.0023	0.0009	0.0006
LDA	mean	1.6549	0.0968	0.8338	−0.4516	0.8975	0.7532	0.9157
	std	0.2318	0.0025	0.0020	0.0011	0.0036	0.0033	0.0022
NB	mean	0.2624	0.2776	0.6156	−1.8307	0.5845	0.8085	0.6985
	std	0.0211	0.0100	0.0271	0.0896	0.0257	0.0179	0.0040
SVM	mean	4522.2989	286.205	0.9480	−0.1735	0.9644	0.9303	0.9778
	std	92.2788	23.4617	0.0013	0.0046	0.0017	0.0014	0.0010
DTree	mean	2.2147	0.1199	0.9205	−2.5804	0.9174	0.9240	0.9220
	std	0.0400	0.0009	0.0005	0.0124	0.0012	0.0017	0.0003

从表 19-23 的未经调参的各类模型的实验数据结果可以发现：

(1) 支持向量机模型的表现最好。其在各个验证集上面有最优的召回率 Recall、准确率 Accuracy、负交叉熵损失 neg_log_loss、精准度 Precision、ROC 曲线面积 AUC，各指标在不同验证集上的稳定性也非常好，即各指标集的方差小。但是支持向量机单个模型的训练时间非常长，接近 1.25h，得到结果需要等待较长的时间。

(2) 决策树模型在各个评价维度的指标表现表现也都非常好，召回率 Recall、准确率 Accuracy、精准度 Precision 都在 0.9 以上。其优点是模型训练的速度最快，单个模型训练出只要 2.2s，但其在负交叉熵损失值这个指标上表现不好。

(3) KNN 模型和 Logistic Regression 模型的各个指标表现也比较好，但是训练时间要远远长于决策树模型，尤其 Logistic Regression 单个模型的训练时间达到 10min，KNN 模型的验证时间长。

(4) 朴素贝叶斯模型效果最差，模型正确率不到 0.6。相对其他分类模型，对业务没有特别重要的参考价值。

(5) LDA 线性判别模型，在这六个分类模型中有最低的召回率。基于业务背景，希望项目尽可能全面地找到有充值意向的用户，可以牺牲一定的模型准确性，提高召回率，所以其相对其他 5 个模型参考意义也不大。

表 19-23 中 5-Fold 交叉验证计算的过程如代码清单 19-7 所示。

代码清单 19-7　交叉验证结果的计算

```
#交叉验证
num_folds = 5
seed = 7
scores = ['accuracy','precision','recall','neg_log_loss','roc_auc']
# 评估算法 - baseline
results = []
for key in models:
    print(datetime.datetime.now())
    print(key)
    kfold = KFold(n_splits = num_folds, random_state = seed)
    cv_results = cross_validate(models[key], X_train, Y_train, cv = num_folds, scoring =
scores)

    '''各维度的均值、方差和95%置信区间'''
    #1\
    fit_time = cv_results['fit_time']
print("fit_time : %0.4f (+/- %0.4f) | mean : %0.4f | std : %0.4f " % (
        fit_time.mean(), fit_time.std() * 2, fit_time.mean(), fit_time.std() ))
    #2\
    score_time = cv_results['score_time']
    print("score_time : %0.4f (+/- %0.4f) | mean : %0.4f | std : %0.4f " % (
        score_time.mean(), score_time.std() * 2, score_time.mean(), score_time.std()))
```

图 19-15 是这五个单分类器的 5-Fold 交叉验证中的各评价指标的分布的箱线图，清晰直观地展示了表 19-23 的数据结果。

根据图 19-13 所示，可以进一步验证之前论述的数据结论。其中支持向量机模型结果相比其他模型更好，各个评价指标结果都非常高；*K*-Fold 交叉验证的每一次的验证结果分布也非常紧凑，在合理范围内波动变化；而朴素贝叶斯模型预测效果相较其他模型表现最差。

部分绘图代码，如代码清单 19-8 所示。

代码清单 19-8　交叉验证结果箱线图

```
fig = pyplot.figure()
fig.suptitle('Algorithm Comparison')

ax = fig.add_subplot(321)
pyplot.boxplot(fit_time)
ax.set_xticklabels(models.keys())
```

19.6 节基于上述未调参的基线模型，结合业务实际需求设定实验目标：召回率越高越

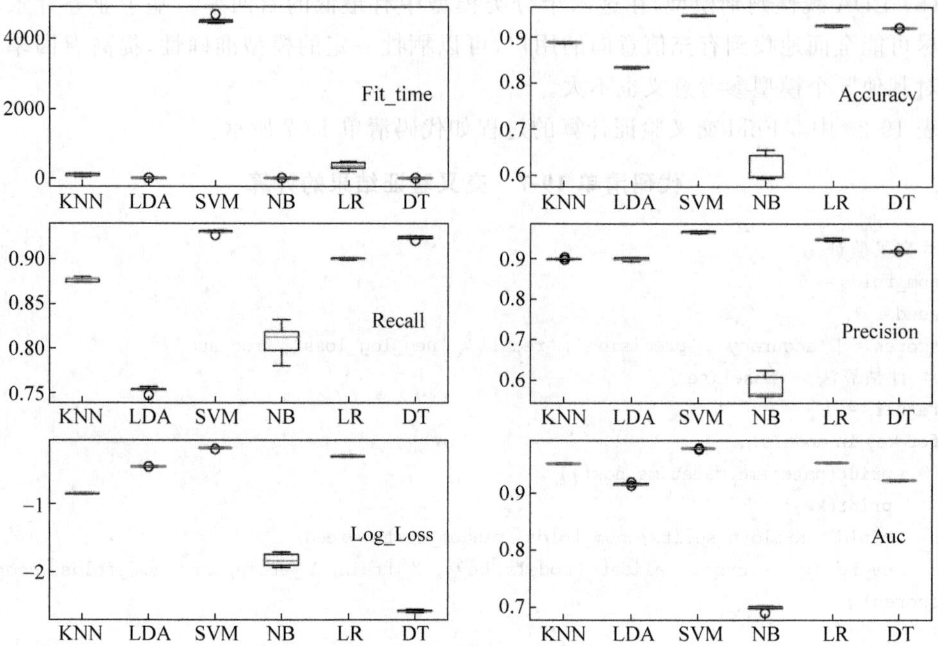

图 19-15 各单分类器的评价指标分布图

好,允许在损失一定准确率的情况下尽可能多地找到有充值意向的用户。以此为目标继续优化各个单分类器模型的训练结果。

19.6 各分类器模型的训练和结果评价

将清洗好的数据划分成训练集和测试集,划分比例是 4∶1。具体来说,总样本量是 174772 个样本,其中训练集 X_train 共 139817 个样本,测试集 X_test 共 34955 个样本。然后用划分出的训练集去训练前文介绍的各个单分类器模型训练模型。

根据业务背景和实际业务需求,调整优化的目标,进而得到此优化目标下的最优的参数。通常来说,精准率(Precision)、准确率(Accuracy)和召回率(Recall)不会同时很高。如果模型想要找到更多有充值意向的用户,那么势必会犯一些错。即在召回率(Recall)提高的时候,模型的精准率(Precision)和准确率(Accuracy)会因此而牺牲。当然,反之,如果模型很保守,它只对它很确定会充值的用户打上正标签,这时模型的精准率(Precision)提高,召回率下降。

本次模型调参使用的最优衡量指标是召回率(Recall),即可以牺牲一定的精准性和准确性,但要把有充值意向的用户都找出来,使得召回率(Recall)提升。

19.6.1 利用 Python 的 sklearn 包进行模型训练的过程梳理

1. 数据加载和数据集的划分

首先读取数据,然后按上述 4∶1 比例将原始数据集划分为训练集和测试集。详细过程如代码清单 19-9 所示。

代码清单 19-9　数据的加载和数据集的划分

```
x_data = pd.read_csv('../z_data/x_reSampler.csv', header = 0) #[174772 rows x 68 columns]
y_data = pd.read_csv('../z_data/y_reSampler.csv', header = 0) #[174772 rows x 1 columns]   ;
y_data['label'] = y_data['label'].astype('int')
validation_size = 0.2
seed = 7
X_train, X_test, Y_train, Y_test = train_test_split(x_data, y_data, test_size = validation_
size, random_state = seed)
```

2. 待训练模型的初始化和需要调整的参数列表

这里以逻辑斯谛回归为例，初始化模型，列举了模型需要调整的参数。使用网格搜索法即穷举搜索训练，训练所有参数组合下的模型，以最优召回率为目标，输出返回使目标指标最高的模型，如代码清单 19-10 所示。

代码清单 19-10　模型调参及训练

```
penalty = ['l1','l2']
Cs = [0.001, 0.01, 0.1, 1, 10, 100, 1000]
param_grid = dict(penalty = penalty, C = Cs)
base_estimator = LogisticRegression()
lr_grid = GridSearchCV(base_estimator, param_grid, cv = 5, scoring = 'recall')
```

3. 模型预测结果

将得到的最优模型，对测试集数据进行预测，输出最终预测结果。这里预测结果需要输出两类，一类是对用户类别的预测结果，另一类是对用户类别概率的预测结果。以上这两类数据为接下来计算模型的评价指标做准备，详细过程如代码清单 19-11 所示。

代码清单 19-11　测试集上模型的预测结果

```
y_pred = lr_grid.predict(X_test)
y_prob = lr_grid.predict_proba(X_test)
```

4. 模型评价指标

模型的评价指标主要有混淆矩阵，基于混淆矩阵的评价值：准确率 Accuracy、精准率 Precision、召回率 Recall，此外还包括 ROC 曲线的 AUC 面积值以及交叉熵损失 Log loss。各个指标的计算值如代码清单 19-12 所示。

代码清单 19-12　模型评价指标的计算

```
'''混淆矩阵'''
cnf_matrix = metrics.confusion_matrix(Y_test, y_pred)
```

```
'''混淆矩阵图'''
class_names = [0, 1]
fig, ax = plt.subplots()
tick_marks = np.arange(len(class_names))
plt.xticks(tick_marks, class_names)
plt.yticks(tick_marks, class_names)
sns.heatmap(pd.DataFrame(cnf_matrix), annot = True, cmap = "YlGnBu", fmt = 'g')
ax.xaxis.set_label_position("top")
plt.tight_layout()
plt.title('Confusion matrix', y = 1.1)
plt.ylabel('Actual label')
plt.xlabel('Predicted label')

'''混淆矩阵相关参数'''
print "Accuracy:", metrics.accuracy_score(Y_test, y_pred)
print "Precision:", metrics.precision_score(Y_test, y_pred)
print "Recall:", metrics.recall_score(Y_test, y_pred)
print "Log_loss",metrics.log_loss(Y_test, y_prob)
```

ROC 曲线的绘制和 AUC 值的求解过程如代码清单 19-13 所示。

代码清单 19-13　模型 ROC 曲线的绘制和 AUC 值的求解

```
'''ROC/AUC'''
y_pred_proba = lr_grid.predict_proba(X_test)[::, 1]
fpr, tpr, _ = metrics.roc_curve(Y_test, y_pred_proba)
auc = metrics.roc_auc_score(Y_test, y_pred_proba)
plt.plot(fpr, tpr, label = "data 1, auc = " + str(auc))
plt.legend(loc = 4)
plt.show()
```

5. 模型的最优参数

通过 GrideSearch 方法得到的模型的最优参数输出如代码清单 19-14 所示。可以得到 *K*-Fold 交叉验证法里面每折模型的训练时长、训练集和验证集上的召回率的详细值。

代码清单 19-14　模型参数结果输出

```
print(lr_grid.cv_results_)    #K-Fold 折交叉验证中每个数据集上的评价指标及模型训练的时间
print( - lr_grid.best_score)  #评价指标最佳结果
print(lr_grid.best_params_)   #模型最佳的调参结果
```

19.6.2　逻辑斯谛分类模型的训练和结果评价

1. 逻辑斯谛分类模型训练的要点

逻辑斯谛(logistic)回归实际上是使用线性回归模型的预测值逼近分类任务真实标记的对数概率，在实际使用和工程训练中其优点有：

（1）模型的数学原理和推导清晰，其背后的逻辑、概率和公式推导经得住推敲。

（2）输出的结果为 0～1 之间，输出的概率型的数值可以帮助最终判断，通过引入阈值自主去决定可以预测出分类结果的类别。

（3）最后输出的模型中，每个特征对应的参数代表此参数对最终结果的影响，其在业务场景中可解释性很强，价值高。

（4）求解过程中对数概率函数是任意阶可导的凸函数，有许多求出最优解的方法。

（5）工程上效率高：计算量小、存储占用低，非常容易实现，很快出结果。

（6）逻辑斯谛回归可以作为一个很好的基线模型，用它的结果来衡量其他更复杂的算法的性能。

（7）有解决过拟合的方法，如 L1 和 L2 正则化。

其在实际使用和工程训练中的不足有：

（1）由于逻辑斯谛回归决策面是线性的，所以不能用它来解决非线性问题。

（2）当模型中有一些输入维度的相关性比较高的时候，逻辑斯谛模型不能很好地处理它们之间的关系，进而导致相关维度对应的参数的正负性被扭转。对模型中自变量多重共线性较为敏感，不能处理好特征之间的相关情况。例如，两个高度相关自变量同时放入模型，可能导致较弱的一个自变量回归符号不符合预期，符号被扭转。

（3）当逻辑斯谛模型的输入的特征空间很大时，算法的性能并不令人满意。

（4）模型的训练结果容易发生欠拟合，所以精准度不够高。

2. 逻辑斯谛模型训练过程中的调参

Penalty 正则化参数的选择：这里有 L1 和 L2 两个选择，默认为 L2。其主要目的是解决过拟合的问题，即解决模型在训练数据上的表现效果很好而在测试集和真正上线时表现效果较差的问题。通常情况下，选择 L2 正则化即可。这时后续求解函数集 solver 的参数可以选择 Newton-CG、IBFGS、Liblinear、Sag 这四种。然而，如果过拟合的情况还是严重，可以选择 L1 正则化。这时后续的损失函数求解算法只能选择 Liblinear。同时，当模型特征特别多，有一些参数不重要的时候，可以选择 L1 正则化方法，使这样的参数的特征系数归零。

C 正则化的强度：C 必须是正数，默认 $C=1$。它是正则化参数的倒数，值越小代表正则化越强。

Solver 损失函数求解算法

（1）Liblinear：基于 Liblinear 开源库，内部使用了坐标轴下降法来迭代优化损失函数。

（2）LBFGS：拟牛顿法的一种，利用损失函数二阶导数矩阵即海森矩阵来迭代优化损失函数。

（3）Newton-CG：牛顿法家族的一种，利用损失函数二阶导数矩阵即海森矩阵来迭代优化损失函数。

（4）Sag：随机平均梯度下降，是梯度下降法的变种。

实验过程中 Logistic Regression 的参数调整：调参的过程使用 GrideSearch 方法，即穷举搜索法。在所有候选的参数选择中，通过循环遍历，尝试每一种可能性，表现最好的参数就是最终的结果。这里指出需要调整的参数和参数取值范围的列表，以及最合适的评价指标。GrideSearch 会遍历所有的参数组合，直到找到使得目标评价指标最优的参数组合。此处 LR 模型具体参数选择和参数列表如代码清单 19-15 所示。

代码清单 19-15 LR 模型的调参

```
penalty= ['l1','l2']
Cs= [0.001, 0.01, 0.1, 1, 10, 100, 1000]
param_grid= dict(penalty = penalty, C = Cs)
base_estimator= LogisticRegression()
lr_grid= GridSearchCV(base_estimator, param_grid, cv=5, scoring='recall')
```

3. 逻辑斯谛模型的分类结果和实验评价

模型的混淆矩阵如图 19-16 所示。

预测结果	实际结果	
	1	0
1	TP(15839)	FP(848)
0	FN(1745)	TN(16523)

图 19-16 LR 模型混淆矩阵

模型的混淆矩阵图如图 19-17 所示。

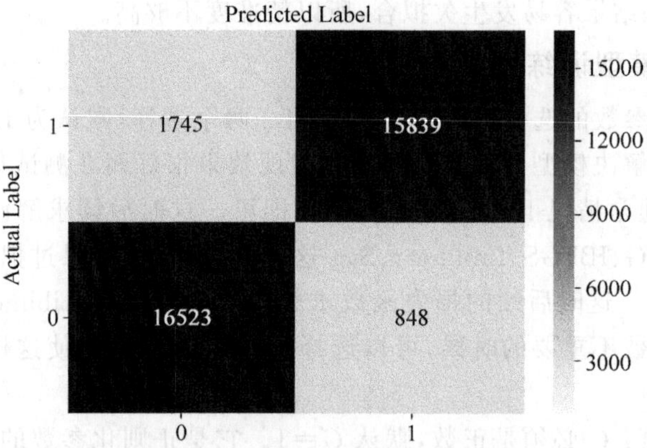

图 19-17 LR 模型混淆矩阵图

基于混淆矩阵的统计值如表 19-24 所示。

表 19-24 LR 模型混淆矩阵统计值

Accuracy	0.9258
Precision	0.9492
Recall	0.9008
Log_loss	0.2959

ROC 曲线如图 19-18 所示。

AUC 的面积：0.9531。

GridSearchCV 模型调参结果：正则化的强度 $C=0.1$；正则化参数的选择 L2。

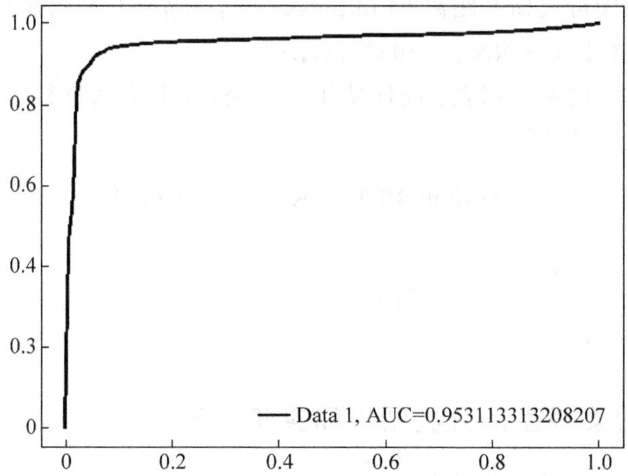

图 19-18 LR 模型 ROC 曲线

19.6.3 最小近邻算法模型的训练和结果评价

1. 最小近邻分类模型的训练要点

在实际使用和工程训练中的优点有：

(1) 理论成熟，思想简单，理论简单，容易实现。既可以用来做分类，又可以用来做回归[18]。

(2) 可用于非线性分类。

(3) 在分类最初，模型对数据的分布没有假设。

(4) 训练出的模型比较准确，异常点对训练出的模型影响不大。

(5) KNN 是一种即时的模型，当有新的数据加入时，可以直接加入，模型不必重新训练。

在实际使用和工程训练中的缺点有：

(1) 当样本不均衡时，正负样本比例悬殊，某一类样本非常多，另一类样本数量很小，训练模型出的模型的预测效果不好。

(2) 计算复杂性高，需消耗大量内存，模型训练的时间长。这是因为 KNN 模型在每一次分类时都会对所有样本点重新进行一次全局运算，这样对于样本量大的数据集，计算量比较大(体现在距离计算上)。

(3) K 值大小通常没有理论最优值，需要实际调优。

2. 最小近邻法训练过程中的调参

N_neighbors 最小近邻的个数：默认为 5。大量经验表明选取 5 比较好，一般不大于 20。N_neighbors 通常选取奇数值，便于最后采用投票计数法选取最优的分类结果。

Weights：指的是待预测样本的近邻样本的权重。有 uniform 和 distance 两个选项，默认是 uniform。uniform 指的是样本权重不受距离影响。distance 指样本权重和距离成反比，即近邻中距离越远的样本对最终预测结果的影响越小。

Algorithm：限定半径最近邻法使用的算法，可选 auto、ball_tree、kd_tree、brute。

距离度量：默认闵可夫斯基距离 Minkowski。其中 $p=1$ 表示曼哈顿距离，$p=2$ 为欧氏距离，详细信息参考上文 KNN 模型的算法原理。

实验过程中 KNN 的调参列表：同样使用 GrideSearch 方法进行最优参数选择，实际调参列表如代码清单 19-16 所示。

代码清单 19-16　KNN 模型的调参

```
Ks = [3,5,7,9,11,13,15,17,19]
weight_options = ['uniform', 'distance']
Ps = [list(range(1,5))]
```

3. 最小近邻分类模型的分类结果和实验评价

模型的混淆矩阵如图 19-19 所示。

KNN		实际结果	
		1	0
预测结果	1	TP(15362)	FP(1650)
	0	FN(2222)	TN(15721)

图 19-19　KNN 模型混淆矩阵

模型的混淆矩阵图如图 19-20 所示。

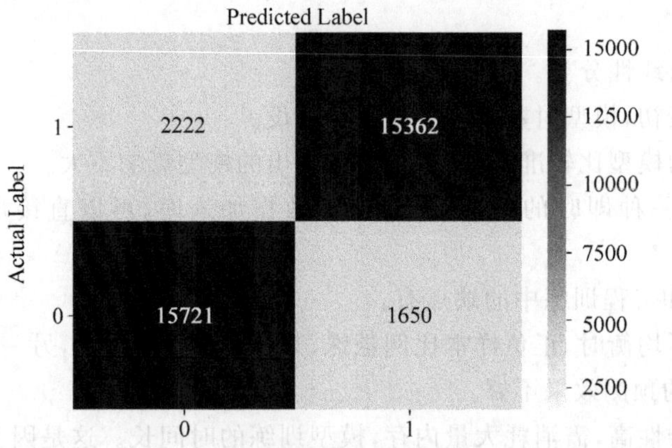

图 19-20　KNN 模型混淆矩阵图

基于混淆矩阵的统计值如表 19-25 所示。

表 19-25　KNN 模型混淆矩阵统计值

Accuracy	0.8892
Precision	0.9030
Recall	0.8736

ROC 曲线如图 19-21 所示。

AUC 的面积：0.9524。

GridSearchCV 模型调参结果：{'n_neighbors': 5, 'weights': 'uniform','p':2}。

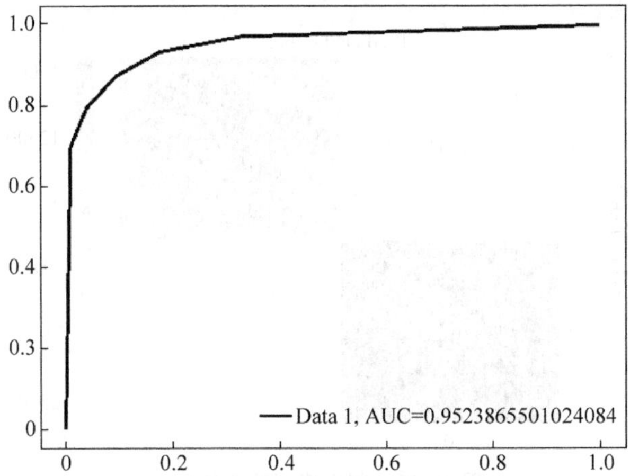

图 19-21　KNN 模型 ROC 曲线图

19.6.4　线性判别分析模型的训练和结果评价

1. 线性判别分析模型的训练要点

线性判别分析算法在工程中使用的优点：在降维过程中可以使用类别的先验知识经验[19]。

线性判别分析算法的主要不足有：

(1) 线性判别分析不适合对非高斯分布样本进行降维。

(2) 线性判别分析的输出维度最多 $k-1$，其中 k 为类别数。如果降维的维度大于 $k-1$，则不能使用线性判别分析法。

(3) 线性判别分析在样本分类信息依赖方差而不是均值的时候，降维效果不好[20]。

(4) 线性判别分析的模型训练结果可能会产生过拟合。

2. 判别分析模型的分类结果和实验评价

模型的混淆矩阵如图 19-22 所示。

LDA		实际结果	
		1	0
预测结果	1	TP(13300)	FP(1463)
	0	FN(4284)	TN(15908)

图 19-22　判别模型混淆矩阵

混淆矩阵图如图 19-23 所示。

基于混淆矩阵的统计值如表 19-26 所示。

表 19-26　判别模型混淆矩阵统计值

Accuracy	0.8356
Precision	0.9009
Recall	0.7564
Log_loss	0.4521

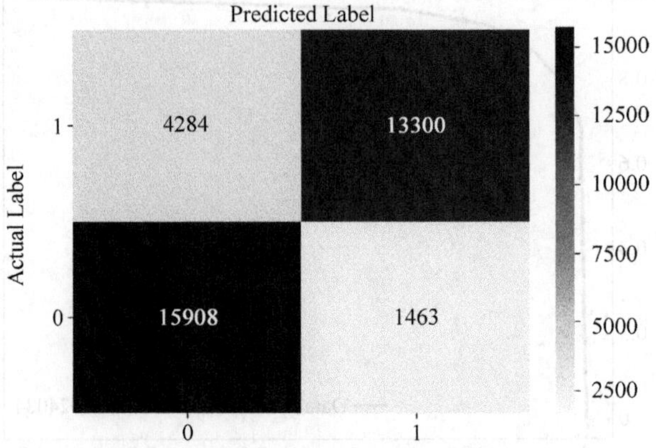

图 19-23 判别模型混淆矩阵图

ROC 曲线如图 19-24 所示。

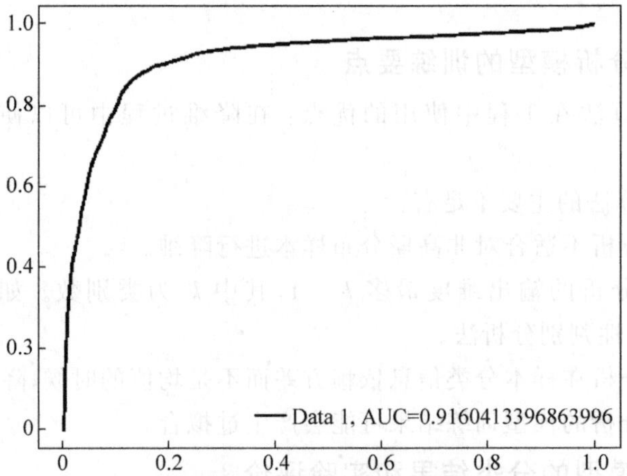

图 19-24 判别模型 ROC 曲线图

AUC 的面积：0.9160。

19.6.5 朴素贝叶斯算法的模型的训练和结果评价

1. 朴素贝叶斯算法的训练要点

朴素贝叶斯算法在工程中使用的优点：

(1) 朴素贝叶斯模型发源于古典数学理论，有着坚实的数学基础，以及稳定的分类效率。

(2) 对大数量训练和查询具有较高的速度。即使使用超大规模的训练集，对项目的训练和分类也仅仅是特征概率的数学运算而已，模型训练的效率高。

(3) 对小规模的数据集表现很好，可以实现多分类模型的建立，可以实时地对新增的样本进行训练。

(4) 当数据缺失时训练出的模型结果不会受到太大的影响，算法原理也比较简单。

（5）朴素贝叶斯结果容易理解。

朴素贝叶斯算法在工程中使用的缺点：

（1）需要计算先验概率[17]。

（2）模型的本质是基于概率，所以其分类判断的结果存在错误率。

（3）训练数据的输入形式是连续型数据还是离散型数据，对模型的训练结果影响很大。

（4）在模型训练之前，预先假设所有的样本属性相互独立。所以当样本属性有关联时其效果不好，在本实验中很多维度的数据都有一定的相关性。

2. 朴素贝叶斯模型的分类结果和实验评价

模型的混淆矩阵如图 19-25 所示。

NB		实际结果	
		1	0
预测结果	1	TP(14210)	FP(10344)
	0	FN(3374)	TN(7027)

图 19-25 朴素贝叶斯混淆矩阵

模型的混淆矩阵图如图 19-26 所示。

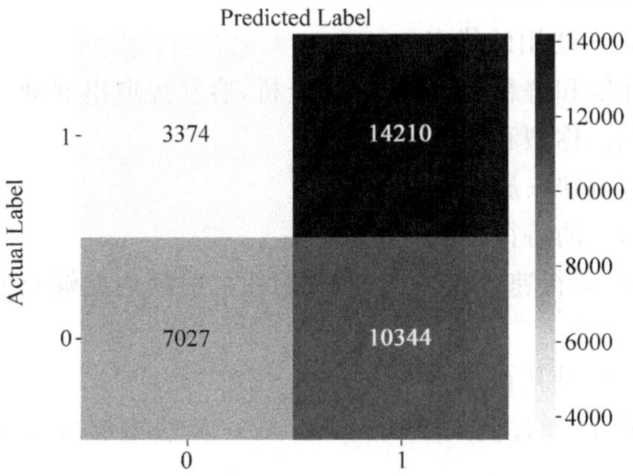

图 19-26 朴素贝叶斯混淆矩阵图

基于混淆矩阵的统计值如表 19-27 所示。

表 19-27 朴素贝叶斯混淆矩阵统计值

Accuracy	0.6076
Precision	0.5787
Recall	0.8081
Log_loss	1.7882

ROC 曲线如图 19-27 所示。

AUC 的面积：0.7007。

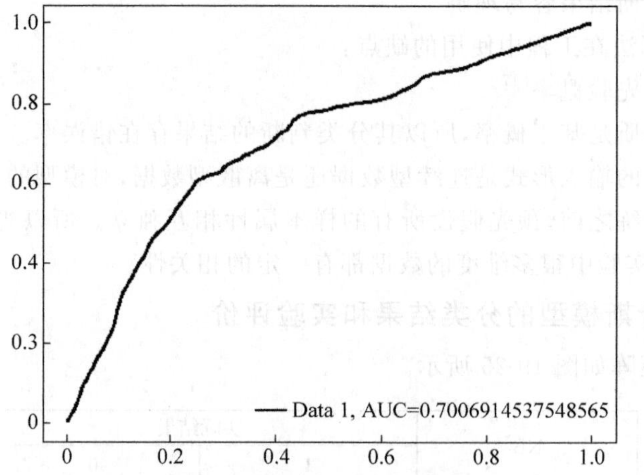

图 19-27 朴素贝叶斯 ROC 曲线图

19.6.6 决策树模型的训练和结果评价

1. 决策树分类模型的训练要点

决策树算法在工程中使用的优点：

(1) 决策树易于理解和解释，可以可视化分析，容易提取出规则。

(2) 可以同时处理标称型和数值型数据。

(3) 比较适合处理有缺失属性的样本。

(4) 能够处理不相关的特征。

(5) 测试数据集时，运行速度比较快，在相对短的时间内能够对大型数据源做出可行且效果良好的结果。

决策树算法在工程中使用的缺点：

(1) 容易发生过拟合，通过使用 Random Forest 算法能够减轻对于训练数据过于拟合的情况。

(2) 对于数据集中的属性的有相互关系的情况不敏感。

(3) 对于各类别样本数量不一致的数据，在决策树中，进行属性划分时，不同的判定准则会带来不同的属性选择倾向。

(4) 信息增益准则对可取数目较多的属性有所偏好(典型代表 ID3 算法)，而增益率准则(CART)则对可取数目较少的属性有所偏好。只要是使用了信息增益，都有这个缺点，如 Random Forest 算法、ID3 算法计算信息增益时结果倾向于数值比较多的特征。

2. 决策树分类模型训练过程中的调参

Criterion 特征选择的标准：可以用基尼系数 Gini 或者信息增益 Entropy，通常情况下是使用基尼系数 Gini，其代表的是 CART 算法。

Splitter 特征划分点选择标准：有 best 和 random 两种，默认是 best。best 是在所有的特征划分点中找到最优的点，适合样本量不大的时候。random 是在随机的部分划分点中找到局部最优的点，如果样本量非常大，使用其比较好可以降低过拟合。

Max_features 划分时考虑的最大特征数：有 None、log2、sqrt、auto 这四个选择，默认是 None。其中 None 代表考虑所有的特征数，log2 代表划分时最多考虑 $\log_2 N$ 个特征数，sqrt 和 auto 含义相同代表划分时最多考虑 $\sqrt{N}$ 个特征。此参数的意义是降低训练模型的过拟合，当特征数多于 50 时，可以考虑选用默认参数 None，特征更多时，酌情选用其他。

Max_depth 决策树的最大深度：默认情况下可以不输入，其代表建立子树时不限制子树的深度。当特征和样本量少的时候可以不管。但当特征维度多、样本量大的时候可以限制这个参数，以降低过拟合，通常情况下选择 10～100。

Min_samples_split：默认值是 2，如果样本量不大，则不需要管。参数的意义是限制子树继续划分的条件，如果某节点的样本数少于 min_samples_split，则不会尝试最优特征来进行划分。如果样本的数量级特别大，则可以增大这个数。

Min_samples_leaf 叶子节点的最少样本数：默认是 1。当样本数量非常大时，推荐增大。

实验过程中决策树算法的参数调整：使用 GrideSearch 方法进行最优参数选择，实际调参列表如代码清单 19-17 所示。

代码清单 19-17　决策树算法的调参

```
Criterion = ['Gini']
Cs = [0.001, 0.01, 0.1, 1, 10, 100, 1000]
#2 * 3 * 90 * 18 * 4 = 270 * 18 * 4/3600
param_grid = {'criterion':['gini'],
              'splitter':['best','random'],
              'max_features':['sqrt','log2',None],
              'max_depth':list(range(10,100)),
              'min_samples_split':list(range(2,20)),
              'min_samples_leaf':[2,3,5,10]
              }
```

3. 决策树分类模型的分类结果和实验评价

模型的混淆矩阵如图 19-28 所示。

预测结果	实际结果	
	1	0
1	TP(16272)	FP1182)
0	FN(1312)	TN(16189)

图 19-28　树模型混淆矩阵

模型的混淆矩阵图如图 19-29 所示。

基于混淆矩阵的统计值如表 19-28 所示。

表 19-28　树模型混淆矩阵统计值

Accuracy	0.9287
Precision	0.9323
Recall	0.9254
Log_loss	1.6085

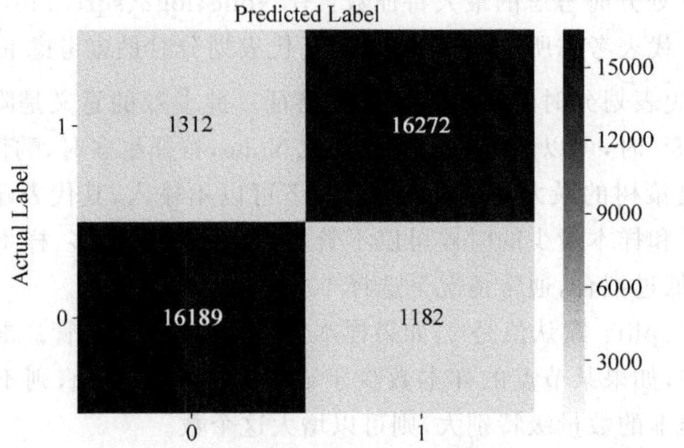

图 19-29 树模型混淆矩阵图

ROC 曲线如图 19-30 所示。

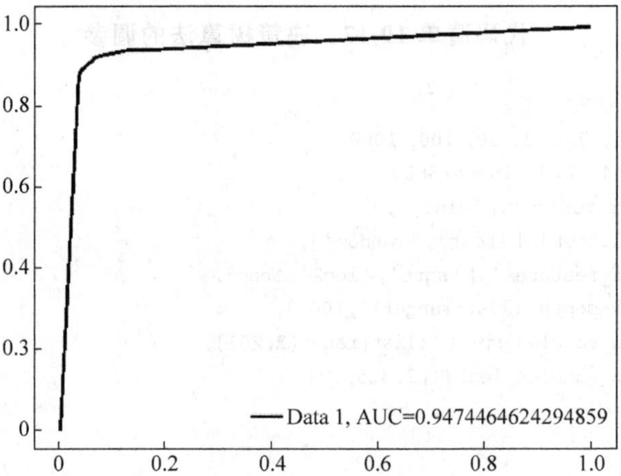

图 19-30 树模型 ROC 曲线图

AUC 的面积：0.9474。

GridSearchCV 模型调参结果：{'splitter'：'best'，'min_samples_leaf'：3，'min_samples_split'：2，'criterion'：'gini'，'max_features'：None，'max_depth'：91}。

19.6.7 支持向量机模型的训练和结果评价

1. 支持向量机分类模型的训练要点

支持向量机算法工程使用上的优点：

(1) 由于 SVM 是一个凸优化问题，所以求得的解一定是全局最优而不是局部最优。不仅适用于线性问题还适用于非线性问题。

(2) 拥有高维样本空间的数据也能用 SVM，即可以解决高维问题[25]。这是因为数据集的复杂度只取决于支持向量而不是数据集的维度。

(3) 理论基础比较完善。

支持向量机算法工程使用上的缺点：求解将涉及 m 阶矩阵的计算，其中 m 为样本的个数。因此 SVM 不适用于超大数据集，SMO 算法可以缓解这个问题。

2. 支持向量机分类模型训练过程中的调参

C 惩罚参数：默认 1.0。C 值越大，松弛变量越接近于 0，对分错的情况惩罚越大，对训练数据过度拟合。C 值越小，对误分类的惩罚减小，泛化能力较强，但容易产生欠拟合。

Kernel 核函数：默认是 rbf，另外还有 linear、poly、rbf、sigmoid、precomputed。一般当线性核函数 linear 效果比较好时通常就用选用它，因为训练时间比较短。

Gamma：有两个取值 scale 和 auto 默认是 scale。scale 情况下 γ 取值为 $\gamma=\frac{1}{n\times \mathrm{var}(X)}$，其中 n 表示特征数量；auto 情况下 γ 取值为 $\gamma=\frac{1}{n}$。γ 越大，支持向量越少；γ 越小，支持向量越多。支持向量的个数影响训练和预测的速度。

tol 停止训练的最大误差：默认为 0.0001。

实验过程中支持向量机算法的参数调整：使用 GrideSearch 方法进行最优参数选择，实际调参列表如代码清单 19-18 所示。

代码清单 19-18 支持向量机算法的调参

```
param_grid =  {'kernel': ['linear'], 'C': [1, 10, 100, 1000]}
model = GridSearchCV(svm_model, param_grid, cv = 5, scoring = 'recall')
```

3. 支持向量机分类模型的分类结果和实验评价

模型的混淆矩阵如图 19-31 所示。

SVM		实际结果	
		1	0
预测结果	1	TP(16330)	FP(605)
	0	FN(1254)	TN(16766)

图 19-31 SVM 模型混淆矩阵

模型的混淆矩阵图如图 19-32 所示。

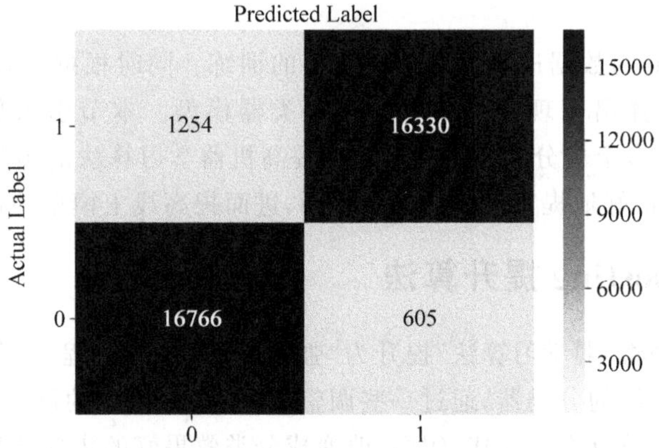

图 19-32 SVM 模型混淆矩阵图

基于混淆矩阵的统计值如表 19-29 所示。

表 19-29 SVM 模型混淆矩阵统计值

Accuracy	0.9468
Precision	0.9643
Recall	0.9287

ROC 曲线如图 19-33 所示。

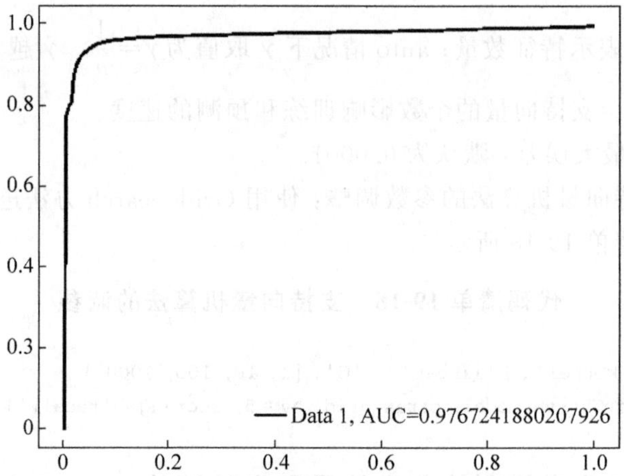

图 19-33 SVM 模型 ROC 曲线

AUC 的面积：0.9767。

综上，综合分析对比各单分类器的实验结果，各模型 AUC 值都大于 0.5，说明这 6 个分类模型都有一定的价值意义。其中支持向量机模型和逻辑斯谛回归的基于混淆矩阵的各个评价指标的结果表现非常好，在线上部署的实际应用中可以考虑应用，但最后的筛选决策结果需要进一步考量。

19.7 模型提升——集成分类器

19.6 节将训练好的数据进行各种单分类器的训练。同时根据各种模型在不同评价指标上的表现结果，选择出表现结果最优的单分类器模型。本节引入集成学习（Ensemble Learning），通过集成多个单分类器模型来帮助提高机器学习算法的预测结果。与单一模型相比，这种方法可以很好地提升模型的预测性能，进而提高线上模型的预测效果。

19.7.1 Boosting 提升算法

Boosting 算法是将“弱学习算法”提升为“强学习算法”的过程[39]。模型的思路是找到一些分类效果不那么好的分类器，通过一些调整（例如模型权重的调整、训练数据集数据权重的调整），将一个个单分类器迭代、组合、改变成分类效果好的集成分类器。算法通常包含两个部分，加法模型和前向分步算法。加法模型就是说强分类器由一系列弱分类器线性相加而成。其表现形式为

$$F_M(x;P)=\sum_{m=1}^{n}\beta_m h(x;a_m) \tag{19-10}$$

其中，$h(x;a_m)$为分类效果不好的模型，即弱分类器；a_m 是单个的弱分类器学习到的最优参数；β_m 为弱学习器在强分类器中所占比重；P 是所有 a_m 和 β_m 的组合[40]。将这些弱分类器乘上各自的权重，然后线性相加，就得到了预测效果更好的强分类器。

前向分步就是说在训练过程中，下一轮迭代产生的分类器是在上一轮的基础上训练得来的，也就是可以写为

$$F_m(x)=F_{m-1}(x)+\beta_m h_m(x;a_m) \tag{19-11}$$

公式展示到这里，接下就是构造损失函数了。不同的损失函数(例如 L1 损失函数、L2 损失函数)就有了 Boosting 的不同的子算法。当损失函数选择为指数损失函数(Exponential Loss Function)时就称为 AdaBoost 分类器。

19.7.2 AdaBoost 提升算法

AdaBoost (Adaptive Boosting)由 Yoav Freund 和 Robert Schapire 在 1995 年提出。它的自适应之处在于，前一个基本分类器分错的样本会得到加强，加权后的全体样本再次被用来训练下一个基本分类器。同时，在每一轮中加入一个新的弱分类器，直到达到某个预定的足够小的错误率或达到预先指定的最大迭代次数。

从上述描述中可以看到，AdaBoost 在每次训练新的模型的时候都会改变训练数据的概率分布，即被预判分类错误的样本在下一次训练模型时出现的概率会变大。反之，被预测正确的样本在下一次训练模型时出现的概率会降低。每一次新训练出的模型 $h(x;a_m)$重点都集中在被分类错误的数据上面。最终，在将所有模型融合集成的过程中，在全部数据集上面表现更好的模型的权重大一些，表现不好的模型的权重小一些。将这些模型线性相加，于是就得到了最终的集成效果更好的强分类器。

算法流程如图 19-34 所示。

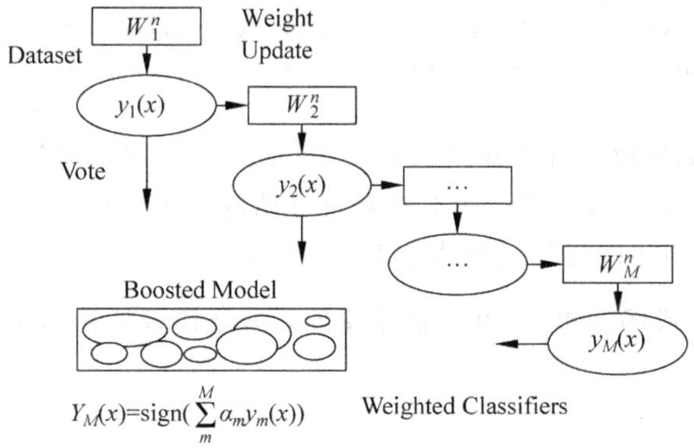

图 19-34 AdaBoost 算法流程图

19.7.3 AdaBoost 实现过程及实验结果

支持向量算法(SVM)、最近邻算法(KNN)的单分类模型训练结果比较好，但是其模型

训练时间比较长,所以在此不对其进行模型提升(多模型组合会成倍的加长训练时间)。另外,线性判别分析算法不支持样本具有权重时的分类,同样不可以用于此提升算法。所以,这里以逻辑斯谛模型、决策树模型、朴素贝叶斯模型为基分类器,使用 AdaBoost 提升算法训练模型。评价指标是模型的精准率(Precision)、准确率(Accuracy)和召回率(Recall),以及交叉熵损失(LogLoss)、ROC 曲线面积 AUC,同时引入模型的训练时间(FitTime)作为参考。

首先,加载所需要的 Python 训练模型的包,其中包括处理数据框的 pandas、画图用的 matplotlib、做模型选择评价时所需要的 cross_validate、train_test_split,以及各种模型的包,包括 AdaBoostClassifier、LogisticRegression 等,然后加载数据集。数据准备工作步骤如代码清单 19-19 所示。

代码清单 19-19　前期准备和数据加载

```
# encoding:utf-8
import sys
reload(sys)
sys.setdefaultencoding('utf8')
import pandas as pd
from matplotlib import pyplot
import datetime
from sklearn.model_selection import cross_validate
from sklearn.model_selection import train_test_split
from sklearn.ensemble import AdaBoostClassifier

from sklearn.model_selection import KFold, cross_val_score
from sklearn.linear_model import LogisticRegression
from sklearn.naive_bayes import GaussianNB
from sklearn.tree import DecisionTreeClassifier

if __name__ == '__main__':
    x_data = pd.read_csv('../z_data/x_reSampler.csv', header = 0)
    y_data = pd.read_csv('../z_data/y_reSampler.csv', header = 0)
```

之后,将数据集划分成训练集和测试集,比例为 4∶1。初始化各个集成模型,分别为基于逻辑斯谛回归的 AdaBoost 模型、基于朴素贝叶斯的 AdaBoost 模型,以及基于分类树的 AdaBoost 模型,模型的初始化如代码清单 19-20 所示。

代码清单 19-20　数据集的划分及模型的初始化

```
    validation_size = 0.2
    seed = 7
    X_train, X_validation, Y_train, Y_validation = train_test_split(
        x_data, y_data, test_size = validation_size, random_state = seed)
    models = {}
    models['adaLR'] = AdaBoostClassifier(
        n_estimators = 50,
        base_estimator = LogisticRegression(C = 0.1, penalty = 'l2'),
```

```
    )
models['adaNB'] =  AdaBoostClassifier(
    n_estimators= 50,
    base_estimator=GaussianNB(),
    )
models['adaDT'] =  AdaBoostClassifier(
    n_estimators= 50,
    base_estimator=DecisionTreeClassifier(
        splitter='best', min_samples_leaf=3, min_samples_split=2,
        criterion='gini', max_features=None, max_depth=91,
    ),
)
```

接下来，同时对这三个模型进行5-Fold交叉验证，同时进时以准确率(Accuracy)、精准率(Precision)、召回率(Recall)、负交叉熵损失(LogLoss)、AUC值对每一次交叉验证上训练出的模型进行评价。结果包含了每次模型的训练时间、模型的评价指标计算时间、训练集和验证集上各个模型的上述评价指标的结果，详细过程如代码清单19-21所示。

代码清单19-21　集成模型的交叉验证

```
#交叉验证
num_folds= 5
seed= 7
scores= ['accuracy', 'precision', 'recall', 'neg_log_loss', 'roc_auc']

# 评估算法 - baseline
results= []
for key in models:
    print(datetime.datetime.now())
    print(key)
    kfold= KFold(n_splits=num_folds, random_state=seed)
    cv_results= cross_validate(models[key], X_train, Y_train, cv=num_folds, scoring=
scores)
    print(cv_results)

    '''各维度的均值,方差,和95%置信区间'''
    #1\
    fit_time= cv_results['fit_time']
    print("fit_time : %0.4f (+/- %0.4f) | mean : %0.4f | std : %0.4f " % (
        fit_time.mean(), fit_time.std() * 2, fit_time.mean(), fit_time.std() ))
```

控制台输出结果如图19-35所示。

上述实验的详细结果列举如表19-30所示。

```
fit_time : 390.0523 (+/- 77.0186) | mean : 390.0523 | std : 38.5093
score_time : 6.4608 (+/- 0.5300) | mean : 6.4608 | std : 0.2650
test_accuracy : 0.9245 (+/- 0.0029) | mean : 0.9245 | std : 0.0014
test_neg_log_loss : -0.2558 (+/- 0.0063) | mean : -0.2558 | std : 0.0031
test_precision : 0.9277 (+/- 0.0040) | mean : 0.9277 | std : 0.0020
test_recall : 0.9205 (+/- 0.0040) | mean : 0.9205 | std : 0.0020
test_roc_auc : 0.9581 (+/- 0.0044) | mean : 0.9581 | std : 0.0022
train_accuracy : 0.9925  | std : 0.0001
train_neg_log_loss : -0.0688  | std : 0.0111
train_precision : 0.9901  | std : 0.0003
train_recall : 0.9951  | std : 0.0004
train_roc_auc : 0.9998  | std : 0.0000
```

图 19-35 集成模型的交叉验证输出结果

表 19-30 各单分类器的 AdaBoost 集成结果

模型及评价结果		fit_time	score_time	accuracy	neg_log_loss	precision	recall	roc_auc
adaDT	mean	559.0357	9.167	0.9252	−0.2515	0.9291	0.9204	0.9613
	std	47.6482	2.1786	0.0015	0.0075	0.0016	0.0028	0.0028
adaLR	mean	141.7368	4.4777	0.733	−0.6896	0.7068	0.795	0.8101
	std	26.2782	0.9036	0.0029	0	0.0025	0.0039	0.0027

接下来，通过箱线图看一下这两个集成算法在 5-Fold 交叉验证中各个评价指标的分布状况。图 19-36 展示各模型评价指标的分布箱线图。

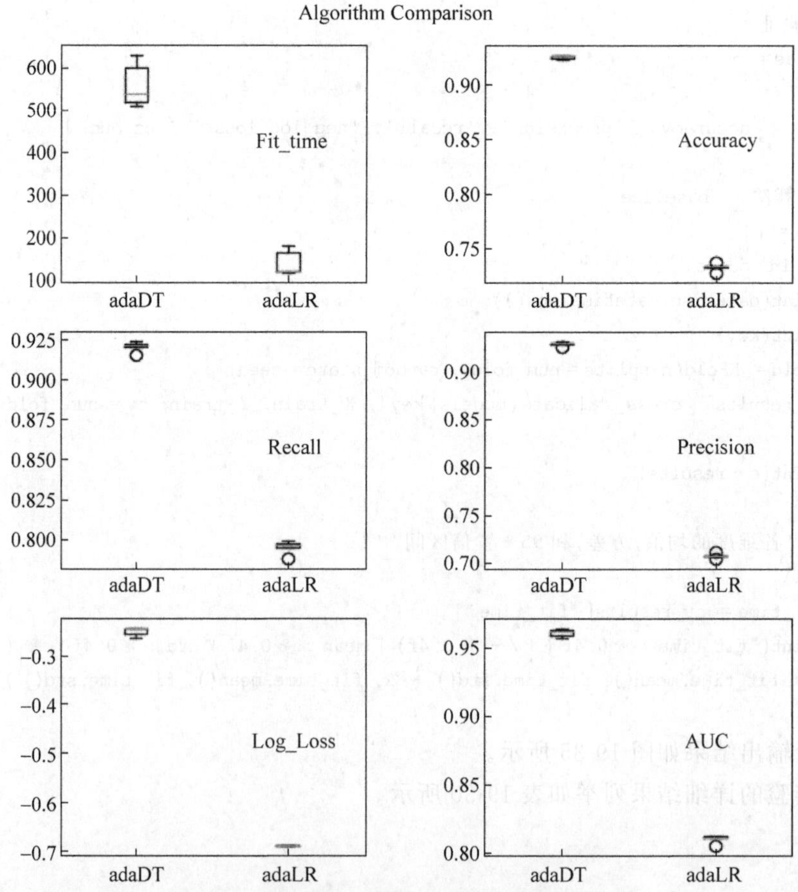

图 19-36 集成算法的指标评价结果(见彩插)

综合上述数据图表所示，基于决策树模型的 AdaBoost 集成分类器的效果比其单一分类器的效果要好。尤其在交叉熵损失这一指标上，其结果有明显提升。另外其训练时长也相对可以接受，为 10min 左右。基于逻辑斯谛回归的 AdaBoost 算法结果较差，直接滤掉不做参考。

对于表现效果较优的基于决策树分类模型的 AdaBoost 提升模型，模型训练结果在测试集中的各种评价指标如下。

模型的混淆矩阵如图 19-37 所示。

		实际结果	
		1	0
预测结果	1	TP(16156)	FP(1280)
	0	FN(1428)	TN(16091)

图 19-37　基于决策树模型的 AdaBoost 模型的混淆矩阵

模型的混淆矩阵图如图 19-38 所示。

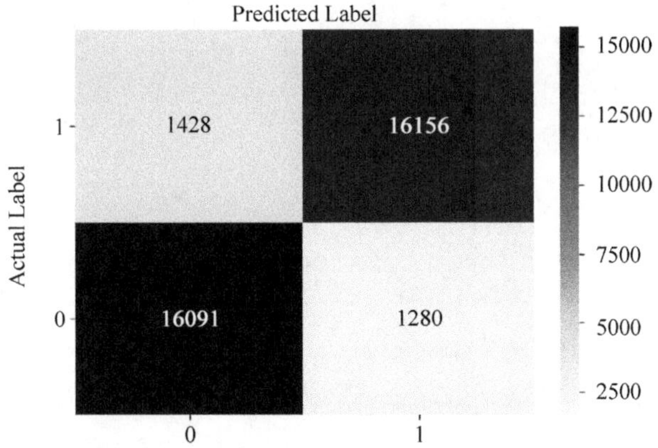

图 19-38　基于决策树模型的 AdaBoost 集成模型的混淆矩阵图

基于混淆矩阵的统计值如表 19-31 所示。

表 19-31　基于决策树模型的 AdaBoost 集成模型的混淆矩阵统计值

Accuracy	0.9225
Precision	0.9265
Recall	0.9188
Log_loss	0.2646

ROC 曲线如图 19-39 所示。

ROC 曲线的面积 AUC：0.9558。

综上各种数据评价指标可知，基于决策树的 AdaBoost 提升模型的效果要比单个的决策树模型的分类效果好。同时，结合业务背景和目标（召回率越高越好，即允许一些精准度的损失同时换取更多的预测到有充值意向的用户），结合工程背景（即模型的训练所消耗的时间越短越好），又综合考量其他的分类模型的评价指标的训练结果，横向对比，基于决策树的 AdaBoost 提升模型是较优的选择。然而，在不考虑训练时长这一因素时，支持向量机模型的效果更好。

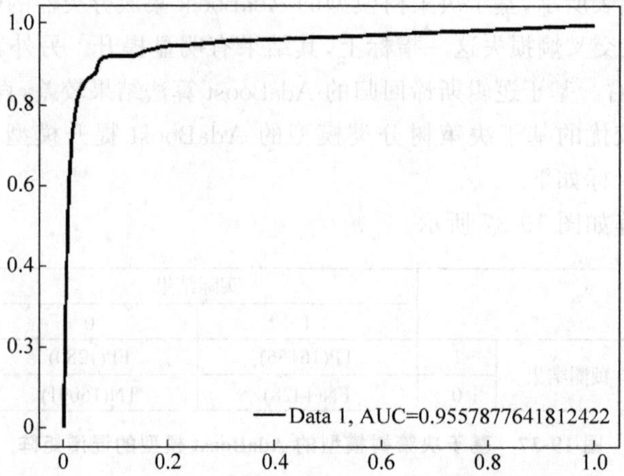

图 19-39 基于决策树模型的 AdaBoost 集成模型的 ROC 曲线

附录 A 用户历史充值情况数据表

APPENDIX A

表附 A-1 是文中第 19 章表 19-14 总体用户历史充值情况的统计性指标的完整版。

表附 A-1 总体用户历史充值情况的统计指标

	count	mean	std	min	25%	50%	75%	max
total_charge_num	4212338	1.20492705	2.116265255	0	0	1	2	283
total_charge_amount	4212338	20.05019672	43.9653612	0	0	9	28	6300
avg_charge_amount	4212338	8.905225395	15.76177534	0	0	6	9	666
diff_last_charge_day	4212338	44.04469299	80.32240888	0	0	0	55	549
if_charge_adult	4212338	0.440434742	0.49643936	0	0	0	1	1
charge_adult_num	4212338	0.822471274	1.24413395	0	0	0	1	106
max_charge_adult_amount	4212338	8.902088104	17.55258799	0	0	0	9	500
min_charge_adult_amount	4212338	6.888250843	13.99470849	0	0	0	9	500
avg_charge_adult_amount	4212338	7.827528762	15.01619279	0	0	0	9	500
if_charge_teenager	4212338	0.066076844	0.248416403	0	0	0	0	1
charge_teenager_num	4212338	0.096848116	0.422528838	0	0	0	0	91
max_charge_teenager_amount	4212338	1.21467698	6.857123474	0	0	0	0	500
min_charge_teenager_amount	4212338	1.046199996	5.95572405	0	0	0	0	500
avg_charge_teenager_amount	4212338	1.127008538	6.250567649	0	0	0	0	500
if_charge_old	4212338	0.072943814	0.260044285	0	0	0	0	1
charge_old_num	4212338	0.180390083	0.812010663	0	0	0	0	76
max_charge_old_amount	4212338	1.582493143	10.06019263	0	0	0	0	700
min_charge_old_amount	4212338	1.138374295	7.549884242	0	0	0	0	700
avg_charge_old_amount	4212338	1.341984399	8.281897037	0	0	0	0	700
if_charge_accident	4212338	0.041338563	0.199072087	0	0	0	0	1
charge_accident_num	4212338	0.090051416	0.58424045	0	0	0	0	65
max_charge_accident_amount	4212338	0.815957551	4.940407622	0	0	0	0	500
min_charge_accident_amount	4212338	0.652889524	4.094334231	0	0	0	0	350
avg_charge_accident_amount	4212338	0.730075383	4.386354406	0	0	0	0	350

表附 A-2 是第 19 章表 19-15 公示消息后充值和未充值用户互助订单充值情况的统计性指标的完整版。

表附 A-2 公示消息后充值和未充值用户互助订单充值情况的统计性指标

充 值	count	mean	std	min	25%	50%	75%	max
total_charge_num	87386	1.147254709	2.510239091	0	0	0	1	283
total_charge_amount	87386	15.59658298	38.20048709	0	0	0	18	2837
avg_charge_amount	87386	6.102527832	11.05526819	0	0	0	9	350
diff_last_charge_day	87386	35.6981782	66.99001748	0	0	0	48	537
if_charge_adult	87386	0.364886824	0.481401165	0	0	0	1	1
charge_adult_num	87386	0.682729499	1.284021705	0	0	0	1	106
max_charge_adult_amount	87386	5.780170737	12.85929732	0	0	0	9	200
min_charge_adult_amount	87386	4.528780354	9.646960415	0	0	0	9	200
avg_charge_adult_amount	87386	5.091687913	10.58249151	0	0	0	9	200
if_charge_teenager	87386	0.055798412	0.229533335	0	0	0	0	1
charge_teenager_num	87386	0.084864852	0.510356689	0	0	0	0	91
max_charge_teenager_amount	87386	0.869040807	5.177284224	0	0	0	0	150
min_charge_teenager_amount	87386	0.753942279	4.43658665	0	0	0	0	150
avg_charge_teenager_amount	87386	0.807644588	4.662609195	0	0	0	0	150
if_charge_old	87386	0.115636372	0.3197902	0	0	0	0	1
charge_old_num	87386	0.268956126	0.965003721	0	0	0	0	33
max_charge_old_amount	87386	1.780891676	7.866663434	0	0	0	0	350
min_charge_old_amount	87386	1.398896848	5.983365828	0	0	0	0	350
avg_charge_old_amount	87386	1.57370929	6.559118354	0	0	0	0	350
if_charge_accident	87386	0.038392878	0.192143923	0	0	0	0	1
charge_accident_num	87386	0.093630559	0.63438786	0	0	0	0	30
max_charge_accident_amount	87386	0.645389422	3.941640018	0	0	0	0	150
min_charge_accident_amount	87386	0.508468176	3.260830798	0	0	0	0	150
avg_charge_accident_amount	87386	0.571838395	3.494596005	0	0	0	0	150
未 充 值	count	mean	std	min	25%	50%	75%	max
total_charge_num	4124952	1.206148823	2.107105674	0	0	1	2	182
total_charge_amount	4124952	20.14454534	44.0744704	0	0	9	29	6300
avg_charge_amount	4124952	8.964599789	15.84100631	0	0	6	9	666
diff_last_charge_day	4124952	44.22151167	80.57164988	0	0	0	55	549
if_charge_adult	4124952	0.442035204	0.496628777	0	0	0	1	1
charge_adult_num	4124952	0.825431666	1.24310535	0	0	0	1	92
max_charge_adult_amount	4124952	8.968225085	17.6325345	0	0	0	9	500
min_charge_adult_amount	4124952	6.938235592	14.06801298	0	0	0	9	500
avg_charge_adult_amount	4124952	7.885486815	15.09067766	0	0	0	9	500
if_charge_teenager	4124952	0.06629459	0.248796367	0	0	0	0	1
charge_teenager_num	4124952	0.097101978	0.420466217	0	0	0	0	33
max_charge_teenager_amount	4124952	1.221999189	6.888093516	0	0	0	0	500
min_charge_teenager_amount	4124952	1.052391398	5.983582264	0	0	0	0	500
avg_charge_teenager_amount	4124952	1.133774177	6.279691015	0	0	0	0	500
if_charge_old	4124952	0.072039384	0.258553142	0	0	0	0	1
charge_old_num	4124952	0.178513835	0.808351618	0	0	0	0	76

续表

未充值	count	mean	std	min	25%	50%	75%	max
max_charge_old_amount	4124952	1.578290123	10.10146962	0	0	0	0	700
min_charge_old_amount	4124952	1.132855194	7.579472981	0	0	0	0	700
avg_charge_old_amount	4124952	1.33707537	8.31446415	0	0	0	0	700
if_charge_accident	4124952	0.041400967	0.199215803	0	0	0	0	1
charge_accident_num	4124952	0.089975592	0.583131291	0	0	0	0	65
max_charge_accident_amount	4124952	0.819570991	4.959327957	0	0	0	0	500
min_charge_accident_amount	4124952	0.655949051	4.110109287	0	0	0	0	350
avg_charge_accident_amount	4124952	0.733427591	4.403231829	0	0	0	0	350

附录 B 用户各类订单余额情况

APPENDIX B

表附 B-1 是第 19 章表 19-16 用户互助各单的余额情况的完整版。

表附 B-1 用户互助各单的余额情况

total	count	mean	std	min	25%	50%	75%	max
if_join_adult	4212338	0.903478306	0.295305397	0	1	1	1	1
adult_order_num	4212338	1.318237283	0.856057079	0	1	1	2	289
max_adult_balance_amount	4212338	11.98005984	20.71491652	-0.46	1.07	3	16.39	1617.39
min_adult_balance_amount	4212338	10.0157047	17.84591551	-0.46	0.65	3	12.41	1617.39
avg_adult_balance_amount	4212338	10.95513626	18.59659688	-0.46	1.07	3	14.74	1617.39
total_adult_balance_amount	4212338	15.774409	29.76023996	-0.46	1.07	6	19.5	5332.44
if_join_teenager	4212338	0.198162873	0.398615587	0	0	0	0	1
teenager_order_num	4212338	0.268238446	0.602532461	0	0	0	0	52
max_teenager_balance_amount	4212338	2.657572279	10.89538494	0	0	0	0	606.2
min_teenager_balance_amount	4212338	2.487373499	10.32591802	0	0	0	0	606.2
avg_teenager_balance_amount	4212338	2.570921773	10.49773156	0	0	0	0	606.2
total_teenager_balance_amount	4212338	3.273054441	13.72788302	0	0	0	0	905.48
if_join_old	4212338	0.117933081	0.322528905	0	0	0	0	1
old_order_num	4212338	0.16010776	0.488730634	0	0	0	0	45
max_old_balance_amount	4212338	2.422449616	13.53208695	0	0	0	0	2235.95
min_old_balance_amount	4212338	2.234682661	12.54322268	-0.29	0	0	0	2235.95
avg_old_balance_amount	4212338	2.32829686	12.87039755	-0.29	0	0	0	2235.95
total_old_balance_amount	4212338	3.200802305	19.03679642	-0.58	0	0	0	2235.95
if_join_accident	4212338	0.069906309	0.254989082	0	0	0	0	1
accident_order_num	4212338	0.12902692	0.610700821	0	0	0	0	158
max_accident_balance_amount	4212338	1.825943089	8.674372532	0	0	0	0	497.82
min_accident_balance_amount	4212338	1.625763723	7.880862554	-0.25	0	0	0	475.36
avg_accident_balance_amount	4212338	1.721971421	8.167096854	-0.25	0	0	0	475.36
total_accident_balance_amount	4212338	3.084832392	17.41641061	-0.68	0	0	0	2163.32

充　值	count	mean	std	min	25%	50%	75%	max
if_join_adult	87386	0.868800494	0.337620349	0	1	1	1	1
adult_order_num	87386	1.379225505	1.102846795	0	1	1	2	161
max_adult_balance_amount	87386	18.49678495	20.49115327	-0.46	10.07	12	23	452.08

续表

充　值	count	mean	std	min	25%	50%	75%	max
min_adult_balance_amount	87386	14.98926888	17.17275588	−0.46	3	12	18	447.39
avg_adult_balance_amount	87386	16.69119333	17.75965032	−0.46	9.52	12	20.5	447.39
total_adult_balance_amount	87386	25.63951434	30.69207986	−0.46	10.07	18.26	32	1087.28
if_join_teenager	87386	0.213512462	0.409788741	0	0	0	0	1
teenager_order_num	87386	0.300082393	0.673278285	0	0	0	0	46
max_teenager_balance_amount	87386	3.758405923	11.72322869	0	0	0	0	544.27
min_teenager_balance_amount	87386	3.470314696	10.90643412	0	0	0	0	544.27
avg_teenager_balance_amount	87386	3.608094775	11.13268302	0	0	0	0	544.27
total_teenager_balance_amount	87386	4.761354679	14.95690424	0	0	0	0	905.48
if_join_old	87386	0.196473119	0.397332656	0	0	0	0	1
old_order_num	87386	0.266770421	0.606303294	0	0	0	0	16
max_old_balance_amount	87386	4.976318747	15.78256108	0	0	0	0	657.63
min_old_balance_amount	87386	4.613079555	14.47669678	0	0	0	0	657.63
avg_old_balance_amount	87386	4.795805621	14.89636264	0	0	0	0	657.63
total_old_balance_amount	87386	6.420591399	20.59074365	0	0	0	0	762.77
if_join_accident	87386	0.065285057	0.247029587	0	0	0	0	1
accident_order_num	87386	0.138134255	0.685337001	0	0	0	0	30
max_accident_balance_amount	87386	1.751294372	8.285793783	0	0	0	0	249.09
min_accident_balance_amount	87386	1.533892729	7.522330735	−0.25	0	0	0	249.09
avg_accident_balance_amount	87386	1.639253084	7.806660587	0	0	0	0	249.09
total_accident_balance_amount	87386	3.19413247	17.21926709	0	0	0	0	542.95
未　充　值	count	mean	std	min	25%	50%	75%	max
if_join_adult	4124952	0.904212946	0.294299024	0	1	1	1	1
adult_order_num	4124952	1.316945264	0.850007092	0	1	1	2	289
max_adult_balance_amount	4124952	11.84200477	20.6974509	−0.46	1.07	3	16.39	1617.39
min_adult_balance_amount	4124952	9.91034108	17.84491605	−0.46	0.65	3	12.41	1617.39
avg_adult_balance_amount	4124952	10.83361944	18.59479261	−0.46	1.07	3	14.36	1617.39
total_adult_balance_amount	4124952	15.5654194	29.70476988	−0.46	1.07	6	19.39	5332.44
if_join_teenager	4124952	0.197837696	0.398369151	0	0	0	0	1
teenager_order_num	4124952	0.267563841	0.600925487	0	0	0	0	52
max_teenager_balance_amount	4124952	2.634251414	10.87596215	0	0	0	0	606.2
min_teenager_balance_amount	4124952	2.466550154	10.3122545	0	0	0	0	606.2
avg_teenager_balance_amount	4124952	2.548949542	10.48275581	0	0	0	0	606.2
total_teenager_balance_amount	4124952	3.241525201	13.69890711	0	0	0	0	888.81
if_join_old	4124952	0.116269232	0.320547535	0	0	0	0	1
old_order_num	4124952	0.15784814	0.485679058	0	0	0	0	45
max_old_balance_amount	4124952	2.368346584	13.47511566	0	0	0	0	2235.95
min_old_balance_amount	4124952	2.184296962	12.49413344	−0.29	0	0	0	2235.95
avg_old_balance_amount	4124952	2.27602335	12.81888188	−0.29	0	0	0	2235.95
total_old_balance_amount	4124952	3.132591938	18.99660253	−0.58	0	0	0	2235.95
if_join_accident	4124952	0.070004209	0.25515414	0	0	0	0	1
accident_order_num	4124952	0.128833984	0.609019364	0	0	0	0	158

续表

未充值	count	mean	std	min	25%	50%	75%	max
max_accident_balance_amount	4124952	1.827524502	8.682410376	0	0	0	0	497.82
min_accident_balance_amount	4124952	1.627709985	7.888270987	−0.25	0	0	0	475.36
avg_accident_balance_amount	4124952	1.723723786	8.174552547	−0.25	0	0	0	475.36
total_accident_balance_amount	4124952	3.0825169	17.42055756	−0.68	0	0	0	2163.32

附录 C 各省用户收到公示消息后的充值情况

APPENDIX C

表附 C-1 是第 19 章表 19-21 各省用户收到公示消息后的充值情况的完整版。

表附 C-1　各省用户收到公示消息后的充值情况

province	label	count	收到充值率	province	label	count	收到充值率
未知	0	1756799		江苏	0	119066	
	1	27729	1.55%		1	3120	2.55%
上海	0	5640		江西	0	75992	
	1	137	2.37%		1	1898	2.44%
云南	0	69485		河北	0	153216	
	1	1782	2.50%		1	3476	2.22%
内蒙古	0	72003		南	0	203993	
	1	1802	2.44%		1	4588	2.20%
北京	0	14613		浙江	0	60371	
	1	389	2.59%		1	1566	2.53%
吉林	0	79040		海南	0	7497	
	1	2128	2.62%		1	187	2.43%
四川	0	196004		北	0	102142	
	1	5433	2.70%		1	2517	2.40%
天津	0	14471		湖南	0	114240	
	1	337	2.28%		1	2903	2.48%
宁夏	0	13473		甘肃	0	70984	
	1	368	2.66%		1	1781	2.45%
安徽	0	93760		福建	0	66296	
	1	2225	2.32%		1	1669	2.46%
山东	0	227384		西藏	0	1237	
	1	5641	2.42%		1	35	2.75%
山西	0	89868		贵州	0	64276	
	1	2376	2.58%		1	1539	2.34%
广东	0	82438		辽宁	0	61729	
	1	2158	2.55%		1	1523	2.41%
广西	0	68975		重庆	0	18065	
	1	1829	2.58%		1	342	1.86%

续表

province	label	count	收到充值率	province	label	count	收到充值率
新疆	0	33771		陕西	0	74968	
	1	1004	2.89%		1	1830	2.38%
黑龙江	0	100731		青海	0	12425	
	1	2667	2.58%		1	407	3.17%

参考文献

[1] MITCHELL T. Machine learning[M]. New York：McGraw-Hill Education，1997.

[2] GOODFELLOW I，BENGIO Y，COURVILLE A. Deep learning[M]. Cambridge：MIT Press，2016.

[3] 李航. 统计学习方法[M]. 北京：清华大学出版社，2012.

[4] BREIMAN L，FRIEDMAN J，STONE C，et al. Classification and Regression Trees (CART)[M]. Biometrics，1984.

[5] SUYKENS J，VANDEWALLE J. Least Squares Support Vector Machine Classifiers[M]. The Netherlands：Kluwer Academic Publishers，1999.

[6] ZHOU Z H. Ensemble Learning[M]//Encyclopedia of Biometrics，Boston，MA：Springer US，2009.

[7] FRIEDMAN J H. Greedy Function Approximation：A Gradient Boosting Machine[J]. Annals of Statistics，2001，29(5)：1189-1232.

[8] CHEN T，GUESTRIN C. XGBoost：A Scalable Tree Boosting System[J]. Proceedings of the 22nd ACM SIGKDD International Conference on Knowledge Discovery and Data Mining，2016：785-794.

[9] RUMELHART D E，HINTON G E，WILLIAMS R J. Learning Internal Representations by Error Propagation[J]. Readings in Cognitiveence，1988，323(6088)：399-421.

[10] LECUN Y，BOTTOU L. Gradient-based learning applied to document recognition[J]. Proceedings of the IEEE，1998，86(11)：2278-2324.

[11] HOCHREITER S，SCHMIDHUBER J. Long Short-Term Memory[J]. Neural Computation，1997，9(8)：1735-1780.

[12] GOODFELLOW I J，POUGET-ABADIE J，MIRZA M，et al. Generative Adversarial Networks[J]. Advances in Neural Information Processing Systems，2014，3：2672-2680.

[13] KIPF T N，WELLING M. Semi-Supervised Classification with Graph Convolutional Networks [J]. 2016.

[14] 盛杨燕，周涛. 大数据时代[M]. 杭州：浙江人民出版社，2013.

[15] 周志华. 机器学习[M]. 北京：清华大学出版社，2016.

[16] 彭玉静. 移动互联网业务性能分析[D]. 北京：北京邮电大学，2013.

[17] INFI-CHU. K-近邻算法[EB/OL]. (2019-08-23)[2020-07-17]. https：//www.cnblogs.com/Infi-chu/p/11401430.html.

[18] CIO 四海一家. 机器学习 8 大算法比较[EB/OL]. (2016-11-16)[2020-07-17]. http：//www.ciotimes.com/Information/12065.html.

[19] HARRINGTON P. 机器学习实战[M]. 北京：人民邮电出版社，2013.

[20] RICHERT W，COELHO P L. 机器学习系统设计[M]. 北京：人民邮电出版社：2014.

[21] SEGARAN T. 集体编程智慧[M]. 北京：电子工业出版社，2009.

[22] 刘寅. Hadoop 下基于贝叶斯分类的气象数据挖掘研究[D]. 南京：南京信息工程大学，2012.

[23] 林雨婷. 基于多分类器动态组合的甲状腺结节良恶性预测方法研究[D]. 昆明：云南大学，2019.

[24] 唐寿洪，朱焱，杨凡. 基于 Bagging-SVM 集成分类器的网页作弊检测[J]. 计算机科学，2015，42(1).

[25] 吕鹏滨. 社交网络匹配算法研究与改进[D]. 北京：北京邮电大学，2016.

[26] 后会无期 198996. 大数据之 Sqoop[EB/OL]. (2019-07-15)[2020-07-17]. https：//wenku.baidu.com/view/2b71acf842323968011ca300a6c30c225801f001.html.

[27] 吴明礼，唐榕蔚，李也白. 基于 hive 面向多企业的经营分析技术应用研究[J]. 工业技术创新，2014，1(1).

[28] 初中英语. 大数据学习第一篇——基础知识[EB/OL]. (2018-06-11)[2020-07-17]. http://blog.sina.com.cn/s/blog_796574b00102xe3d.html.

[29] SST5011. Hadoop 应用介绍[EB/OL]. (2017-04-12)[2020-07-17]. https://www.doc88.com/p-1691300261282.html.

[30] MOOD M A, GRAYBILL A F, BOES C D. Introduction to the Theory of Statistics[M]. 3rd ed. McGraw Hil, 1973.

[31] 个人图书馆. Python& 机器学习之项目实践[EB/OL]. (2017-12-18)[2020-07-17]. http://www.360doc.com/content/17/1228/07/27972427_717015432.shtml.

[32] JINGSUPO. 机器学习中的特征工程[EB/OL]. (2018-04-24)[2020-07-17]. https://www.cnblogs.com/jingsupo/p/feature-engineering-in-machine-learning.html.

[33] 吴文伟. 基于分布式逻辑回归模型的广告点击率预估系统[D]. 北京：北京交通大学，2018.

[34] 王竟羽. 基于 Stacking 的 P2P 贷款违约预测模型构建及应用[M]. 成都：成都理工大学，2019.

[35] 张涛. 不平衡数据分类研究及在疾病诊断中的应用[J]. 黄河科技学院学报，2019,021(005)：15-22.

[36] 李世强. 基于 word2vec 的 SVC 和 AT-LSTM 应用于文本分类的比较和结合[D]. 上海：华东师范大学，2018.

[37] 苏玉敏. 基于随机森林与 XGBoost 的上市公司财务预警研究[D]. 哈尔滨：哈尔滨工业大学，2019.

[38] July. AdaBoost 算法的原理与推导[EB/OL]. (2014-11-13)[2020-07-17]. http://www.worlduc.com/blog2012.aspx? bid=25798696.

[39] 吕月. 基于强化学习的 P2P 网络借贷机构风险评估技术研究与实现[D]. 北京：北京邮电大学，2019.

[40] 王越洋. 基于复杂网络和机器学习的冷链物流末端共同配送研究[D]. 北京：北京邮电大学，2019.

图书资源支持

感谢您一直以来对清华版图书的支持和爱护。为了配合本书的使用，本书提供配套的资源，有需求的读者请扫描下方的“书圈”微信公众号二维码，在图书专区下载，也可以拨打电话或发送电子邮件咨询。

如果您在使用本书的过程中遇到了什么问题，或者有相关图书出版计划，也请您发邮件告诉我们，以便我们更好地为您服务。

我们的联系方式：

地　　址：北京市海淀区双清路学研大厦 A 座 714

邮　　编：100084

电　　话：010-83470236　010-83470237

客服邮箱：2301891038@qq.com

QQ：2301891038（请写明您的单位和姓名）

资源下载：关注公众号“书圈”下载配套资源。

资源下载、样书申请

书圈

获取最新书目

观看课程直播